21 世纪全国本科院校电气信息类创新型应用人才培养规划教材

# 电路分析基础

主　　编　吴舒辞　　张发生　　刘金华

副主编　万芳瑛　　桂　玲

参　　编　刘　帅　　王明芳

　　　　　刘华根　　周慧英

北京大学出版社
PEKING UNIVERSITY PRESS

# 内 容 简 介

作为信息类专业的基础课程教材,本书覆盖了高等工科院校电路分析课程教学大纲所要求的内容。本书被列入湖南省高等教育精品课程建设项目。

本书由电阻电路、动态电路、正弦稳态电路三大模块构成,全面系统地介绍了电路的基本概念、基本理论和基本分析方法。全书共分 12 章,内容包括:电路的基本概念和基尔霍夫定律、电路的等效变换、线性电路的基本分析方法、电路定理、相量法基础、正弦电流电路分析、一阶电路、二阶电路、含有耦合电感的电路、三相电路、二端口网络及利用 MATLAB 计算电路。每章前面均设有、教学要点和引例,每章后面均安排了阅读材料和习题,以便读者阅读及巩固基础知识,并附有习题答案。

本书可作为高等院校信息类各专业(电子、自动化、通信工程、电子科学与技术、计算机等)本科生的教材,也可供相关工程技术人员参考使用。

**图书在版编目(CIP)数据**

电路分析基础/吴舒辞,张发生,刘金华主编. —北京:北京大学出版社,2012.6
(21 世纪全国本科院校电气信息类创新型应用人才培养规划教材)
ISBN 978-7-301-20505-1

Ⅰ.①电… Ⅱ.①吴…②张…③刘… Ⅲ.①电路分析—高等学校—教材 Ⅳ.①TM133

中国版本图书馆 CIP 数据核字(2012)第 066982 号

| | |
|---|---|
| 书　　　　名:**电路分析基础** | |
| 著 作 责 任 者:吴舒辞　张发生　刘金华　主编 | |
| 策 划 编 辑:程志强　郑　双 | |
| 责 任 编 辑:程志强 | |
| 标 准 书 号:ISBN 978-7-301-20505-1/TM・0044 | |
| 出 　版 　者:北京大学出版社 | |
| 地　　　　址:北京市海淀区成府路 205 号　　　100871 | |
| 网　　　　址:http://www.pup.cn　　http://www.pup6.cn | |
| 电　　　　话:邮购部 62752015　发行部 62750672　编辑部 62750667　出版部 62754962 | |
| 电 子 邮 箱:pup_6@163.com | |
| 印 　刷 　者:北京京华虎彩印刷有限公司 | |
| 发 　行 　者:北京大学出版社 | |
| 经 　销 　者:新华书店 | |
| 　　　　　　787 毫米×1092 毫米　16 开本　19.5 印张　450 千字 | |
| 　　　　　　2012 年 6 月第 1 版　　2016 年 1 月第 2 次印刷 | |
| 定　　　　价:38.00 元 | |

# 前　言

"电路分析基础"课程是电子信息工程、自动化、通信工程、电子科学与技术、计算机科学与技术等相关信息类专业必修的一门重要的专业基础课程。本书依据高等院校电子信息类专业基础课教学指导委员会颁布的《高等学校电路分析教学基本要求》，结合编者多年的教学经验，为适应工程应用型的本科院校电子信息类专业教学需要而编写。

本书在内容选材上立足于"加强基础、精选内容"的原则，在编写过程中注意与"高等数学"、"大学物理"等课程及"模拟电子技术"、"信号与系统"等后续课程衔接和配合。在编写风格和文字叙述上力求做到思路清晰、重点突出、简洁明了、深入浅出、重视工程应用。在内容的编排上着眼于方便教师上课和有利于学生的阅读及自学，突出物理概念和物理背景，书中减少了冗余的定理、性质、公式的数学证明与推导，加强了计算机技术在电路中的使用，专门编写了利用 MATLAB 软件计算电路一章。本书还结合各章的知识点，精心选编了较多的例题和习题。此外，每章前设有教学要点和引例，在每章后安排了阅读材料和习题，以便学生阅读及基础知识的巩固。

本书共分 12 章，由吴舒辞教授、张发生副教授、刘金华副教授任主编，负责全书的组织、统稿和改稿工作。吴舒辞教授编写了第 1 章，张发生副教授编写了第 2 章、第 3 章，周慧英副教授编写了第 4 章，万芳瑛副教授编写了第 5 章、第 6 章，桂玲讲师编写了第 7 章、第 8 章，刘华根讲师编写了第 9 章，刘帅讲师编写了第 10 章、第 11 章，王明芳讲师编写了第 12 章。

鉴于作者水平有限以及其他各种原因，书中不妥之处在所难免，敬请同行和广大读者批评指正！

编　者
2012 年 2 月

# 目　录

# 第 1 章
# 电路的基本概念和基尔霍夫定律

电路模型是电路分析的基础。电流和电压是电路中的基本变量。各电流、电压间的约束关系分为两种：一种是各理想元件的伏安关系(VCR)；另一种是与元件性质无关的反映电路连接特点的基尔霍夫定律。这些是电路理论的基本概念，是本章阐述的主要内容。本章是全书的基础。

## 教学要点

| 知 识 要 点 | 掌 握 程 度 |
|---|---|
| 电路和电路模型 | (1) 理解电路和电路模型的概念<br>(2) 了解集中参数电路的概念 |
| 电压、电流和功率 | (1) 理解电压、电流和功率的概念<br>(2) 掌握参考方向的使用方法 |
| 电路元件 | (1) 理解电阻、电容和电感元件的伏安特性<br>(2) 理解理想电源特性 |
| 基尔霍夫定律 | 熟练地掌握基尔霍夫定律的使用方法 |

### 引例：实际电路组成与功能

当今正处在一个高速发展的信息时代，而电路构成了形形色色的电子产品和设备，且人们每天都不得不与实际电路打交道。实际电路是为完成某种预期的目的而设计、安装、运行的，由电路器件(如晶体管)和电路部件(如电容器、电阻器等)相互连接而成，具有传输电能、处理信号、测量、控制、计算等功能。在实际电路中，电能或电信号的发生器称为电源，用电设备称为负载。电压和电流是在电源的作用下产生的，因此，电源又称为激励源。由于激励而在电路中产生的电压和电流称为响应。有时根据激励和响应之间的因果关系，把激励称为输入，响应称为输出。

有些实际电路十分复杂。例如，在图 1.0(a)所示的一汽奥迪 A4L "舒适型"汽车外形中就能看到很多电子设备和电路的影子；在图 1.0(b)中显示汽车的驾驶室内，能粗略地看到电子通信设备、行车控制设备等。毫无疑问，这些设备都是由各种电子器件、实现特定功能的电路所构成的。当前，集成电路的应用已渗透到许多领域，集成电路芯片可能比指甲还小，但它是由成千上万个晶体管相互连接构成的。当今，超大规模集成电路的集成度越来越高，就是说在同样大小的硅片上可容纳的器件数目越来越多，可达数百万或更多。前面所谈电路，无论尺寸大小都是比较复杂的，但也有些电路非常简单，例如，手电筒就是一个很简单的电路。

(a) 外观　　　　　　　　　　　　(b) 驾驶室

图 1.0　一汽奥迪 A4L "舒适型" 汽车

## 1.1　电路与电路模型

电在人们的日常生活和工农业生产等各个领域的应用日益广泛，以至于人们对电产生了相当的依赖性，甚至到了没有它就无法正常生活和工作的程度，电的重要性由此可见一斑。电是通过实际电路提供的，它的应用又是依靠各种各样的电路实现的。因其功能不同，所以实际电路千差万别，但不同的电路都遵循着基本的电路定律。

电路就其作用可分为两大类。其一是以传输、分配、转换电能为目的的供配电系统，因其功率、电流、电压的值较大，故也称为强电系统。在供配电系统中，人们关心的是怎样减少能量损耗，以提高系统的效率。其二是以传送、处理、储存信号为目的的电子电路，因其功率、电流、电压的值较小，而称为弱电系统。在弱电系统中，人们主要关心怎样减小信号在传送、处理、储存过程中的失真。

电路的结构按大小来看也相差甚远。大到跨省界、国界、洲界的供配电系统，小到在纽扣大小的芯片上集成上百万或更多元件的集成电路。显然，上述大、小两类电路在结构上都是非常复杂的。但无论是简单电路，还是复杂电路，就其组成而言不外乎 3 个部分：电源、中间环节、负载。

人们把提供电能的装置称为电源，因其在电路中起激励作用，所以，又称为激励。把转换电能的装置称为负载。连接电源与负载的环节，称为中间环节。最简单的中间环节由导线和开关组成，复杂的中间环节可能是一个非常庞大的网络。在强电系统中，中间环节的作用是传输、分配、供给电能以及控制电能的输送。在弱电系统中，中间环节的作用是传送、处理信号。激励在电路中产生的电流和电压称为响应，有时又称为输出。电路分析就是在已知激励和电路结构、参数的情况下求响应。若已知激励和响应，要确定电路的结构和参数，就称为电路综合。本章主要讲述电路分析，探讨电路的基本定律和定理及各种计算方法，为学习后续电类课程打下基础。

电路分析中所指的电路，不是实际电路，而是从实际电路中抽象出来的、由理想元件所组成的电路模型。要建立实际电路的电路模型，首先应该将实际电路元件理想化，把实际的电阻元件、电感元件、电容元件理想化为理想电阻、理想电感和理想电容。实际电路元件及理想电路元件的图形符合如图 1.1 所示。理想电路元件是具有单一电磁性质的假想元件，具有精确的数学定义。除上述理想元件外，还有理想电源和理想受控源等。引入理想电路元件后，则实际电路元件或实际电路在一定条件下就可以用理想元件或其组合来模拟，此即为实际电路元件或实际电路的理想化模型。根据理想元件端子的数目，理想电路元件可分为二端、三端、四端元件等。

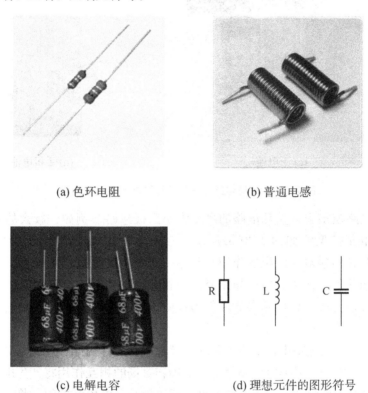

(a) 色环电阻　　　　　　　　　　(b) 普通电感

(c) 电解电容　　　　　　　　(d) 理想元件的图形符号

**图 1.1　实际电路元件及理想电路元件的图形符号**

　　图 1.2(a) 为实际手电筒电路，图 1.2(b) 为其电路模型，图 1.2(c)、图 1.2(d) 分别为干电池和手机电池。小白炽灯用理想电阻 $R$ 来模拟，干电池用理想电压源 $U_S$ 和电阻 $R_S$ 的串联组合来模拟。在电路模型中，导线和开关也是理想的。实际电路模型的建立不是本书主要讨论的问题，但在建立电路模型时要注意，同一个实际元件在不同的条件下，可能采用不同的模型。同样地，同一个实际电路，在不同的条件下，也可能采用不同的电路模型。在建立模型时，不能考虑得过细，否则会导致主次不分，致使模型过于复杂，给电路分析带来不必要的困难。而应在满足工程精度要求的前提下，尽可能忽略一些次要因素，抓住主要因素，建立起既简单又足以反映其电磁性质的电路模型。恰当的、符合实际的电路模型既可以使电路分析得到简化，又能满足工程需要。

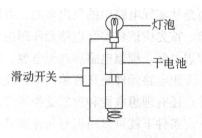

(a) 实际手电筒电路

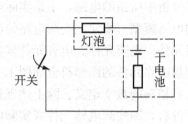

(b) 电路模型

(c) 干电池

(d) 手机电池

**图 1.2　手电筒电路及其电路模型与一些常用电池**

在上述的电路模型中，实际电路的尺寸大小已被忽略。例如：较大的手电筒和较小的手电筒，其电路模型均如图 1.2(b)所示。在这里是用集中的作用代替分散的作用。例如：对分散存在的输电线的阻抗作用，常用一个集中的阻抗作用来表示等。对于这些集中作用的理想元件，认为其电磁作用都集中在元件的内部。电路理论中把这样的理想元件称为集总参数元件，由集总参数元件组成的电路模型称为集总参数电器，或称为集总电路。

如前所述，在集总电路中，认为电磁现象都发生在元件内部，这就意味着不考虑电场和磁场之间的相互作用。根据电磁场理论，电场和磁场的相互作用将产生电磁波。当电路的几何尺寸与电路工作频率所对应的波长可以相比拟时，电磁波的辐射将显著加强。电路中的部分能量将随电磁波辐射到空间。这与能量的消耗都发生在电阻元件内部的假设不符。因此，只有当实际电路由于电磁波的辐射而产生的能量损失可以忽略不计时，才能按集总电路对待。电磁理论和实践均证明，当实际电路的几何尺寸 $l$ 远小于电路工作频率所对应的波长 $\lambda$ 时，电磁波辐射的能量小到可以忽略不计，实际电路可按集总参数电路对待。电路工作频率所对应的波长为

$$\lambda = \frac{c}{f} \tag{1-1}$$

式中：$c = 3 \times 10^8$ m/s 为光速；$f$ 为电路的工作频率。我国工业用电频率为 $f = 50$Hz，则对应波长为

$$\lambda = \frac{3 \times 10^8}{50} \text{m} = 6000 \text{km}$$

因此，对于几何尺寸远小于 6000km 的供电网络，都可以按集总参数电路进行处理。因 λ 值随着电路工作频率 $f$ 的增高而减小，故在高频电路中，甚至对尺寸仅为几米的电路，也不能按集总电路对待。

如上所述，当电路的几何尺寸可以和电路工作频率所对应的波长相比拟时，这个电路就不能按集总参数电路对待，而要用分布参数电路或电磁场理论来分析。本书只涉及集总参数电路的分析与计算。

## 1.2　电路变量

电路分析的任务是得到电路的电性能，即用一组表作为时间函数的变量。这些变量中最常见的是电流、电压和功率。

### 1. 电流

在电场力的作用下，电荷的定向移动就形成了电流。电流是看不见、摸不着的，但电流的强弱可以间接地通过其他手段知道。例如，流过手电筒的电流和流过汽车灯的电流的强弱是不一样的，这就知道了电流的存在并且知道了电流存在的大小。

用 $i$ 表示随时间变化的电流，用 $I$ 表示恒定电流(或称为直流)。电流的定义为：在单位时间内，通过导体横截面的电荷量代数和称为电流，即

$$i = \frac{\mathrm{d}q}{\mathrm{d}t} \tag{1-2}$$

在国际单位制中，电流、电荷和时间的基本单位是安培(简称安，用 A 表示)、库仑(简称库，用 C 表示)和秒(用 s 表示)。在实际应用中，电流有时也常用其辅助单位：千安(kA)、毫安(mA)和微安($\mu$A)，其换算关系为

$$1\ \mathrm{kA} = 10^3\ \mathrm{A};\ 1\ \mathrm{mA} = 10^{-3}\ \mathrm{A};\ 1\ \mu\mathrm{A} = 10^{-6}\ \mathrm{A}$$

规定正电荷移动的方向电流的方向。在简单电路中，电流的实际方向很容易确定，但当电路比较复杂时，电流的实际方向往往不易直观确定，例如，在图 1.3 所示的桥式电路中，$R_5$ 中的实际电流方向就难以确定。另外，在交流电路中，电流的方向随时间而变化，不便在电路图中标出。因此，为求解电路方便，须预先规定电流的参考方向。电流的参考方向是人为假设的方向，在电路图中用箭头表示，如图 1.4 所示。

在规定的电流参考方向下电流是代数量，求解的结果可能为正也可能为负。如果电流为正值，则电流的实际方向与参考方向一致；如果电流为负值，则电流的实际方向与参考方向相反。在图 1.4 中，如果求得 $i = -3\mathrm{A}$，则说明电流的实际方向是由 b 指向 a 的；如果 $i = 3\sin(314t)\mathrm{A}$，即电流值是随时间正负交变的，这说明其实际方向随时间交变。在其为正的时间内，其实际方向由 a 指向 b；在其为负的时间内，其实际方向由 b 指向 a。

电流的参考方向和其带有正(或负)号的代数值一起给出了电流的完整解答，既给出了电流的大小，又反映了电流每一时刻的实际方向。仅有数值而没有参考方向的电流是无意义的，因此，在求解电路前一定要先选定电流的参考方向。参考方向可以任意选定，但一旦选定，在求解整个过程中就不能再改变。

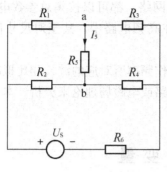

图 1.3 桥式电路

图 1.4 电流的参考方向

### 2. 电压

为了便于研究问题,在分析电路时引用"电压"这一物理量。电压有时也称"电位差",用符号 $u$ 表示。电路中 a、b 两点间的电压描述了单位正电荷由 a 点转移到 b 点时所获得或失去的能量,即

$$u(t) = \frac{\mathrm{d}W}{\mathrm{d}q} \qquad (1-3)$$

式中:$\mathrm{d}q$ 为由 a 点转移到 b 点的电荷,单位为库(仑)(C);$\mathrm{d}W$ 为转移过程中,电荷 $\mathrm{d}q$ 所获得或失去的能量,单位为焦(耳)(J)。电压的单位为伏(特)(V)。这些都是国际单位制单位。在实际应用中,电压有时也常用其辅助单位:千伏(kV)、毫伏(mV)和微伏($\mu$V),其换算关系为

$$1 \text{ kV} = 10^3 \text{ V}; \quad 1 \text{ mV} = 10^{-3} \text{ V}; \quad 1 \text{ } \mu\text{V} = 10^{-6} \text{ V}$$

如果正电荷由 a 点转移到 b 点,获得能量,则 a 点为低电位,即负极,b 点为高电位,即正极。如果正电荷由 a 点转移到 b 点,失去能量,则 a 点为高电位,即正极,b 点为低电位,即负极。正电荷在电路中转移时电能的得或失表现为电位升高或降落,即电压升或电压降。

电压也可按照变化规律分为直流电压(Direct Voltage,DV)和交流电压(Alternating Voltage,AV)。如果电压的大小和方向不随时间变化,则称为直流电压;如果电压的大小和方向都随时间变化,则称为交流电压。

如同电流需要规定参考方向一样,电压也需要规定参考方向。两点之间的电压参考方向可以用正(+)、负(−)极性表示,正极指向负极的方向就是电压的参考方向,如图 1.5指定电压的参考方向后,电压就成为一个代数量。在图 1.5 中,如果 A 点电位高于 B 点电位,即电压的实际方向是由 A 到 B,两者的方向一致,则 $u>0$。如果 B 点电位高于 A 点,两者相反,即 $u<0$。有时为了图示方便,可用一个箭头表示电压的参考方向(图 1.5)。还可用双下标表示电压,如 $U_{AB}$ 表示 A 和 B 之间电压,参考方向由 A 指向 B。

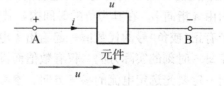

图 1.5 电压参考方向

对于同一段电路或同一个元件，由于其电流、电压的参考方向可以任意选定，所以就会出现两种情况：第一种情况为电压、电流的参考方向选得相同，称为关联参考方向；第二种情况为电压、电流的参考方向选得相反，称为非关联参考方向，如图1.6所示。在电路分析中，许多公式的正、负号都与参考方向的关联与否有关，应用时要特别注意。

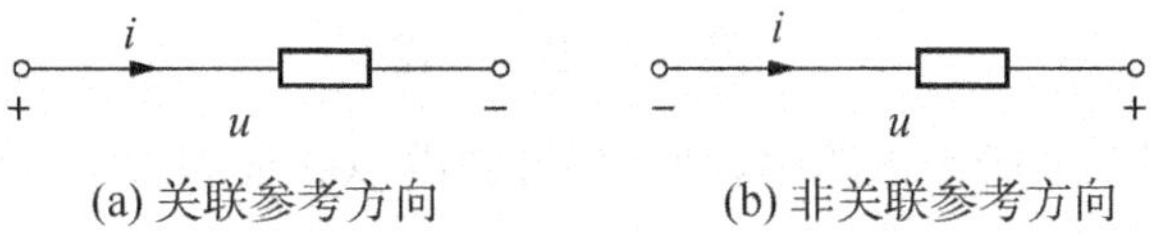

(a) 关联参考方向　　　　　　(b) 非关联参考方向

**图1.6　关联与非关联参考方向**

**注**：本书中所采用的电压、电流的方向，未说明的均指关联参考方向。

3. **功率**

电路中存在着能量的流动，将电路中某一段所吸收或产生能量的速率称为功率(power)，用符号 $p$ 表示。

设在 $dt$ 时间内电荷 $dq$ 由 a 点转移到 b 点，且 a 点到 b 点的电压降为 $u$，则根据式(1-3)可知，在电荷转移过程中 $dq$ 失去的能量为

$$dW = udq \tag{1-4}$$

电荷失去的能量被这段电路吸收，从而使能量由电路的其他部分输送到这一部分，则功率的计算公式为

$$p(t) = \frac{dW}{dt} = u(t) \cdot \frac{dq}{dt} = u(t) \cdot i(t) \tag{1-5}$$

对直流电路

$$P = UI \tag{1-6}$$

在国际单位制中，功率的单位为瓦(特)(W)。其辅助单位有：兆瓦(MW)、千瓦(kW)、毫瓦(mW)和微瓦($\mu$W)，其换算关系为

$$1\ \text{MW} = 10^6\ \text{W}；1\ \text{kW} = 10^3\ \text{W}；1\ \text{mW} = 10^{-3}\ \text{W}；1\ \mu\text{W} = 10^{-6}\ \text{W}$$

当 $u$、$i$ 为关联参考方向时，式(1-5)和式(1-6)表示元件(或电路)吸收的功率。当 $u$、$i$ 为非关联参考方向时，采用下式计算功率

$$p(t) = -\frac{dW}{dt} = -u(t) \cdot \frac{dq}{dt} = -u(t) \cdot i(t) \tag{1-7}$$

对直流电路

$$P = -UI \tag{1-8}$$

上述两式计算的功率亦是元件(或电路)吸收的功率。

采用式(1-5)或式(1-7)计算功率时，若 $p > 0$，则表明元件(或电路)吸收功率；若 $p < 0$，则表明元件(或电路)发出功率。

**【例1.1】**　计算图1.7所示各元件的功率，并判别哪些元件是电源，哪些元件是负载？

**解**：因为 $U$、$I$ 为关联参考方向，故用式(1-6)计算，则

$$P = UI = (-6) \times 3\ \text{W} = -18\ \text{W}$$

电路分析基础

$P<0$，说明元件发出功率，为电源。

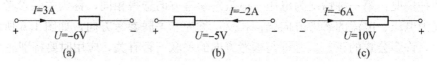

图 1.7　例 1.1 图

【例 1.2】　在图 1.8 所示电路中，网络 $N_1$ 提供 200 W 功率，$u$ 为 20 V，求电流 $i$。

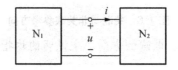

图 1.8　例 1.2 图

**解：**对于 $N_1$，$u$、$i$ 为非关联参考方向，因此，用式(1-7)计算功率

$$p_1 = -ui$$

故求出

$$i = \frac{p_1}{-u} = \frac{-200}{-20}\mathrm{A} = 10\mathrm{A}$$

本章所说的电路元件是指理想的电路元件，包括：电阻 R、电感 L 和电容 C。本章将介绍这 3 种电路元件的有关电磁特性及伏安关系(VCR)，即电路分析中两类约束关系之一：元件约束关系。

# 1.3　电阻元件

电阻器、灯泡、电炉等在一定条件下可以用二端线性电阻元件模拟(以后各章主要讨论二端元件，故将略去"二端"两字)。线性电阻元件是这样的理想元件：在电压和电流取关联参考方向下，在任何时刻它两端的电压和电流关系服从欧姆定律，即有

$$u = Ri \tag{1-9}$$

线性电阻元件的图形符号如图 1.9(a)所示。式(1-9)中 $R$ 称为元件的电阻，$R$ 是一个正实常数。当电压单位用 V，电流单位用 A 表示时，电阻的单位为欧姆(简称欧)。

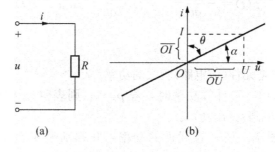

图 1.9　电阻元件及其伏安特性

令 $G=\dfrac{1}{R}$，式(1-9)变成

$$i=Gu \tag{1-10}$$

式中：$G$ 称为电阻元件的电导。电导的单位是 S(西门子，简称西)。$R$ 和 $G$ 都是电阻元件的参数。

由于电压和电流的单位是 V 和 A，因此电阻元件的特性称为伏安特性。图 1.9(b)画出线性电阻元件的伏安特性，它是通过原点的一条直线。直线的斜率与元件的电阻 $R$ 有关。如果在作图时，电压坐标的标尺为 mu(坐标轴上每单位长度代表的电压值)，电流坐标的标尺为 m，(坐标轴上每单位长度代表的电流值)，则有

$$R=\frac{u}{i}=\frac{m_\mathrm{u}}{m_\mathrm{i}}\frac{\overline{OU}}{\overline{OI}}=\frac{m_\mathrm{u}}{m_\mathrm{i}}\tan\theta$$

$$G=\frac{i}{u}=\frac{m_\mathrm{i}}{m_\mathrm{u}}\frac{\overline{OI}}{\overline{OU}}=\frac{m_\mathrm{i}}{m_\mathrm{u}}\tan\alpha$$

式中：$\overline{OU}$、$\overline{OI}$ 分别为电压 $u$ 与电流 $i$ 相应的 $u$ 轴和 $i$ 轴上的线段长度。

图 1.10(a)、图 1.10(b)画出 $R=1\Omega$ 时电阻的伏安特性，其中电流标尺均取 $m_i=1\mathrm{A/cm}$；图 1.10(a)中 $m_\mathrm{U}=1\ \mathrm{V/cm}$，而图 1.11(b)中 $m_\mathrm{U}=0.5\ \mathrm{V/cm}$，可得出图 1.10(a)中 $\tan\theta=m_\mathrm{i}R/m_\mathrm{U}=1$，故 $\theta=45°$，而图 1.10(b)中，$\tan\theta'=2$，$\theta'=63.4°$。

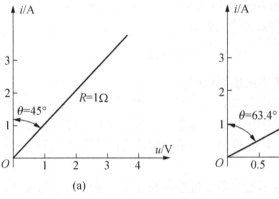
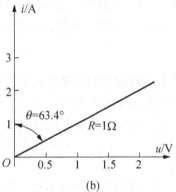

**图 1.10 不同标尺时电阻的伏安特性**

当一个线性电阻元件的端电压不论为何值时，流过它的电流恒为零值，就把它称为"开路"。开路的伏安特性在 $u-i$ 平面上与电压轴重合，它相当于 $R=\infty$ 或 $G=0$，如图 1.11(a)所示。当流过一个线性电阻元件的电流不论为何值时，它的端电压恒为零值，就把它称为"短路"。短路的伏安特性在 $u-i$ 平面上与电流轴重合，它相当于 $R=0$ 或 $G=\infty$，如图 1.11(b)所示。如果电路中的一对端子 $1-1'$ 之间呈断开状态，如图 1.11(c)所示，这相当于 $1-1'$ 之间接有 $R=\infty$ 的电阻，此时称 $1-1'$ 处于"开路"。如果把端子 $1-1'$ 用理想导线(电阻为零)连接起来，称这对端子 $1-1'$ 被短路，如图 1.11(d)所示。

当电压 $u$ 和电流 $i$ 取关联参考方向时，电阻元件消耗的功率为

$$p=ui=Ri^2=\frac{u^2}{R}=Gu^2=\frac{i^2}{G} \tag{1-11}$$

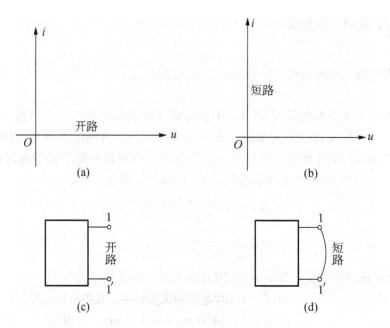

图 1.11　开路和短路的伏安特性

由于 $R$ 和 $G$ 是正实常数，故功率 $p$ 恒为非负值。所以线性电阻元件是一种无源元件。电阻元件从 $t_0$ 到 $t$ 的时间内吸收的电能为

$$W = \int_{t_0}^{t} Ri^2(\xi)\,\mathrm{d}\xi \tag{1-12}$$

电阻元件一般把吸收的电能转换成热能消耗掉。

由于制作材料的电阻率与温度有关，（实际）电阻器通过电流后因发热会使温度改变，因此，严格来说，电阻器带有非线性因素。但是在一定条件下，许多实际部件如金属膜电器、线绕电阻器等，它们的伏安特性近似为一条直线。所以用线性电阻元件作为它们的理想模型是合适的。

非线性电阻元件的伏安特性不是一条通过原点的直线。非线性电阻元件的电压电流关系一般可写为

$$u = f(i)\,(\text{或 } i = h(u))$$

如果一个电阻元件具有以下的电压电流关系

$$u(t) = R(t)i(t)\,(\text{或 } i(t) = G(t)u(t))$$

这里 $u$ 与 $i$ 仍是比例关系，但比例系数 $R$ 是随时间变化的，则称其为时变电阻元件。

线性电阻元件的伏安特性位于第一、三象限。如果一个线性电阻元件的伏安特性位于第二、四象限，则此元件的电阻为负值，即 $R < 0$。线性负电阻元件实际上是一个发出电能的元件。如果要获得这种元件，一般需要专门设计。

**注**：为了叙述方便，今后把线性电阻元件简称为电阻，所以本书中"电阻"这个术语以及它的相应符号 $R$ 一方面表示一个电阻元件，另一方面也表示此元件的参数。

## 1.4　电 容 元 件

在工程技术中，电容器的应用极为广泛。电容器虽然品种、规格各异，但就其构成原理来说，电容器都是由间隔以不同介质（如云母、绝缘纸、电解质等）的两块金属极板组成。当在极板上加以电压后，极板上分别聚集起等量的正、负电荷，并在介质中建立电场而具有电场能量。将电源移去后，电荷可继续聚集在极板上，电场继续存在。所以电容器是一种能储存电荷，或者说储存电场能量的部件。电容元件就是反映这种物理现象的电路模型。

线性电容元件的图形符号如图 1.12(a)所示，图中电压的正（负）极性所在极板上储存的电荷为 $+q(-q)$，两者的极性一致。此时有

$$q = Cu \tag{1-13}$$

式中：$C$ 是电容元件的参数，称为电容。$C$ 是一个正实常数。当电荷和电压的单位分别用 C 和 V 表示时，电容的单位为 F（法拉，法）。图 1.12(b)中以 $q$ 和 $u$ 为坐标轴，画出了电容元件的库伏特性。线性电容的库伏特性是一条通过原点的直线。

如果电容元件的电流 $i$ 和电压取关联参考方向，如图 1.12(a)所示，则有

$$i = \frac{\mathrm{d}q}{\mathrm{d}t} = \frac{\mathrm{d}(c_u)}{\mathrm{d}t} = C\frac{\mathrm{d}u}{\mathrm{d}t} \tag{1-14}$$

表明电流和电压的变化率成正比。当电容上电压发生剧变（即 $\mathrm{d}u/\mathrm{d}t$ 很大）时，电流很大。当电压不随时间变化时，电流为零。故电容在直流情况下其两端电压恒定，相当于开路，或者说电容有隔断直流（简称隔直）的作用。

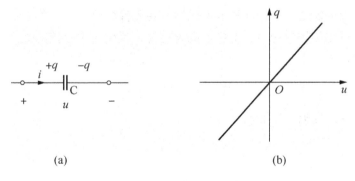

(a)　　　　　　　　　　　　　　　　(b)

**图 1.12　电容元件及其库伏特性**

式(1-14)的逆关系为

$$q = \int i\mathrm{d}t \tag{1-15}$$

这是一个不定积分，可写成定积分的表达式

$$q = \int_{-\infty}^{t} i\mathrm{d}\xi = \int_{-\infty}^{t_0} i\mathrm{d}\xi + \int_{t_0}^{t} i\mathrm{d}\xi = q(t_0) + \int_{t_0}^{t} i\mathrm{d}\xi \tag{1-16}$$

式中：$q(t_0)$ 为 $t_0$ 时刻电容所带电荷量。式(1-16)的物理意义是：$t$ 时刻具有的电荷量等于 $t_0$ 时的电荷量加以 $t_0$ 到 $t$ 时间间隔内增加的电荷量。如果指定 $t_0$ 为时间的起点并设为零，式(1-16)可写为

$$q(t) = q(0) + \int_{t_0}^{t} i\,\mathrm{d}\xi$$

对于电压，由于 $u = \dfrac{q}{c}$，因此有

$$u(t) = u(t_0) + \frac{1}{C}\int_{t_0}^{t} i\,\mathrm{d}\xi \qquad (1-17)$$

或

$$u(t) = u(0) + \frac{1}{C}\int_{t_0}^{t} i\,\mathrm{d}\xi \qquad (1-18)$$

由式(1-14)与式(1-9)的比较可知，电容元件的电压与电流具有动态关系，因此，电容元件是一个动态元件。从式(1-18)可见，电容电压除了与 0 到 $t$ 的电流值有关外，还与 $u(0)$ 值有关，因此，电容元件是一种有"记忆"的元件。与之相比，电阻元件的电压仅与该瞬间的电流值有关，是无记忆的元件。

在电压和电流的关联参考方向下，线性电容元件吸收的功率为

$$p = ui = Cu\frac{\mathrm{d}u}{\mathrm{d}t}$$

从 $-\infty$ 到 $t$ 时刻，电容元件吸收的电场能量为

$$\begin{aligned}
W_C &= \int_{-\infty}^{t} u(\xi)i(\xi)\,\mathrm{d}\xi = \int_{-\infty}^{t} Cu(\xi)\frac{\mathrm{d}u(\xi)}{\mathrm{d}\xi}\,\mathrm{d}\xi \\
&= C\int_{u(-\infty)}^{u(t)} u(\xi)u\,\mathrm{d}(\xi) \\
&= \frac{1}{2}Cu^2(t) - \frac{1}{2}Cu^2(-\infty)
\end{aligned}$$

电容元件吸收的能量以电场能量的形式储存在元件的电场中。可以认为在 $t = -\infty$ 时，$u(-\infty) = 0$，其电场能量也为零。这样，电容元件在任何时刻存储的电场能量 $W_C(t)$ 将等于它吸收的能量，可写为

$$W_C(t) = \frac{1}{2}Cu^2(t) \qquad (1-19)$$

从时间 $t_1$ 到 $t_2$ 电容元件吸收的能量

$$\begin{aligned}
W_C &= C\int_{u(t_1)}^{u(t_2)} u\,\mathrm{d}u = \frac{1}{2}Cu^2(t_2) - \frac{1}{2}Cu^2(t_1) \\
&= W_C(t_2) - W_C(t_1)
\end{aligned}$$

电容元件充电时，$|u(t_2)| > |u(t_1)|$，$W_c(t_2) > W_c(t_1)$，故在此时间内元件吸收能量；电容元件放电时，$W_c(t_2) < W_c(t_1)$，元件释放电能。若元件原来没有充电，则在充电时吸收并储存起来的能量一定又在放电完毕时全部释放，它不消耗能量。所以，电容元件是一种储能元件。同时，电容元件也不会释放出多于它吸收或储存的能量，所以它又是一种无源元件。

如果电容元件的库伏特性在 $u-q$ 平面上不是通过原点的直线，此元件称为非线性电容元件，晶体二极管中的变容二极管就是一种非线性电容，其电容随所加电压而变。

一般的电容器除有储能作用外，也会消耗一部分电能，这时，电容器的模型就必须是

电容元件和电阻元件的组合。由于电容器消耗的电功率与所加电压直接相关，因此其模型是两者的并联组合。

电容器是为了获得一定大小的电容特意制成的。但是，电容的效应在许多其他场合也存在，这就是分布电容和杂散电容。从理论上说，电位不相等的导体之间就会有电场，因此就有电荷聚集并有电场能量，即有电容效应存在。例如，在两根架空输电线之间，每一根输电线与地之间都有分布电容。在晶体三极管或二极管的电极之间，甚至一个线圈的线匝之间也存在着杂散电容。至于是否要在模型中计入这些电容，必须视工作条件下它们所起作用而定，当工作频率很高时，一般不应忽略其作用，而应以适当的方式在模型中反映出来。

为了叙述方便，把线性电容元件简称为电容，所以本书中"电容"这个术语以及与它相应的符号 C 一方面表示一个电容元件，另一方面也表示这个元件的参数。

## 1.5　电　感　元　件

在工程中广泛应用用导线绕制的线圈，例如，在电子电路中常用的空心或带有铁粉心的高频线圈，电磁铁或变压器中含有在铁心上绕制的线圈等。当一个线圈通以电流后产生的磁场随时间变化时，在线圈中就产生感应电压。

图 1.13 示出一个线圈，其中的电流 $i$ 产生的磁通 $\Phi_L$ 与 $N$ 匝线圈交链，则磁通链 $\psi_L = N\Phi_L$。由于磁通 $\Phi_L$ 和磁通链 $\psi_L$ 都是由线圈本身的电流 $i$ 产生的，所以称为自感磁通和自感磁通链。$\Phi_L$ 和 $\psi_L$ 的方向[①]与 $i$ 的参考方向成右螺旋关系，如图 1.14 所示。当磁通 $\psi_L$ 随时间变化时，在线圈的端子间产生感应电压。如果感应电压 $u$ 的参考方向与 $\psi_L$ 成右螺旋关系（即从端子 A 沿导线到端子 B 的方向与 $\psi_L$ 成右螺旋关系），则根据电磁感应定律，有

$$u = \frac{\mathrm{d}\psi_L}{\mathrm{d}t} \tag{1-20}$$

由该式确定感应电压的真实方向时，与楞次定律的结果是一致的。

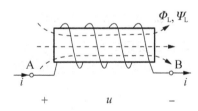

**图 1.13　磁通链与感应电压**

电感元件是实际线圈的一种理想化模型，它反映了电流产生磁通和磁场能量储存这一个物理现象。线性电感元件的图形符号如图 1.14(a)所示。一般在图中不必也难以画出电压磁通的参考方向，但规定电压与电流 $i$ 的参考方向满足右螺旋关系。线性电感元件的自感磁通链与元件中的电流存在以下关系

$$\psi_L = Li$$

式中：$L$ 称为该元件的自感(系数)或电感，$L$ 是一个正实常数。

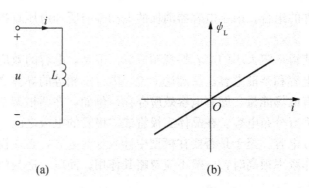

(a)                                            (b)

**图 1.14   电感元件及其韦安特性**

在国际单位制(SI)中，磁通和磁通链的单位是 Wb(韦伯，简称韦)；当电流的单位采用 A 时，则自感或电感的单位是 H(亨利，简称亨)。

线性电感元件的韦安特性是 $\psi_L - i$ 平面上的一条通过原点的直线，如图 1.15(b) 所示。

把 $\psi_L = Li$ 代入式(1-20)，可以得到电感元件的电压和电流关系如下

$$u = L \frac{\mathrm{d}i}{\mathrm{d}t} \tag{1-21}$$

式中：$u$ 和 $i$ 为关联参考方向，且与 $\psi_L$ 成右手螺旋关系。

式(1-21)的逆关系为

$$i = \frac{1}{L} \int u \mathrm{d}t \tag{1-22}$$

写成定积分形式为

$$i = \frac{1}{L} \int_{-\infty}^{t} u \mathrm{d}\xi = \frac{1}{L} \int_{-\infty}^{t_0} u \mathrm{d}\xi + \frac{1}{L} \int_{t_0}^{t} u \mathrm{d}\xi = i(t_0) + \frac{1}{L} \int_{t_0}^{t} u \mathrm{d}\xi \tag{1-23}$$

或

$$\psi_L = \psi_L(t_0) + \int_{t_0}^{t} u \mathrm{d}\xi \tag{1-24}$$

可以看出，电感元件是动态元件，也是记忆元件。

在电压和电流的关联参考方向下，线性电感元件吸收的功率为

$$p = ui = Li \frac{\mathrm{d}i}{\mathrm{d}t} \tag{1-25}$$

由于在 $t = -\infty$ 时，$i(-\infty) = 0$ 电感元件无磁场能量。因此，从 $-\infty$ 时到 $t$ 的时间段内电感吸收的磁场能量为

$$W_L(t) = \int_{-\infty}^{t} p \mathrm{d}\xi = \int_{-\infty}^{t} Li \frac{\mathrm{d}i}{\mathrm{d}\xi} \mathrm{d}\xi = \int_{t_0}^{i(t)} Li \mathrm{d}i$$

$$= \frac{1}{2} Li^2(t) = \frac{1}{2} \frac{\psi_L}{L} \tag{1-26}$$

这就是线性电感元件在任何时刻的磁场能量表达式。

从时间 $t_1$ 到 $t_2$ 内，线性电感元件吸收的磁场能量为

$$W_L = L \int_{i(t_1)}^{i(t_2)} i \mathrm{d}i = \frac{1}{2} Li^2(t_2) - \frac{1}{2} Li^2(t_1)$$
$$= W_L(t_2) - W_L(t_1)$$

当电流 $|i|$ 增加时，$W_L > 0$，元件吸收能量；当电流 $|i|$ 减小时，$W_L < 0$，元件释放能量。可见电感元件不把吸收的能量消耗掉，而是以磁场能量的形式储存在磁场中。所以电感元件是一种储能元件，同时，它也不会释放出多于它吸收或储存的能量，因此它又是一种无源元件。

空心线圈是以线性电感元件为模型的典型例子。当线圈导线电阻的损耗不可忽略时，需要用线性电感元件和电阻元件的串联组合作为其模型。

如果电感元件的韦安特性不是通过 $\psi_L - i$ 平面上原点的一条直线，它就是非线性电感元件。非线性电感元件的韦安特性可以用下列公式表示

$$\psi_L = f(i)$$

或

$$I = h(\psi_L)$$

带铁心的电感线圈是以非线性电感元件为模型的典型例子。但若线圈在铁磁材料的非饱和状态下工作，那么 $\psi_L$ 与 $i$ 仍近似于线性关系，在这种情况下，铁心线圈仍可以当成是线性电感元件处理。

**注**：为了叙述方便，把线性电感元件简称为电感，所以本书中"电感"这个术语以及与其相应的符号 $L$，一方面表示一个电感元件，另一方面也表示这个元件的参数。

## 1.6 理想电源

任何一种实际电路必须有电源提供能量。实际中的电源各种各样，如干电池、蓄电池、光电池、发电机及电子线路中的信号源等。本节所要讲述的理想电源是在一定条件下从实际电源抽象得到的一种理想电路模型，是二端有源元件。

### 1. 理想电压源

如果一个二端元件的端电压既独立于流过其中的电流，又独立于其他支路的电压和电流，则称此元件为独立电压源。独立电压源主要分为直流电压源和正弦交流电压源，凡具有图 1.15(a)所示时域特性的电压源称为直流电压源，凡具有图 1.15(b)所示时域特性的电压源称为正弦交流电压源。

(a) 直流电压源的时域特性

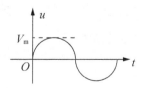

(b) 正弦交流电压源的时域特性

**图 1.15 时域特性**

具有图 1.16(a)所示伏安特性的电压源称为理想电压源，其特点是电压源端电压不随输出电流而变化。电压源的设计者和制造者力求得到这种理想的特性，显然由于电压源内阻的存在只可能做到接近于理想特性而不能完全达到这种理想特性。电压源电气符号如图 1.16(b)所示。

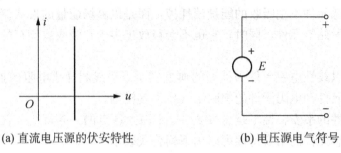

(a) 直流电压源的伏安特性　　　　　　　(b) 电压源电气符号

**图 1.16　直流电压源伏安特性和电压源符号**

实际电压源容许通过的电流是有限的，即电压源只能在一个规定的电流范围内作为电压源工作。一个实际的电压源模型如图 1.17 所示，任何一个电压源内阻 $R_0$ 总是存在的，只是有大小的区别，高质量的电压源其内阻 $R_0$ 设计得很小，这样当有电流输出时，在电压源内阻上的分压就很小，因而能够使输出电压保持基本不变，如图 1.18(a)所示。随着内阻的增加，电压源输出电压随输出电流的增加而减小，此时电压源在内阻上的分压增加，对外输出的电压就减小，如图 1.18(b)所示，这种电源的质量较低。实际电压源的伏安特性方程为

$$u = E - i \cdot R_0 \tag{1-27}$$

式中：$u$ 是电压源的输出电压；$i \cdot R_0$ 是在内阻上的降压。

当一个电压源作用于（接入）网络中的节点 a 和 a′ 时，a 和 a′ 之间的电压值就被迫等于此电压源的数值。这时如果网络中发生了什么变化，网络中电流分布也随之调整，但 a 和 a′ 之间的电压值总是固定地等于电压源的数值，而与网络中可能发生的一切情况无关。电压源的工作电流随着外电路的变化而发生变化，但不能超过其额定工作电流。

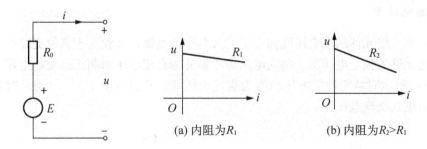

(a) 内阻为 $R_1$　　　　　(b) 内阻为 $R_2 > R_1$

**图 1.17　实际电压源模型**　　　**图 1.18　电压源端口伏安特性**

**2. 理想电流源**

在电路理论中，除独立电压源之外，还有独立电流源。如果一个二端元件的输出电流既独立于其本身端电压，又独立于其他支路的电压和电流，则称此元件为独立电流源。独

立电流源主要有直流电流源，凡具有图 1.19(a) 所示时域特性的电流源称为直流电流源，而图 1.19(b) 所示为其电气符号。

(a) 独立直流电流源的时域特性　　　　　(b) 独立电流源的电气符号

**图 1.19　时域特性和电气符号**

具有图 1.20(a) 所示伏安特性的电流源称为理想电流源，其特点是电源输出的电流不随电源自身端电压而变化。当然这样的理想电流源也是不存在的，但是可以做到接近于理想特性。一个实际的电流源模型如图 1.20(b) 所示，任何一个电流源的内阻 $R_0$ 总是存在的，只是有大小的区别，一个高质量的电流源其内阻设计得很大，这样当电源输出电流时，内阻分流就很小，因而输出电流基本保持不变，如图 1.21(a) 所示。随着电流源内阻的减小，电流源的电流被内阻分流增大，因而电流源输出电流随输出电压的增加而减小得很快，如图 1.21(b) 所示，这种电流源的质量较低。

实际电流源的伏安特性方程为

$$i = i_s - \frac{u_{ab}}{R} \tag{1-28}$$

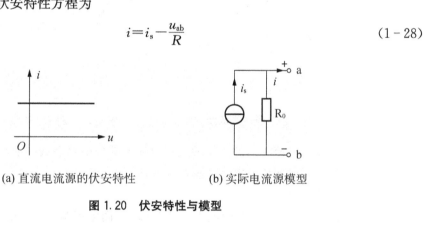

(a) 直流电流源的伏安特性　　　　　　(b) 实际电流源模型

**图 1.20　伏安特性与模型**

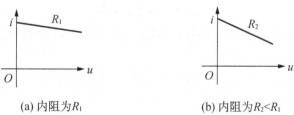

(a) 内阻为 $R_1$　　　　　　　　　(b) 内阻为 $R_2 < R_1$

**图 1.21　电流源端口伏安特性**

同样，当一个电流源作用于(接入)网络中的节点 a 和 a′ 时，a 和 a′ 之间的电流就被迫等于此电流源的数值。如果网络中发生了什么变化，电流源的端电压(可以)随之调整，但流过 a 和 a′ 之间的电流总是固定地等于该电流源的值，而与网络中可能发生的一切情况无关。电流源的端电压随着外电路的变化而发生变化，但电流源的工作电压不能超过其额定工作电压。

**【例 1.3】** 电路如图 1.22 所示。已知 $E=1\text{V}$，$R=1\Omega$。①当只有开关 $S_1$ 闭合时，求电流 $i$；②当开关 $S_1$、$S_2$ 同时闭合时，求电流 $i$；③当开关 $S_1$、$S_2$、$S_3$ 同时闭合时，求电流 $i$。

**解：** 分析可知，电压源的端电压不随外电路的变化而变化，但电压源向外提供的电流可以随负载的变化而发生变化。

根据欧姆定律

① 当只有开关 $S_1$ 闭合时，有 $i=1\text{A}$；

② 当开关 $S_1$、$S_2$ 同时闭合时，有 $i=2\text{A}$；

③ 当开关 $S_1$、$S_2$、$S_3$ 同时闭合时，有 $i=3\text{A}$。

**【例 1.4】** 电路如图 1.23 所示。已知 $i_s=1\text{A}$，$R=1\Omega$，求下列 3 种情况下 a、b 两端的电压 $u_{ab}$。①当开关 $S_1$ 闭合时；②当开关 $S_1$、$S_2$ 同时闭合时；③当开关 $S_1$、$S_2$、$S_3$ 同时闭合时。

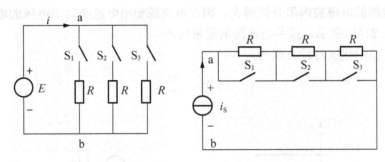

图 1.22 例 1.3 的图　　　　　图 1.23 例 1.4 的图

**解：** 分析可知，电流源向外提供的工作电流不随外电路负载的变化而变化，但电流源的端电压能够随负载的变化而发生变化。

根据欧姆定律，可知

① 当开关 $S_1$ 闭合时，电路中电阻为 $2R=2\Omega$，而电流源输出的电流为 1A

$$u_{ab}=i_s \cdot 2R=2\text{V}$$

② 开关 $S_1$、$S_2$ 同时闭合时，电路中电阻为 $1R=1\Omega$，而电流源输出的电流仍然为 1A，所以

$$u_{ab}=i_s \cdot 1R=1\text{V}$$

③ 开关 $S_1$、$S_2$、$S_3$ 同时闭合时，$u_{ab}=i_s \cdot R=1\text{V}$

常见实际电源（如发电机、蓄电池等）的工作机理比较接近电压源，其电路模型是电压源与电阻的串联组合。像光电池一类器件，工作时的特性比较接近电流源，其电路模型是电流源与电阻的并联组合。另外，有专门设计的电子电路可作为实际电流源使用。

上述电压源和电流源常常被称为"独立"电源，"独立"二字是相对于 1.7 节要介绍的"受控"电源来讲的。

## 1.7 受 控 电 源

电源除了 1.6 节讲到的独立电源（如干电池、发电机等）外还有非独立电源（或称受控电源）。受控电源在网络分析中也像电阻、电感、电容等无源元件一样经常遇到，而且也可以作为电路元件来处理。独立电源的电动势或"电激流"是某一固定数值或某一时间函数，不随电路其余部分的状态的改变而改变，且理想独立电压源的端电压不随其输出电流的改变而改变，理想独立电流源的输出电流也不随其端电压的改变而改变。所以，独立电源作为电路的输入，反映的是外界对电路的作用。

"受控电源"与独立电源不同。受控电源的电动势或电激流随网络中其他支路的电流或电压变化而变化，它是反映电子器件相互作用时所发生的物理现象的一种模型。受控电源也与无源元件不同，无源元件的端电压与"流过自身的电流"有一定的函数关系，而受控电源的端电压或电流则和"另一支路（或元件）的电流或电压"有某种函数关系。当受控电源的电压（或电流）与控制元件的电压（或电流）成正比变化时，该受控电源是线性的。

理想受控电源的控制支路中只有一个独立变量（电压或电流），另一个独立变量等于零。即从输入口来看，理想受控电源或者是开路，或者是短路。

开路：输入电导 $G_i=0$，因而输入电流 $i_i=0$，如图 1.24(a)、图 1.24(c) 所示。

短路：输入电阻 $R_i=0$，因而输入电压 $u_i=0$，如图 1.24(b)、图 1.24(d) 所示。

从输出口看，理想受控电源或者是一个理想电流源，或者是一个理想电压源。

受控电源有两对端钮，一对输出端钮，一对输入端钮，输入端用来控制输出端的电压或电流的大小，而施加于输入端的控制量可以是电压也可以是电流，因此，有两种受控电压源，即电压控制电压源（VCVS），如图 1.24(a) 所示，电流控制电压源（CCVS），如图 1.24(b) 所示；同样，受控电流源也有两种，即电压控制电流源（VCCS）如图 1.24(c) 所示，以及电流控制电流源（CCCS），如图 1.24(d) 所示。

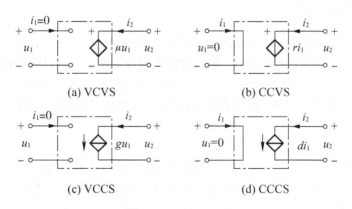

(a) VCVS  (b) CCVS

(c) VCCS  (d) CCCS

**图 1.24 受控电压源与受控电流源**

受控电源的控制端与受控端的关系式称为转移函数，4 种受控电源的转移函数参量分别用 $\mu$、$r$、$g$、$d$ 表示，它们的定义如下。

(1) VCVS：$\mu=\dfrac{u_2}{u_1}$转移电压比(或电压增益)。

(2) CCVS：$r=\dfrac{u_2}{i_1}$转移电阻。

(3) VCCS：$g=\dfrac{i_2}{u_1}$转移电导。

(4) CCCS：$d=\dfrac{i_2}{i_1}$转移电流比(或电流增益)。

**【例1.5】** 在图1.25中，已知电流源$i_s=2A$，VCCS的控制系数$g=2S$，求电阻$2\Omega$两端电压$u$的值。

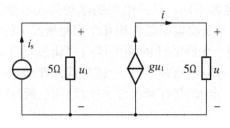

图 1.25　例 1.5 的图

**解：** 首先可求出控制电压$u_1$，从图1.25左方电路可得$u_1=5i_s=10V$，故有
$$u=2gu_1=2\times2\times10V=40V$$

# 1.8　基尔霍夫定律

在实际电路中，由于分布参数的存在，使电路变得复杂。这里讨论的是不考虑分布参数的电路——实际电路的模型，即将实际元件理想化为具有"集中参数"的理想元件，由这些理想元件构成"集中参数"电路模型。

## 1.8.1　基尔霍夫电流定律

在集中电路中，任何时刻流经元件的电流及元件的端电压都是可以确定的物理量。将每一个二端元件视为一条支路(branch)，但有时为了研究方便，也可以将支路看成是一个具有两个端钮而由多个元件串联而成的组合，而支路的连接点称为节点(node)，由支路构成的无重复封闭路径称为回路。这样流经元件的电流和产生的电压分别称为支路电流和支路电压。

**1. 基尔霍夫电流定律**

由于电流的连续性，电路中任意一点(包括节点在内)均不能堆积电荷。

基尔霍夫电流定律(KCL)：对于任一集中参数电路中的任一节点，在任一时刻流出(或流进)该节点的所有支路电流的代数和为零。其数学表达式为

$$\sum_{k=1}^{N} i_k(t) = 0 \qquad\qquad (1-29)$$

式中：$i_k(t)$为流出(或流进)节点的第$k$条支路的电流；$N$为与节点连接的支路数。

**2. 基尔霍夫电流定律补充规定**

（1）基尔霍夫电流定律对支路的元件并无要求，无论电路中的元件如何，只要是集中参数电路，KCL 就是成立的。这就是说，KCL 与元件的性质是无关的。

（2）当各支路电流是时变电流时，KCL 仍然成立。

（3）各支流电流"+"、"−"符号的确定是人为的，通常流入节点的电流取"+"，流出节点的电流取"−"（当然也可以定义：凡流入节点的电流取"−"，流出节点的电流取"+"），但对于同一个节点电流符号的规定应该一致。

**【例 1.6】** 如图 1.26 所示，已知流过节点 a 的电流：$i_1=2A$，$i_2=-4A$，$i_3=6A$，试求电流 $i_4$。

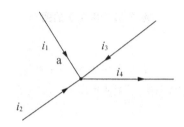

**图 1.26 例 1.6 的图**

**解：** 流入节点的电流取"+"，流出节点的电流取"−"，根据基尔霍夫电流定律，有

$$\sum_{k=1}^{N} i_k(t) = 0$$

得到节点 a 的电流方程为

$$i_1+i_2+i_3-i_4=0$$

即

$$i_4=2A+(-4A)+6A=4A$$

**3. 基尔霍夫电流定律的推广**

由于流入每一元件的电流等于流出该元件的电流，因此，每一元件存储的静电荷为零，对任意闭合面内存储的总净电荷也为零，这就可以进行下面的推广。

**推广：** 对于任意集中电路中的任一封闭面，在任意时刻流出（或流进）该封闭面的所有支路电流的代数和为零。其数学表达式为

$$\sum_{k=1}^{N} i_k(t) = 0 \tag{1-30}$$

式中：$i_k(t)$ 为流出（或流进）封闭面的第 $k$ 条支路的电流；$N$ 为与节点连接的支路数。

**【例 1.7】** 电路如图 1.27 所示，证明 $i_1+i_3=i_2$。

**证明：**

方法一：用一封闭面将电路元件封闭起来，根据基尔霍夫电流定律的推广，在任意时刻，流出（或流进）该封闭面的所有支路电流的代数和为零，即

$$\sum_{k=1}^{N} i_k(t) = 0$$

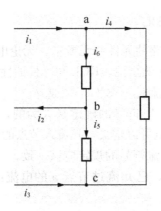

图 1.27 例 1.7 的图

得

$$i_1 + i_3 - i_2 = 0 \Rightarrow i_1 + i_3 = i_2$$

方法二：根据基尔霍夫电流定律，得到节点 a、b、c 的节点方程如下所示。

(1) 节点 a：$i_1 - i_4 - i_6 = 0$

(2) 节点 b：$i_6 - i_2 - i_5 = 0$

(3) 节点 c：$i_3 + i_4 + i_5 = 0$

上述方程相加得：$i_1 + i_3 = i_2$

### 1.8.2 基尔霍夫电压定律

#### 1. 基尔霍夫电压定律

如果从回路中任意一点出发，以顺时针方向（或逆时针方向）沿回路循行一周，则在这个方向上的电压降的代数和为零，回到原来的出发点时，该点的电位是不会发生变化的。这是电路中任意一点的瞬时电位具有单值性的结果。基尔霍夫电流定律描述的是支路间电流的约束关系，基尔霍夫电压定律则是用来确定回路中各段电压关系的。

基尔霍夫电压定律（KVL）：对于任意集中电路中的任意闭合回路，在任意时刻沿着该回路的所有支路电压降的代数和为零。其数学表达式为

$$\sum_{k=1}^{N} u_k(t) = 0 \tag{1-31}$$

式中：$u_k(k)$ 为回路中的第 $k$ 条支路上的电压降；$N$ 为回路中的支路数。

#### 2. 基尔霍夫电压定律补充规定

(1) 基尔霍夫电压定律对支路的元件并无特别限制，无论电路中的元件如何，只要是集中参数电路，KVL 就成立。这就是说，KVL 与元件的性质是无关的。

(2) 当各支路电压是时变电压时，KVL 仍然成立。

(3) 各支路电压降"+"、"−"符号的确定是人为的。通常规定各支路电压降的方向与循行方向一致时取"+"，相反时（电压升）取"−"（当然也可以定义：与循行方向一致

的取"－"，相反的取"＋"），但在循行同一回路时应该一致。

**【例1.8】** 电路如图1.28所示，已知 $u_1=5V$，$u_4=-3V$，求 $u_2$、$u_3$、$u_5$。

**解：** 根据基尔霍夫电压定律，在任意时刻，沿着回路的所有支路电压降的代数和为零，即

$$\sum_{k=1}^{N} u_k(t) = 0$$

图1.28中，以顺时针方向为循行方向列写方程。

(1) 由 a→b→c→a 构成的左上回路1，$-u_3+u_1=0$

(2) 由 b→c→d→b 构成的左下回路2，$-u_4-u_2=0$

(3) 由 a→c→b→a 构成的右回路3，$-u_5+u_4+u_3=0$

由以上分析可解得：$u_3=u_1=5V$，$u_2=-u_4=+3V$，$u_5=u_4+u_3=2V$

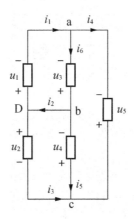

**图1.28 例1.8的图**

## 1.9 小 结

"集中参数"电路是实际电路的理想化模型，是由一些电路元件按特定方式互相连接而成的总体，在此总体中具有电流赖以流通的路径。

参考方向是电路分析的前提，只有在确定参考方向的条件下，才能确定电流、电压和功率的实际方向。

电路元件的伏安关系(VCR)反映了元件自身两端电压电流的约束关系。

基尔霍夫定律是电路分析的基本定律，基尔霍夫电流定律描述的是支路间电流的约束关系，基尔霍夫电压定律描述的是回路中各段电压的约束关系。

## 阅 读 材 料

### 安全用电知识

电对大家来说既熟悉又陌生，它可以为大家服务，但如果不注意安全，它也可能对人体造成危害，致使人触电身亡，因此，了解安全用电的知识十分重要。

电对人体造成的伤害是否致命取决于电流的大小和电流通过人体的部位。当人体通过 50Hz 正弦电流超过 30mA，或者是持续时间 3s 的 500mA 直流电流，或者是持续时间 0.3s 的 1.3A 直流电流，都会导致心跳停止，最终造成致命伤害。当电流流经心脏、中枢神经和脊椎等重要部位时，会使这些部位的肌肉突然收缩，破坏心跳信号，造成流向大脑的氧化血液暂停，短时间内就会引起死亡。通常认为，从左手到右手的电流路径最危险，当然从右手到左手的电流路径也非常危险。

为什么常见的警示牌上都标着"高压危险"字样呢？学过欧姆定律($I=U/R$)就容易明白，因为通过人体的电流大小和触电电压成正比，电压高则电流大。人体的电阻是由皮肤电阻和体内电阻组成，在常规情况下，皮肤电阻约为 $10\sim100\text{k}\Omega$，当触电电压较高时，皮肤会被击穿，皮肤被击穿后的电阻接近于零，此时，人体电阻只剩下体内电阻，而人体的最小电阻只有 $800\sim1000\Omega$。

目前，行业规定，人体安全电压为 36V，安全电流为 10mA。

# 习　题

一、填空题

1. 电路由（　　）、（　　）和（　　）三部分组成。

2. 电路模型是由各种（　　）的电路元件连接而成的电路。

3. 电路分析的基本变量包括（　　）、（　　）和（　　）。

4. 参考方向是指在电路中（　　）规定电压和电流的（　　）正方向。

5. 一个元件的电流或电压的参考方向（　　）独立地任意指定。

6. 电源是（　　）功率，负载是（　　）功率。

7. 电阻元件是一种（　　）元件，是一种（　　）记忆性的元件。

8. 电容元件是一种（　　）元件，是一种（　　）记忆性的元件。

9. 理想电压源和理想电流源（　　）作等效互换。

10. 在电路中，流入节点的电流之和（　　）流出节点的电流之和。

二、选择题

1. 单位时间内通过导体横截面的电荷定义为（　　）。
　　A. 电压　　　　　　　B. 电功率　　　　　　C. 电流

2. 参考方向是电路分析的前提，只有在确定（　　）的条件下，才能确定电流、电压和功率的实际方向。
　　A. 参考方向　　　　　B. 实际方向　　　　　C. 正确方向

3. 如果电流的参考方向与实际方向一致，则电流为（　　）；反之，则电流为负值。
　　A. 负值　　　　　　　B. 正值　　　　　　　C. 不确定

4. 电感元件是一种（　　）记忆性的元件。
　　A. 无　　　　　　　　B. 有　　　　　　　　C. 不确定

5. 如果一个二端元件，其输出电流既独立于其本身端电压，又独立于其他支路的电压和电流，则称此元件为独立（　　）源。
　　A. 电压　　　　　　　B. 电阻　　　　　　　C. 电流

6. 如果一个二端元件,其输出电压既独立于其本身端电流,又独立于其他支路的电压和电流,则称此元件为独立( )源。

  A. 电流       B. 电压       C. 电阻

7. 受控电源的电动势或电流随网络中其他支路的电流或( )而变化,它是反映电子器件相互作用时所发生的物理现象的一种模型。

  A. 电阻       B. 电压       C. 电流

8. 理想的电压源两端不能( )。

  A. 开路       B. 视情况       C. 短路

9. 基尔霍夫定律是电路分析的( )定理。

  A. 重要       B. 基本       C. 假设

10. 对于任一集中电路中的任一闭合回路,在任一时刻,沿着该回路的所有支路电压降的代数和为( )。

  A. 正       B. 零       C. 负

三、计算题

1. 已知 $u_{ab}=3\text{V}$,$i=-2\text{A}$,求出图 1.29 中各变量(电流、电压、功率)的实际方向。

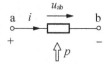

图 1.29 习题 1 图

2. 试校核图 1.30 所示电路中所得解答是否满足功率守恒。

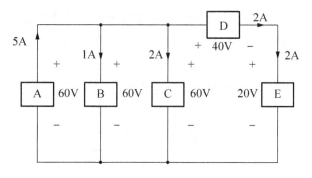

图 1.30 习题 2 图

3. 电路如图 1.31 所示,求出 4V 电压源提供的功率。

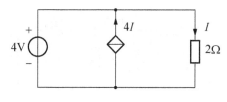

图 1.31 习题 3 图

4. 电路如图 1.32 所示，写出各元件 $u$ 和 $i$ 的约束方程。

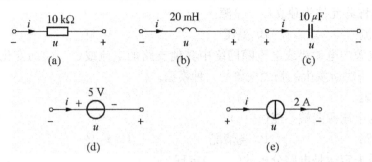

图 1.32 习题 4 图

5. 在图 1.33(a)所示电路中，$L=4H$，且 $i(0)=0A$，电压的波形如图 1.33 (b)所示。试求当时间 $t$ 分别为 2s、3s 和 4s 时电流 $i$ 的值。

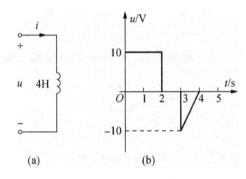

图 1.33 习题 5 图

6. 图 1.34 所示为 $2\mu F$ 电容上所加电压 $u$ 和时间 $t$ 的关系波形图。试求：电容电流 $i$ 和电容所吸收的功率 $p$。

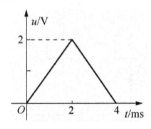

图 1.34 习题 6 图

7. 电路如图 1.35 所示，求 $U_{ab}$。

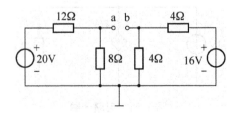

图 1.35 习题 7 图

8. 电路如图 1.36 所示，试计算电流 $I$。

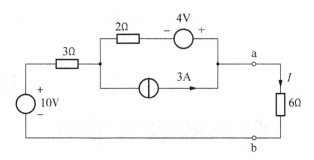

图 1.36 习题 8 图

9. 电路如图 1.37 所示，试计算电压 $u_{ab}$ 数值。

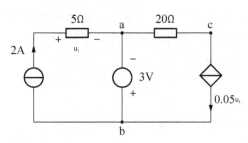

图 1.37 习题 9 图

# 第 **2** 章
# 电路的等效变换

等效与等效变换是电路分析中的一个非常重要的概念。在电路分析中，如果需要求解的是电路中的某一个点或某几个点的响应，分析时常采用等效变换的方法。本章介绍电路等效变换概念。内容包括：等效二端网络的概念；无源一端口网络的等效变换；电阻三角形网络和星形网络的等效变换；电压源、电流源的串联和并联；实际电源的两种模型及其等效变换；等效电阻、输入电阻。

 **教学要点**

| 知 识 要 点 | 掌 握 程 度 |
|---|---|
| 等效二端口 | 理解等效二端口的概念 |
| 无源一端口网络的等效变换 | (1) 熟练地掌握电阻的串联与并联分析计算方法<br>(2) 掌握电容和电感的串、并联计算方法 |
| 电阻三角形网络和星形网络 | (1) 理解电阻三角型网络和星型网络的等效变换概念<br>(2) 掌握电阻三角型网络与星型网络的等效互换的计算方法 |
| 电压源、电流源的串联和并联 | (1) 掌握实际电压源和电流源模型<br>(2) 熟练地掌握实际电压源与电流源等效互换的计算方法 |
| 等效电阻、输入电阻 | (1) 了解等效电阻、输入电阻的概念<br>(2) 熟练地掌握等效电阻、输入电阻计算方法 |

**引例：等效电路在收音机放大电路中的应用**

收音机从接收天线得到的高频无线电信号一般非常微弱，直接把它送到检波器不太合适，最好在选择电路和检波器之间插入一个高频放大器，把高频信号放大。即使已经增加高频放大器，检波输出的功率通常也只有几毫瓦，用耳机听还可以，但要用扬声器就嫌太小，因此在检波输出后增加音频放大器来推动扬声器。而音频放大器电路就要用到晶体管放大等效电路。晶体管放大电路的主要构成元件为 pnp 型、npn 型硅晶体管及若干电阻组成。它主要利用晶体管的特性对电路中电流进行放大，通过对该电路的输入特性与输出特性的分析，得出该放大电路包含 3 种工作状态，即饱和区、放大区及截止区，正常情况下应使放大电路工作在放大区。

高放式收音机比直接检波式收音机灵敏度高、功率大，但是选择性还较差，调谐也比较复杂。把从天线接收到的高频信号放大几百甚至几万倍，一般要有几级的高频放大，每一级电路都有一个谐振回路，当被接收的频率改变时，谐振电路都要重新调整，而且每次调整后的选择性和通带很难保证完全一样，为了克服这些缺点，现在的收音机几乎都采用超外差式电路。

图 2.0(a) 和图 2.0(b) 所示分别是熊猫牌 6300E 型收录机和 6311F 型收录机，它们具有如下特点。

(1) FM/MW2波段接收系统。

(2) FM立体声播放。

(3) 磁带立体声放音、录音。

(4) 录音自动电平控制系统。

(5) 全自动停止功能。

(6) 快速倒带、进带系统。

(7) 内置高灵敏度电容咪录音。

(8) 采用大口径的喇叭，具有音质好、音量大等特点。

(9) 立体声耳机输出扦口。

(10) LED立体声指示。

(11) 采用金属喇叭网和新潮流线型的外观。

(12) 使用交流电 AC220V50Hz 直流电 DC6V(UM-1×4)。

(a) 6300E型　　　　　　　　　　　　　(b) 6311F型

**图 2.0 熊猫牌收录机**

## 2.1　等效二端网络的概念

对外部只具有两个端钮的电路称为一端口网络，或称为二端网络。当把对外只具有两个端钮的电路看成是一端口网络时，往往只关心端钮上电压与电流的关系，而不涉及网络内部的状况。按照一端口网络内部是否含有独立源，而将一端口网络分为无源一端口网络和有源(含源)一端口网络，习惯上用图 2.1(a)、图 2.1(b) 来表示。本章主要讨论一端口网络的等效变换问题。

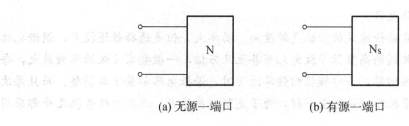

(a) 无源一端口　　　　　　(b) 有源一端口

图 2.1　一端口网络

如果一个一端口网络端口的伏安特性与另一个一端口网络端口的伏安特性完全相同，且两个网络的电路结构或元件参数并不完全相同，那么，这两个一端口网络就互为等效一端口网络。端口伏安特性完全相同，是指在同样的端口电压、电流参考方向情况下，端口伏安特性的表达式完全相同。等效是指对外等效，即指两个等效的一端口网络对外电路所起的作用完全相同，对网络内部显然是不等效的。

一个一端口网络的等效一端口网络并不是唯一的。研究一端口网络的等效变换是为了寻求其最简的等效网络，从而使较复杂的电路在一步一步的等效变换中，逐渐简单化，最终等效变换成一个简单电路。一般地说，寻求一个一端口网络端口伏安特性方程的最简形式，就可以得到这个一端口网络的最简等效电路。

## 2.2　无源一端口网络的等效变换

本节将从网络等效变换的角度来讨论电阻的串联、并联、混联电路，以及电容的串、并联电路和电感的串、并联电路。

### 1. 电阻的串联与并联

按图 2.2(a)所示将若干个电阻元件首尾顺次连接在一起，这种连接方式称为电阻的串联。显然，串联的电阻中流过同一个电流。由 KVL 及欧姆定律可得出图 2.2(a)所示 $n$ 个电阻串联电路的端口伏安关系

$$
\begin{aligned}
u &= u_1 + u_2 + \cdots + u_n \\
&= R_1 i + R_2 i + \cdots + R_n i \\
&= (R_1 + R_2 + \cdots + R_n) i
\end{aligned} \tag{2-1}
$$

由欧姆定律可得出图 2.2(b)所示的只含有一个电阻 $R$ 的一端口网络的端口伏安关系为

$$
u = Ri \tag{2-2}
$$

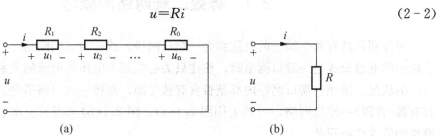

(a)　　　　　　　　　　　　　(b)

图 2.2　电阻的串联

由式(2-1)、式(2-2)可知，若

$$R=R_1+R_2+\cdots+R_n \qquad (2-3)$$

则图 2.2 所示的两个一端口网络的端口 VCR 将完全相同，即图 2.2 所示的两个一端口网络等效。图 2.2(b)中的电阻 $R$ 称为图 2.2(a)中 $n$ 个串联电阻的等效电阻，又称为总电阻，它们之间的关系为式(2-3)。也就是说，$n$ 个电阻串联可以等效变换成一个电阻 $R$，只要 $R$ 与各串联电阻间满足式(2-3)即可。

图 2.2(a)所示电路中，第 $k$ 个电阻两端的电压为

$$u_k=R_ki=\frac{R_k}{R}u$$

上式称为电阻串联电路的分压公式。

图 2.2(a)所示电路在任一时刻吸收的总功率为

$$\begin{aligned}
p=ui &=(u_1+u_2+\cdots+u_n)i \\
&=(R_1+R_2+\cdots+R_n)i^2 \\
&=Ri^2
\end{aligned}$$

上式说明，在电阻串联的电路中，任一时刻电路吸收的总功率等于各个电阻吸收功率之和，也等于其等效电阻所吸收的功率。

按图 2.3(a)所示，将若干个电阻元件连接于两个公共点之间，这种连接方式称为电阻的并联。显然，并联的电阻承受同一个电压。由 KCL 及欧姆定律可得出图 2.3(a)所示 $n$ 个电阻并联电路的端口伏安关系

$$\begin{aligned}
i &=i_1+i_2+\cdots+i_n \\
&=\left(\frac{1}{R_1}+\frac{1}{R_2}+\cdots\frac{1}{R_n}\right)u
\end{aligned} \qquad (2-4)$$

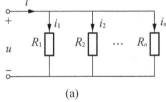 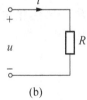

**图 2.3 电阻的并联**

由欧姆定律可得出图 2.3(b)所示只含有一个电阻 $R$ 的一端口网络的端口伏安关系

$$i=\frac{1}{R}u \qquad (2-5)$$

由式(2-4)、式(2-5)可知，若

$$\frac{1}{R}=\frac{1}{R_1}+\frac{1}{R_2}+\cdots\frac{1}{R_n} \qquad (2-6)$$

则图 2.3 所示的两个一端口网络的端口 VCR 将完全相同，即图 2.3 所示的两个一端口网络等效。图 2.3(b)中的电阻 $R$ 称为图 2.3(a)中 $n$ 个并联电阻的等效电阻，又称为总电阻，它们之间的关系为式(2-6)。也就是说，$n$ 个电阻并联可以等效变换成一个电阻 $R$，只要 $R$ 与并联电阻间满足式(2-6)即可。式(2-6)可以写成

$$G=G_1+G_2+\cdots+G_n \qquad (2-7)$$

即 $n$ 个电导并联，其等效电导等于各个并联电导之和。

图 2.3(a)所示电路中，第 $k$ 个电阻的电流为

$$i_k=\frac{u}{R_k}=G_k u=\frac{G_k}{G}i$$

上式称为电阻并联电路的分流公式。

图 2.3(a)所示电路在任一时刻吸收的总功率为

$$P=ui=u(i_l+i_2+\cdots+i_n)$$

$$=u^2\left(\frac{1}{R_1}+\frac{1}{R_2}+\cdots+\frac{1}{R_n}\right)$$

$$=\frac{u^2}{R}$$

上式说明，在电阻并联电路中，任一时刻电路吸收的总功率等于各个电阻吸收功率之和，也等于其等效电阻所吸收的功率。

在并联电路的计算中，最常遇到的是两个电阻并联的电路，如图 2.4 所示。其等效电阻为

$$\frac{1}{R}=\frac{1}{R_1}+\frac{1}{R_2}$$

得出

$$R=\frac{R_1R_2}{R_1}$$

有时将上式记为

$$R=R_1//R_2=\frac{R_1R_2}{R_1+R_2}$$

符号"//"说明 $R_1$、$R_2$ 为并联关系。

图 2.4 所示电路中，各分支电流为

$$i_1=\frac{u}{R_1}=\frac{R_2}{R_1+R_2}i$$

$$i_2=\frac{u}{R_2}=\frac{R_1}{R_1+R_2}i$$

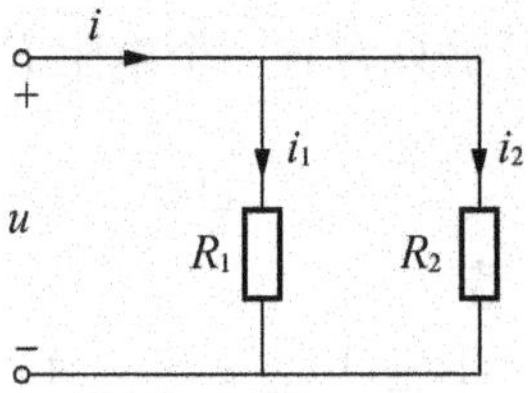

图 2.4　两个电阻并联

由式(2-6)不难得出，当 $n$ 个相同的电阻并联时，其等效电阻为

$$R_{eq}=\frac{R}{n}$$

各个电阻 $R$ 中的电流均相等，且为

$$i_R = \frac{i}{n} = \frac{1}{n} \times \frac{u}{R_{eq}}$$

由式（2-3）和式（2-6）不难看出：电阻串联，其等效电阻必大于任一串联电阻；电阻并联，其等效电阻必小于任一并联电阻。

当电阻的连接中既有串联又有并联时，称为电阻的串、并联，简称为混联。对简单的混联电路，可凭观察确定出各电阻之间的连接关系，并求出其等效电阻。例如，图2.5所示电路中，其等效电阻为

$$R_{eq} = R_1 + R_5 // (R_2 + R_3 // R_4)$$

$$= R_1 + \frac{R_5 \left( R_2 + \dfrac{R_3 R_4}{R_3 + R_4} \right)}{R_5 + R_2 + \dfrac{R_3 R_4}{R_3 + R_4}}$$

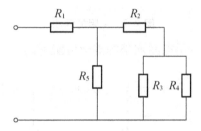

图2.5 电阻的混联

对于较复杂的混联电路，一般先从电路的局部等效简化开始，采用逐步等效、逐步化简的方法，最终求出其等效电阻。

【例2.1】 图2.6所示电路中，$I_S = 16.5\text{mA}$，$R_S = 2\text{k}\Omega$，$R_1 = 40\text{k}\Omega$，$R_2 = 10\text{k}\Omega$，$R_3 = 25\text{k}\Omega$，求 $I_1$、$I_2$ 和 $I_3$。

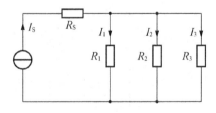

图2.6 例2.1图

**解：**$R_S$ 不影响 $R_1$、$R_2$、$R_3$ 中电流的分配。现在

$G_1 = \dfrac{1}{R_1} = 0.025\text{mS}$，$G_2 = \dfrac{1}{R_2} = 0.1\text{mS}$，$G_3 = \dfrac{1}{R_3} = 0.1\text{mS}$。按电流分配公式，有

$$I_1 = \frac{G_1}{G_1 + G_2 + G_3} I_S = \frac{0.025}{0.025 + 0.1 + 0.04} \times 16.5\text{mA} = 2.5\text{mA}$$

$$I_2 = \frac{G_2}{G_1 + G_2 + G_3} I_S = \frac{0.1}{0.025 + 0.1 + 0.04} \times 16.5\text{mA} = 10\text{mA}$$

$$I_3 = \frac{G_3}{G_1 + G_2 + G_3} I_S = \frac{0.04}{0.025 + 0.1 + 0.04} \times 16.5\text{mA} = 4\text{mA}$$

当电阻的连接中既有串联又有并联时，称为电阻的串、并联，或简称混联。图 2.7(a)、图 2.7(b)所求电路均为混联电路。在图 2.7(a)中，$R_3$ 与 $R_4$ 串联后与 $R_2$ 并联，再与 $R_1$ 串联。故有

$$R_{ep}=R_1+\frac{R_2(R_3+R_4)}{R_2+R_3+R_4}$$

对于图 2.7(b)中电路，读者可自行求得 $R_{eq}=12\Omega$。

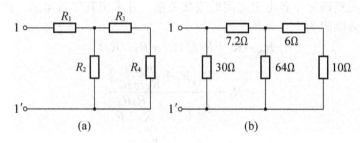

图 2.7　电阻的混联

【例 2.2】　求图 2.8(a)所示电阻网络的等效电阻 $R_{ab}$。

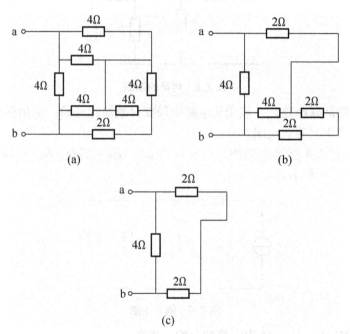

图 2.8　例 2.2 图

**解**：在图 2.8(a)所示电路中，电路的上部两个 4Ω 电阻为并联关系，等效为一个 2Ω 电阻，如图 2.8(b)所示。电路的右部两个 4Ω 电阻为并联关系，等效为一个 2Ω 电阻，如图 2.8(b)所示。在图 2.8(b)中，电路下部的两个 2Ω 的电阻为串联，等效为一个 4Ω 的电阻，该 4Ω 电阻与其左上方的 4Ω 电阻为并联关系，等效为一个 2Ω 电阻，如图 2.8(c)所示。在图 2.8(c)中可凭观察求出其等效电阻为 2Ω。

【例 2.3】　图 2.9 所示的是直流电动机的一种调速电阻，它由 4 个固定电阻串联而

成。利用几个开关的闭合或断开，可以得到多种电阻值。设 4 个电阻都是 1Ω，试求在下列 3 种情况下 a、b 两点间的电阻值：①S₁和 S₅闭合，其他断开；②S₂、S₃和 S₅闭合，其他断开；③S₁、S₃和 S₄闭合，其他断开。

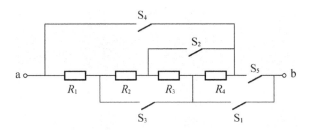

图2.9　例2.3图

**解：**① S₁和 S₅闭合，其他开关断开，则 $R_4$ 被 S₁短接。故

$$R_{ab}=R_1+R_2+R_3=3\Omega$$

② S₂、S₃和 S₅闭合，其他断开。此时，$R_2$、$R_3$、$R_4$ 都连接在两个公共点之间，故为并联关系，则

$$R_{ab}=R_1+R_2 /\!/ R_3 /\!/ R_4=1.333\Omega$$

③ S₁、S₃和 S₄闭合，其他断开。此时，$R_2$、$R_3$ 串联后被 S₃短接，$R_1$ 与 $R_4$ 连接在两个公共点之间，故为并联关系，则

$$R_{ab}=R_1 /\!/ R_4=0.5\Omega$$

**2. 电容、电感的串、并联**

图 2.10(a)所示为 $n$ 个电容串联的电路。由电容元件的 VCR 及 KVL 可得

$$u=u_1+u_2+\cdots+u_n$$
$$=\frac{1}{C_1}\int i\mathrm{d}t+\frac{1}{C_2}\int i\mathrm{d}t+\cdots+\frac{1}{C_n}\int i\mathrm{d}t$$
$$=\left(\frac{1}{C_1}+\frac{1}{C_2}+\cdots+\frac{1}{C_n}\right)\int i\mathrm{d}t \tag{2-8}$$
$$=\frac{1}{C}\int i\mathrm{d}t$$

由式(2-8)得

$$\frac{1}{C}=\frac{1}{C_1}+\frac{1}{C_2}+\cdots+\frac{1}{C_n} \tag{2-9}$$

即 $n$ 个电容串联，其等效电容 $C$ 的倒数等于各个串联电容的倒数之和。

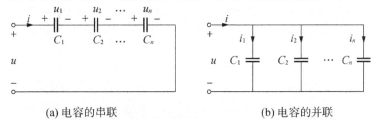

(a) 电容的串联　　　　(b) 电容的并联

图2.10　电容的串、并联

图 2.10(b)为 $n$ 个电容并联的电路。由电容的 VCR 及 KCL 得

$$
\begin{aligned}
i &= i_1 + i_2 + \cdots + i_n \\
&= c_1 \frac{\mathrm{d}u}{\mathrm{d}t} + c_2 \frac{\mathrm{d}u}{\mathrm{d}t} + \cdots + c_n \frac{\mathrm{d}u}{\mathrm{d}t} \\
&= (c_1 + c_2 + \cdots + c_n)\frac{\mathrm{d}u}{\mathrm{d}t} \\
&= C \frac{\mathrm{d}u}{\mathrm{d}t}
\end{aligned}
\tag{2-10}
$$

由式(2-10)得

$$
C = C_1 + C_2 + \cdots + C_n \tag{2-11}
$$

即 $n$ 个电容并联，其等效电容 $C$ 等于各个并联电容之和。

图 2.11(a)所示为 $n$ 个电感串联的电路。由电感的 VCR 及 KVL 得

$$
u = u_1 + u_2 + \cdots + u_n
$$

$$
\begin{aligned}
u &= u_1 + u_2 + \cdots + u_n \\
&= L_1 \frac{\mathrm{d}i}{\mathrm{d}t} + L_2 \frac{\mathrm{d}i}{\mathrm{d}t} \cdots + L_n \frac{\mathrm{d}i}{\mathrm{d}t} \\
&= (L_1 + L_2 \cdots + L_n)\frac{\mathrm{d}i}{\mathrm{d}t} \\
&= L \frac{\mathrm{d}i}{\mathrm{d}t}
\end{aligned}
\tag{2-12}
$$

由式(2-12)得

$$
L = L_1 + L_2 + \cdots + L_n \tag{2-13}
$$

即 $n$ 个电感串联，其等效电感 $L$ 等于各个串联电感之和。

图 2.11(b)所示为 $n$ 个电感并联的电路。由电感的 VCR 及 KCL 得

$$
\begin{aligned}
i &= i_1 + i_2 + \cdots + i_n \\
&= \frac{1}{L_1}\int u\mathrm{d}t + \frac{1}{L_2}\int u\mathrm{d}t + \cdots \frac{1}{L_n}\int u\mathrm{d}t \\
&= \left(\frac{1}{L_1} + \frac{1}{L_2} + \cdots \frac{1}{L_n}\right)\int u\mathrm{d}t \\
&= \frac{1}{L}\int u\mathrm{d}t
\end{aligned}
\tag{2-14}
$$

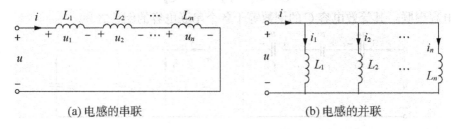

(a) 电感的串联　　　　　　　　　(b) 电感的并联

图 2.11　电感的串、并联

由式(2-14)得

$$\frac{1}{L}=\frac{1}{L_1}+\frac{1}{L_2}+\cdots+\frac{1}{L_n} \tag{2-15}$$

即 $n$ 个电感并联，其等效电感 $L$ 的倒数等于各个并联电感的倒数之和。

## 2.3  电阻的 Y 型连接和△型连接的等效变换

图 2.12 所示电路，初看上去似乎并不复杂，但当求等效电阻 $R_{ab}$ 时，就会遇到困难。感到困难的原因是图 2.12 中 5 个电阻之间既非串联，又非并联关系。因此，试图用已学过的电阻串联、并联等效简化的方法求 $R_{ab}$ 是行不通的。仔细观察图 2.12 所示电路，可以发现 $(R_1、R_3、R_5)$ 和 $(R_2、R_4、R_5)$ 具有相同的连接特点，即 3 个电阻的一端连接在一个公共点上，电阻的这种连接方式称为电阻的星型联结(或 Y 型联结)。$(R_1、R_2、R_5)$ 和 $(R_3、R_4、R_5)$ 具有相同的连接特点，即 3 个电阻首尾连接形成一个闭环，电阻的这种连接方式称为电阻的三角型联结(或△型联结)。

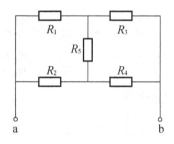

**图 2.12　电桥电路**

电阻的星型联结和三角型联结，都通过 3 个端子与外电路连接，因此可称为三端网络。如果三角型网络与星型网络之间能够等效变换，则图 2.12 所示电路求 $R_{ab}$ 的问题就可以迎刃而解。本节主要任务就是寻求三角型网络和星型网络等效变换的条件。三端网络及三端以上的多端网络之间的等效原则和一端口网络的等效原则是一样的，即对于两个多端网络，当对应端子间的电压相同时，对应端子的电流也相同，则两个多端网络等效。图 2.13(a)为 3 个电阻的 Y 型联结，图 2.13(b)为 3 个电阻的△型联结。对图 2.13 所示的 Y 型联结与△型联结，如果在它们的对应端子之间具有相同的电压 $u_{12}$、$u_{23}$ 和 $u_{31}$，而流入对应端子的电流分别相等，即 $i_1=i_1'$、$i_2=i_2'$、$i_3=i_3'$，在这种条件下，它们彼此等效。这就是 Y-△等效变换的条件。

下面按上述等效原则推导出 Y 型联结 3 个电阻 $R_1$、$R_2$、$R_3$ 与等效的△型联结 3 个电阻 $R_{12}$、$R_{23}$、$R_{31}$ 之间的关系。

对于 Y 型联结电路，根据 KCL、KVL 可得出如下方程

$$i_1+i_2+i_3=0$$
$$R_1 i_1 - R_2 i_2 = u_{12}$$
$$R_2 i_2 - R_3 i_3 = u_{23}$$

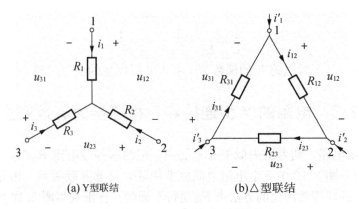

(a) Y型联结          (b) △型联结

**图 2.13　Y 型联结与△型联结的等效变换**

求解上述方程可得

$$
\left.
\begin{aligned}
i_1 &= \frac{R_3 u_{12}}{R_1 R_2 + R_2 R_3 + R_3 R_1} - \frac{R_2 u_{31}}{R_1 R_2 + R_2 R_3 + R_3 R_1} \\
i_2 &= \frac{R_1 u_{23}}{R_1 R_2 + R_2 R_3 + R_3 R_1} - \frac{R_3 u_{12}}{R_1 R_2 + R_2 R_3 + R_3 R_1} \\
i_3 &= \frac{R_2 u_{31}}{R_1 R_2 + R_2 R_3 + R_3 R_1} - \frac{R_1 u_{23}}{R_1 R_2 + R_2 R_3 + R_3 R_1}
\end{aligned}
\right\}
\tag{2-16}
$$

对于△型联结电路，各电阻中的电流为

$$
i_{12} = \frac{u_{12}}{R_{12}}, \quad i_{23} = \frac{u_{23}}{R_{23}}, \quad i_{31} = \frac{u_{31}}{R_{31}}
$$

根据 KCL，各端子电流分别为

$$
\left.
\begin{aligned}
i_1' &= i_{12} - i_{31} = \frac{u_{12}}{R_{12}} - \frac{u_{31}}{R_{31}} \\
i_2' &= i_{23} - i_{12} = \frac{u_{23}}{R_{23}} - \frac{u_{12}}{R_{12}} \\
i_3' &= i_{31} - i_{23} = \frac{u_{31}}{R_{31}} - \frac{u_{23}}{R_{23}}
\end{aligned}
\right\}
\tag{2-17}
$$

由于不论 $u_{12}$、$u_{23}$、$u_{31}$ 为何值，两个等效电路对应的端子电流均相等，故式（2-16）与式（2-17）中电压 $u_{12}$、$u_{23}$ 和 $u_{31}$ 前面的系数应该对应地相等。所以得到

$$
\left.
\begin{aligned}
R_{12} &= \frac{R_1 R_2 + R_2 R_3 + R_3 R_1}{R_3} = R_1 + R_2 + \frac{R_1 R_2}{R_3} \\
R_{23} &= \frac{R_1 R_2 + R_2 R_3 + R_3 R_1}{R_1} = R_2 + R_3 + \frac{R_2 R_3}{R_1} \\
R_{31} &= \frac{R_1 R_2 + R_2 R_3 + R_3 R_1}{R_2} = R_3 + R_1 + \frac{R_3 R_1}{R_2}
\end{aligned}
\right\}
\tag{2-18}
$$

式（2-18）是已知 Y 型联结的电阻确定等效△型联结电阻的公式。

由式（2-18）可求出

$$R_1 = \frac{R_{12}R_{31}}{R_{12}+R_{23}+R_{31}}$$
$$R_2 = \frac{R_{23}R_{12}}{R_{12}+R_{23}+R_{31}} \quad\quad (2-19)$$
$$R_3 = \frac{R_{31}R_{23}}{R_{12}+R_{23}+R_{31}}$$

式(2-19)是已知△型联结的电阻确定等效 Y 型联结电阻的公式。

若 Y 型联结中 3 个电阻相等，即 $R_1 = R_2 = R_3 = R_Y$，则等效△型联结中 3 个电阻也相等，它们等于

$$R_\triangle = R_{12} = R_{23} = R_{31} = 3R_Y$$

或写成

$$R_Y = \frac{1}{3}R_\triangle$$

式(2-18)、式(2-19)也可以用电导表示，如式(2-18)可写成

$$G_{12} = \frac{G_1G_2}{G_1+G_2+G_3}$$
$$G_{23} = \frac{G_2G_3}{G_1+G_2+G_3}$$
$$G_{31} = \frac{G_3G_1}{G_1+G_2+G_3}$$

**【例 2.4】** 求图 2.14(a)所示桥型电路的总电阻 $R_{ab}$。

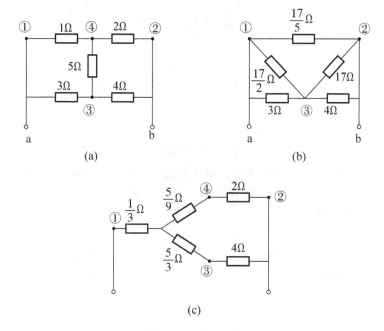

图 2.14 例 2.4 图

**解：方法一** 将连接于①、②、③三点的 Y 型联结等效变换为△型联结，如图 2.14(b)所示。各等效电阻为

$$R_{12} = R_1 + R_2 + \frac{R_1 R_2}{R_3} \left(1 + 2 + \frac{1 \times 2}{5}\right)\Omega = \frac{17}{5}\Omega$$

$$R_{23} = R_2 + R_3 + \frac{R_2 R_3}{R_1} \left(2 + 5 + \frac{2 \times 5}{1}\right)\Omega = 17\Omega$$

$$R_{31} = R_3 + R_1 + \frac{R_3 R_1}{R_2} \left(5 + 1 + \frac{1 \times 5}{2}\right)\Omega = \frac{17}{2}\Omega$$

由图 2.14(b)可求出

$$R_{ab} = \frac{\left(\dfrac{3 \times \frac{17}{2}}{3 + \frac{17}{2}} + \dfrac{4 \times 17}{4 + 17}\right) \times \dfrac{17}{5}}{\dfrac{3 \times \frac{17}{2}}{3 + \frac{17}{2}} + \dfrac{4 \times 17}{4 + 17} + \dfrac{17}{5}}\Omega$$

$$= 2.095\Omega$$

方法二 将连接于①、③、④三点的△型联结等效变换为 Y 型联结,如图 2.14(c)所示。各等效电阻为

$$R_1 = \frac{R_{41} R_{13}}{R_{13} + R_{34} + R_{41}} = \frac{1 \times 3}{1 + 3 + 5}\Omega = \frac{1}{3}\Omega$$

$$R_3 = \frac{R_{13} R_{34}}{R_{13} + R_{34} + R_{41}} = \frac{3 \times 5}{1 + 3 + 5}\Omega = \frac{5}{3}\Omega$$

$$R_4 = \frac{R_{41} R_{34}}{R_{13} + R_{34} + R_{41}} = \frac{1 \times 5}{1 + 3 + 5}\Omega = \frac{5}{9}\Omega$$

由图 2.14(c)求出

$$R_{ab} = \left[\frac{1}{3} + \frac{\left(\frac{5}{9} + 2\right) \times \left(4 + \frac{5}{3}\right)}{2 + \frac{5}{9} + 4 + \frac{5}{3}}\right]\Omega$$

$$= 2.095\Omega$$

在进行 Y－△等效变换时,最好将 Y 型网络和△型网络与外电路的 3 个接点标出来,这样可以避免等效变换后发生错误连接。对于较复杂的电路,应画出等效变换的草图,以便观察这种等效变换对网络的简化是否有效,这样有助于确定把电路中哪一部分等效变换,使得对网络的简化最有利。

【例 2.5】 求图 2.15(a)所示电路的总电阻 $R_{ab}$。

解:在图 2.15(a)所示电路中,选择将 $R_2$、$R_3$、$R_5$ 所连接成的 Y 型等换成△型,如图 2.15(b)所示,各阻值为 $R_\triangle = 3R_Y = 9\Omega$。由图 2.15(b)可以看出,经过一次 Y－△等效变换后就可以直接求出总电阻

$$R_{ab} = \frac{\left(\dfrac{8 \times 9}{8 + 9} + \dfrac{9 \times 9}{9 + 9}\right) \times \dfrac{9 \times 18}{9 + 18}}{\left(\dfrac{8 \times 9}{8 + 9} + \dfrac{9 \times 9}{9 + 9}\right) + \dfrac{9 \times 18}{9 + 18}}\Omega$$

$$= 3.557\Omega$$

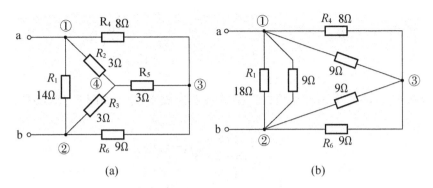

图 2.15 例 2.5 图

若选择将 $R_4$、$R_5$、$R_6$ 所连接成的 Y 型等效变换成△型,如图 2.16(a)所示。其中各电阻为

$$R_{①②}=\left(8+9+\frac{8\times9}{3}\right)\Omega=41\ \Omega$$

$$R_{②④}=\left(9+3+\frac{9\times3}{8}\right)\Omega=15.375\ \Omega$$

$$R_{④①}=8+3+\frac{3\times8}{9}\Omega=13.667\ \Omega$$

由图 2.16 可见,经过一次 Y—△等效变换后就可以求出总电阻。

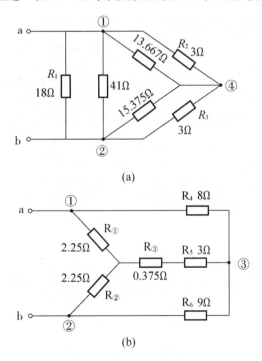

(a)

(b)

图 2.16 例 2.5 图

$$R_{ab} = \frac{\frac{18 \times 41}{18 + 41} \times \left( \frac{3 \times 13.667}{3 + 13.667} + \frac{3 \times 15.375}{3 + 15.375} \right)}{\frac{18 \times 41}{18 + 41} + \left( \frac{3 \times 13.667}{3 + 13.667} + \frac{3 \times 15.375}{3 + 15.375} \right)} \Omega$$

$$= 3.557\Omega$$

若选择将 $R_1$、$R_2$、$R_3$ 所连接成的△型等效变换成 Y 型，如图 2.16(b)所示。其中各电阻为

$$R_① = \frac{18 \times 3}{18 + 3 + 3}\Omega = 2.25\Omega$$

$$R_② = \frac{18 \times 3}{18 + 3 + 3}\Omega = 2.25\Omega$$

$$R_③ = \frac{3 \times 3}{18 + 3 + 3}\Omega = 0.375\Omega$$

由图 2.16(b)可见，这种方法经过一次△—Y 等效变换还不能求出总电阻，还需要再次进行 Y—△等效变换后才能求出总电阻。因此，这种方法不是首选的方法，而应该首选前两种方法。通过画出等效变换的草图就可以比较各种方法的优劣，确定出较简单的方法，而后进行等效变换求出总电阻。

## 2.4  电压源、电流源的串联和并联

图 2.17(a)为 $n$ 个电压源的并联，可以用一个电压源等效替代，如图 2.17(b)所示，这个等效电压源的电压为

$$u_S = u_{S1} + u_{S2} + \cdots + u_{Sn} = \sum_{k=1}^{n} u_{Sk}$$

如果 $u_{Sk}$ 的参考方向与图 2.17(b)中 $u_S$ 的参考方向一致时，式中 $u_{Sk}$ 的前面取"+"号，不一致时取"-"号。

图 2.18(a)为 $n$ 个电流源的并联，可以用一个电流源等效替代。等效电流源的电流为

$$i_S = i_{S1} + i_{S2} + \cdots + i_{Sn} = \sum_{k=1}^{n} i_{Sk}$$

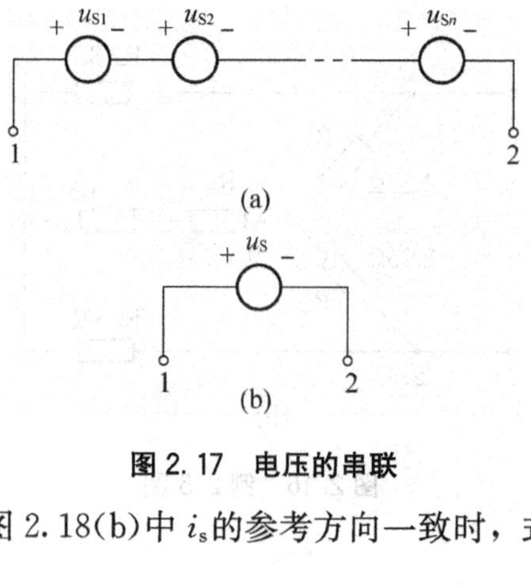

(a)

(b)

**图 2.17  电压的串联**

如果 $i_{Sk}$ 的参考方向与图 2.18(b)中 $i_s$ 的参考方向一致时，式中 $i_{Sk}$ 的前面取"+"号；不一致时取"-"号。

只有电压相等极性一致的电压源才允许并联，否则违背 KVL。其等效电路为其中任一电压源，但是这个并联组合向外部提供的电流在各个电压源之间如何分配则无法确定。

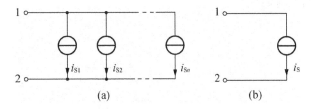

**图 2.18 电流源的并联**

只有电流相等且方向一致的电流源才允许串联，否则违背 KCL。其等效电路为其中任一电流源，但是这个串联组合的总电压如何在各个电流源之间分配则无法确定。

## 2.5 实际电源的两种模型及其等效变换

第 1 章中所定义的理想电压源和理想电流源实际上是不存在的。实际电源既做不到电压源端电压不变，也做不到电流源的输出电流不变。那么，应该用一个什么样的电路模型来描述实际电源呢？图 2.19(a)所示为一个实际直流电源，例如，一个干电池或蓄电池。图 2.19(b)是通过实验得到的输出电压 $u$ 与输出电流 $i$ 的伏安特性。可见电压 $u$ 随电流 $i$ 增大而减少，而且只在电流的一定范围内近似为线性关系。实际工作中，电流 $i$ 不可超过一定的限值(额定值)，否则会导致电源损坏。如果把特性曲线的直线部分加以延长，如图 2.19(c)所示，它与 $u$ 轴的交点相当于 $i=0$ 时的电压，即开路电压 $U_{oc}$；它与 $i$ 轴的交点相当于 $u=0$ 时的电流，即短路电流 $I_s$。根据此伏安特性，可以用电压源和电阻的串联组合或电流源和电阻的并联组合作为实际电源的电路模型。

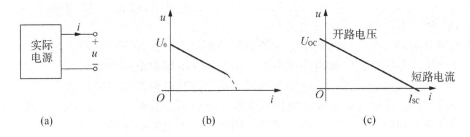

**图 2.19 实际电源的伏安特性**

图 2.20(a)所示为电压源 $U_s$ 和电阻 R 的串联组合，其端口 VCR 为

$$u=U_S-Ri \qquad (2-20)$$

其特性曲线如图 2.20(b)所示。当有关参数满足 $U_S=U_{oc}$，$\dfrac{U_S}{R}=I_{sc}$ 时，$U_S$ 和 R 的串联组合即为实际电源的电压源模型。图 2.20(c)所示为电流源 $I_S$ 与电导 G 的并联组合，其端口 VCR 为

$$i=I_S-Gu \qquad (2-21)$$

将式(2-21)改写成

$$u=\frac{I_S}{G}-\frac{i}{G}$$

其特性曲线如图 2.20(d)所示。当有关参数满足 $\frac{I_S}{G}=U_{OC}$，$I_S=I_{SC}$ 时，$I_S$ 与 $G$ 的并联组合即为实际电源的电流源模型。

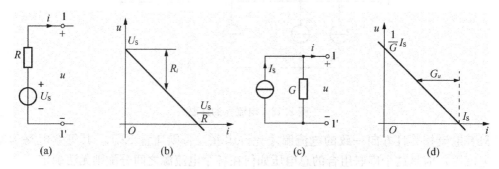

图 2.20　实际电源的两种电路模型

当电压源模型和电流源模型为同一实际电源的电路模型时，电压源模型与电流源模型对外必为等效关系，此时其有关参数将满足

$$R=\frac{1}{G},\ U_S=RI_S \qquad (2-22)$$

式(2-22)即为两种电源模型等效互换的条件。

实际上，任意一个电压源 $U_S$ 和电阻 $R$ 串联的电路与电流源 $I_S$ 和电阻 $R$ 并联的电路，按式(2-22)所给的条件都可以进行等效变换。

在两种电源电路进行等效变换时，除应满足式(2-22)外，还应注意 $U_S$ 的极性与 $I_S$ 的方向之间的对应关系，$I_S$ 的方向应从 $U_S$ 的负极指向正极。此外，等效是指对外等效，对内不等效。例如，对图 2.20(a)、图 2.20(c)所示电路，当电路开路时，两电路对外均不发出功率，但图 2.20(a)所示电路内部没有能量消耗，而图 2.20(c)所示电路内部消耗的功率为 $I_S^2G^{-1}$。反之，短路时，图 2.20(a)所示电压源内部消耗的功率为 $U_S^2G^{-1}$，图 2.20(c)所示电路内部没有能量消耗。

在电路分析时，常会遇到两个电压源串联和两个电流源并联的情况。两个电压源串联可用一个电压源等效替代，该电压源电压为两个串联电压源电压的代数和。两个电流源并联可用一个电流源等效替代，该电流源电流为两个并联电流源电流的代数和。

只允许大小、极性完全相同的电压源并联，此时可用其中一个电压源来等效。只允许大小、方向完全相同的电流源串联，此时可用其中一个电流源来等效。

利用两种电源形式的等效互换，可以把一个复杂电路，经过逐步等效变换，使之得到简化，从而有利于求解电路。当只求解电路中某一支路的电流或电压时，等效变换的方法将显得更为适宜。在进行等效变换时，待求支路应始终保留在电路中，不得变动。

**【例 2.6】**　求图 2.17(a)所示电路中电流 $i$。

**解：**图 2.17(a)所示电路经过等效变换，逐步简化为图 2.17(d)所示的单回路电路。由此可求出

$$i=\frac{4-1}{0.5+2.5}\text{A}=1\text{A}$$

**【例 2.7】**　求图 2.21(a)所示电路中电流 $i_1$。

**解：**可将图 2.21(a)所示电路经等效变换，简化为图 2.22(a)所示电路，最后简化为

图 2.22(g)所示的单回路电路。由此可求出

$$i_1 = \frac{9}{1+2}A = 3A$$

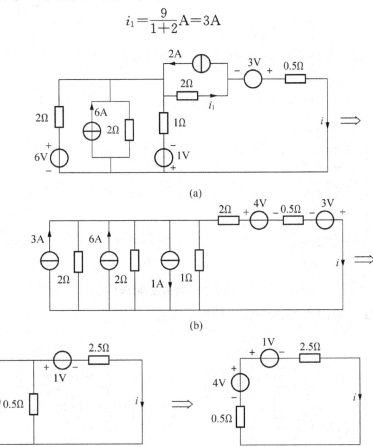

(a)

(b)

(c)　(d)

**图 2.21　例 2.6 图**

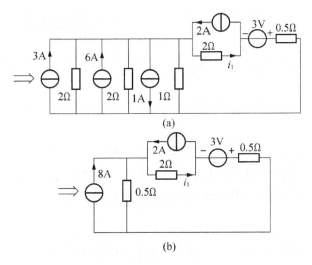

(a)

(b)

**图 2.22　等效变换**

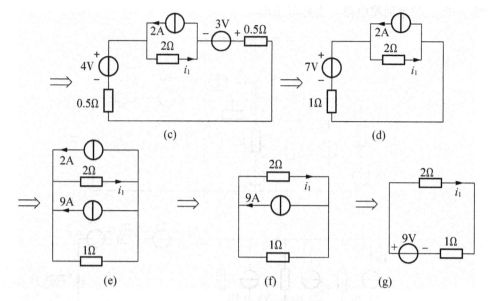

图 2.22  等效变换(续)

【例2.8】  求图 2.23(a)所示电路中电流 $i$。

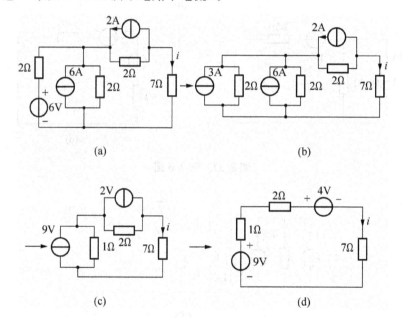

(a)

(b)

(c)

(d)

图2.23  例2.8图

**解:**图 2.23(a)电路可简化为图 2.23(b)所示单回路电路。简化过程如图 2.23(b)、图 2.23(c)和图 2.23(d)所示。由化简后的电路可求得电流为

$$i = \frac{9-4}{1+2+7}\text{A} = 0.5\text{A}$$

独立源是电路中的激励,有了它才能在电路中产生电压和电流。而受控源则不同,它是用来反映电路中某处的电压或电流对另一处的电压或电流的控制作用,或表示一处的电路变

量与另一处电路变量之间的一种耦合关系。受控源在电路中不起激励作用，因为它的电压或电流要受到控制量的控制，当控制量为零时，受控源为零，受控电压源表现为短路，受控电流源表现为开路。受控源可以像独立电源那样对外提供能量。因此，受控源属于有源元件。

根据受控源的上述特性，对含受控源电路分析时，应注意以下几点。

（1）对于较简单的电路，应先求出控制量，则其他待求量可随之求出。

（2）在建立电路方程时，可先把受控源看作独立源列出方程，然后将控制量用待求变量表示后代入方程。

（3）受控源可以像独立源那样进行两种电源模型的等效变换。但在变换过程中控制量不能消失，必要时控制量可以转换。

（4）因电路中没有独立源时，电路中将无响应。因此，对只含有线性电阻和受控源的一端口，当需确定端口的伏安关系时，必须采用外加独立电源法。

【例 2.9】　图 2.24(a)所示电路中，已知 $u_s=12V$，$R=2\Omega$，VCCS 的电流 $i_c$ 受电阻 $R$ 上的电压 $u_R$ 控制，且 $i_c=g \cdot u_R$，$g=2s$。求 $u_R$。

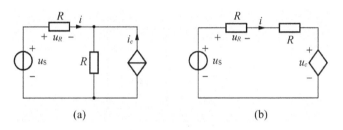

$$(a) \qquad\qquad (b)$$

图 2.24　例 2.9 图

**解：** 利用等效变换，把电压控制电流源和电导的并联组合变换为电压控制电压源和电阻的串联组合，如图 2.24(b)所示，其中 $u_c=Ri_c=2\times 2\times u_R=4u_R$，而 $u_R=Ri$。按 KVL，有

$$Ri+Ri+u_c=u_s$$

$$2u_R+4u_R=u_s$$

$$u_R=\frac{u_s}{6}=2V$$

【例 2.10】　求图 2.25 所示电路中的电压 $U$。

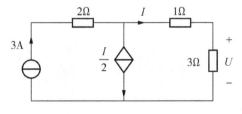

图 2.25　例 2.10 图

**解：** 由 KCL 先求出控制量 $I$

$$3=I+\frac{1}{2}$$

得

$$I = 2A$$

则

$$U = 3I = 3 \times 2V = 6V$$

## 2.6 等效电阻、输入电阻

等效电阻是指用来等效替代一个无源一端口线性电阻网络的电阻。对仅含线性电阻的一端口网络,利用串、并联简化和 Y—△ 等效变换等方法,可将其等效简化为一个电阻,此电阻即为该一端口网络的等效电阻。

输入电阻是一个无源一端口网络的端口电压与端口电流的比值,用 $R_{in}$ 表示。对图 2.26 所示无源一端口网络有

$$R_{in} = \frac{u}{i} \qquad (2-23)$$

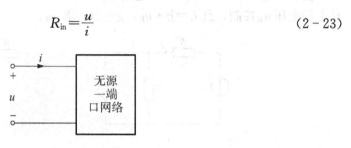

图 2.26 输入电阻

无源一端口网络的输入电阻也就是端口的等效电阻。当无源一端口内含有受控源时,可以证明,无论内部如何复杂,端口电压与端口电流成正比,即该一端口网络可以等效为一个电阻,但该等效电阻必须采用电压、电流法,即在端口加以电压源 $u_s$,然后求出端口电流 $i$;或在端口加以电流源 $i_s$,然后求出端口电压 $u$。根据式(2-23)

$$R_{in} = \frac{u_s}{i} = \frac{u}{i_s}$$

测量一个电阻器的电阻就可以采用这种方法。

【例 2.11】 求图 2.27(a)所示一端口的输入电阻。

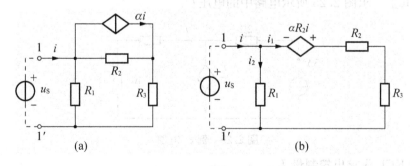

图 2.27 例 2.11 图

**解:** 在端口 $1-1'$ 处加电压 $u_s$,求出 $i$,再由式(2-23)求输入电阻 $R_{in}$。

将 CCCS 和电阻 $R_2$ 的并联组合等效变换为 CCVS 和电阻的串联组合，如图 2.27(b)所示。根据 KVL，有

$$u_s = -R_2\alpha i + (R_2 + R_3)i_1$$
$$u_s = R_1 i_1$$

再由 KCL，$i_1 = i - i_2 = i - \dfrac{u_s}{R_1}$，代入上式，整理后得

$$R_{in} = \frac{u_s}{i} = \frac{R_1 R_3 + (1-\alpha)R_1 R_2}{R_1 + R_2 + R_3}$$

上式分子中有负号出现，因此，在一定的参数条件下，$R_{in}$ 有可能是零，也有可能是负值。例如，当 $R_1 = R_2 = 1\Omega$，$R_3 = 2\Omega$，$\alpha = 5$ 时，$R_{in} = -0.5\Omega$。负电阻元件实际是一个发出功率的元件。本例中一端口向外发出功率是由于受控源发出功率。

## 2.7 小 结

利用电阻的串联、并联简化求电阻网络的等效电阻。对于此类似问题，在求解时，一般先从电路的局部等效简化开始，采用逐步等效、逐步化简的方法。

简单电阻串联、并联电路的计算。利用欧姆定律、KCL、KVL 及功率 $P = RI^2$ 等，即可以完成此类问题的计算。

利用电阻三角型网络与星型网络的等效互换求解电阻网络的等效电阻。先按求解思路画出变换草图，观察所进行的等效变换是否直接有效，如有必要可多画几种草图，进行比较，选出最简方法。

实际电压源与电流源等效互换问题。在进行等效变换时，需要求的支路不能参与等效变换，必须始终保留在电路中。

一端口网络的等效电阻计算。针对含有受控源、电阻一端口网络的输入电阻计算，必须采用外加电源法求一端口网络的等效电阻。

# 阅读材料

## 电流表

电流表是根据通电导体在磁场中受磁场力的作用而制成的。电流表内部有一永磁体，在极间产生磁场，在磁场中有一个线圈，线圈两端各有一个游丝弹簧，弹簧各连接电流表的一个接线柱，在弹簧与线圈间由一个转轴连接，在转轴相对于电流表的前端，有一个指针。当有电流通过时，电流沿弹簧、转轴通过磁场，电流切磁感线，所以受磁场力的作用，使线圈发生偏转，带动转轴、指针偏转。由于磁场力的大小随电流增大而增大，所以就可以通过指针的偏转程度来观察电流的大小。这叫磁电式电流表，就是平时实验室里用的那种。电流表串联一个大电阻。测量时并联到被测量的两点之间，不会改变原有电路的特性，电流表显示数值正比于被测量点的电压。

电流表内阻 $R_0$ 很小，可以忽略不计，外接电阻 $R$ 很大，这样根据欧姆定律得到

$$I = U/(R + R_0) \approx U/R$$

电流表是利用载流矩型线圈在磁场中受力偶矩转动的原理制成的。

# 习　题

一、填空题

1. 对外部只具有两个端钮的电路称为（　　）。

2. 二端电路网络就是指（　　）。

3. 研究一端口网络的等效变换是为寻求其（　　）的等效网络。

4. 当 $n$ 个电阻并联时，其等效总电导比单个并联支路的电导都要（　　）。

5. 只有电压相等且极性一致的电压源才允许（　　）联。

6. 只有电流相等且极性一致的电流源才允许（　　）联。

7. 实际电压源和实际电流源（　　）作等效互换。

8. 当一端口网络内部不包含独立电源而只含有电阻时，不论内部如何复杂，端口电压与端口电流始终成（　　）比。

9. 无源一端口网络的输入电阻也就是端口的（　　）。

10. 求含有受控源无源一端口网络的输入电阻，必须在该端口施加（　　）。

二、选择题

1. 等效是指对（　　）等效。
   A. 对内　　　　　　B. 对外　　　　　　C. 无所谓

2. 二端电路网络就是指（　　）。
   A. 二端口网络　　　B. 一端口网络　　　C. 不确定

3. 当 $n$ 个电阻串联时，其等效电阻比单个电阻是变（　　）。
   A. 大　　　　　　　B. 小　　　　　　　C. 看情况

4. 当电阻的连接中既有串联又有并联时，称为电阻的（　　）。
   A. Y联　　　　　　B. 混联　　　　　　C. △联

5. △型电阻连接与 Y 型电阻连接（　　）相互等效变换。
   A. 不能　　　　　　B. 不一定　　　　　C. 能

6. 实际电压源模型是指（　　）。
   A. 理想电压源和电阻的并联　　　　B. 理想电压源和电阻的串联
   C. 不确定

7. 理想电压源和理想电流源（　　）作等效互换。
   A. 不可以　　　　　B. 可以　　　　　　C. 不一定

8. 电压源在电路中只能（　　）功率。
   A. 发出　　　　　　B. 吸收　　　　　　C. 两者都可能

9. npn半导体三极管在放大条件下可等效为（　　）控制电流源。
   A. 电流　　　　　　B. 电压　　　　　　C. 功率

10. 含有受控源无源一端口网络可以等效为一个电阻，但该等效电阻必须采用（　　）法。
   A. 电压、电阻　　　B. 电压、电流　　　C. 电流、电阻

三、计算题

1. 试求图 2.28 电路中 a、b 端的等效电阻 $R_{ab}$。

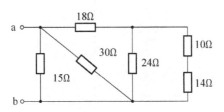

图 2.28 习题 1 图

2. 如图 2.29 所示,求电路中 a、b 端的等效电阻 $R_{ab}$。

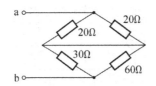

图 2.29 习题 2 图

3. 电路如图 2.30 所示,试计算电流 $I$。

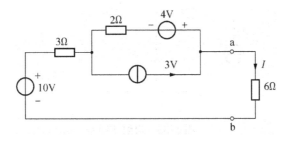

图 2.30 习题 3 图

4. 求图 2.31 所示二端网络电路等效电阻 $R_{in}$。

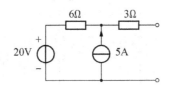

图 2.31 习题 4 图

5. 求图 2.32 所示电路中的电压 $U$。

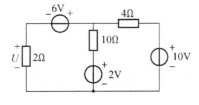

图 2.32 习题 5 图

6. 电路如图 2.33 所示，试求电流 $I$。

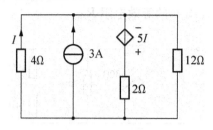

**图 2.33　习题 6 图**

7. 电路如图 2.34 所示，已知电阻 $R$ 消耗的功率为 18W，求 $R$ 的值。

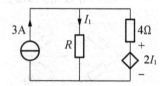

**图 2.34　习题 7 图**

8. 求图 2.35 所示电路中的电压 $U_{cb}$ 及受控电流源的功率。

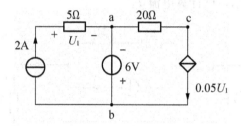

**图 2.35　习题 8 图**

9. 求图 2.36 所示一端口网络的输入电阻。

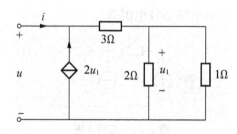

**图 2.36　习题 9 图**

# 第 **3** 章
# 线性电路的基本分析方法

前两章已经介绍了一些简单电路的分析计算方法——等效变换法。本章介绍线性电阻电路方程的建立方法，主要是为电路进行全面分析计算服务。本章主要内容包括：线性电路的基本分析方法概述、支路电流法、节点电压法、网孔电流法和回路电流法。通过本章学习后，学生应会采用这些方法列出电路方程。

 **教学要点**

| 知 识 要 点 | 掌 握 程 度 |
|---|---|
| 线性电路的基本分析方法概述 | 理解线性电路的基本分析方法的概念 |
| 支路电流法 | (1) 理解支路电流法的概念<br>(2) 掌握支路电流法的解题步骤 |
| 节点电压法 | (1) 理解节点电压法的概念<br>(2) 熟练地掌握节点电压法的解题步骤 |
| 网孔电流法 | (1) 理解网孔电流法的概念<br>(2) 熟练地掌握网孔电流法的解题步骤 |
| 回路电流法 | (1) 理解回路电流法的概念<br>(2) 熟练地掌握回路电流法的解题步骤 |

**引例：复杂电路在开关电源应用**

开关电源就是利用电子开关器件(如晶体管、场效应管、可控硅闸流管等)，通过控制电路使电子开关器件不停地"接通"和"关断"，让电子开关器件对输入电压进行脉冲调制，从而实现 DC/AC、DC/DC 电压变换，以及输出电压可调和自动稳压。

开关电源一般有 3 种工作模式：频率、脉冲宽度固定模式，频率固定、脉冲宽度可变模式，频率、脉冲宽度可变模式。前一种工作模式多用于 DC/AC 逆变电源，或 DC/DC 电压变换；后两种工作模式多用于开关稳压电源。另外，开关电源输出电压也有 3 种工作方式：直接输出电压方式、平均值输出电压方式、幅值输出电压方式。同样，前一种工作

方式多用于 DC/AC 逆变电源，或 DC/DC 电压变换；后两种工作方式多用于开关稳压电源。

根据开关器件在电路中连接的方式，目前比较广泛使用的开关电源大体上可分为：串联式开关电源、并联式开关电源、变压器式开关电源三大类。其中，变压器式开关电源(后面简称变压器开关电源)还可以进一步分成：推挽式、半桥式、全桥式等多种；根据变压器的激励和输出电压的相位，又可以分成：正激式、反激式、单激式和双激式等多种；如果从用途上来分，还可以分成更多种类。图 3.0(a)和图 3.0(b)分别为 AC/DC 开关电源机壳型和基板型。

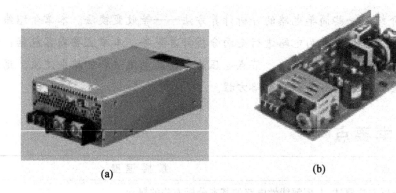

(a)                                      (b)

**图 3.0　AC/DC 开关电源图**

## 3.1　线性电路的基本分析方法概述

基本分析方法适用于任意线性电路，特别是结构复杂的大规模电路。它不探求针对不同电路结构的解题技巧，而是寻求普遍适用的分析方法。由于它采用规范的和程序化的解题步骤，所以便于编程，利用计算机完成电路分析。

基本分析方法远不止一种，常见的有支路电流法、网孔法、回路法和节点法。无论采用哪类方法，求什么电量(如电流和电压)，其思路都是一样：首先，要选择一组至少具有完备性的辅助性电路变量。所谓完备性的辅助性变量是指电路中的任何其他电量都可无一遗漏地由该组辅助性变量求出。其次，按照规范的步骤和统一的格式找出求这些辅助性变量的方程组并解之。最后，再通过这组解出的辅助性电路变量去求解电路中的其他电量。每种方法的不同之处仅在于所选择辅助性电路变量不同。支路电流法是选择电路中所有的支路电流为一组完备的辅助电量。其优点是辅助电量的物理意义明确，可直接测量，但其缺点是辅助电量数目往往较多，因此列解此类方程的工作量往往较大。最有效的解决办法就是减少辅助变量的数目，同时这些辅助电路变量不仅具有完备性，而且具有独立性。独立性保证这组辅助变量之间不能相互表示，因此数目最少。网孔法、回路法和节点法就是依据上述思想选择一组电量作为辅助变量的分析方法。

对于一个电路的有向图而言，根据基尔霍夫定律，可以推得，一个有 $b$ 条支路、$n$ 个节点的电路，具有完备独立的电压变量 $n-1$ 个；具有完备独立的电流变量 $b-(n-1)$ 个。本章依次详细阐述支路电流法、节点法、网孔法和回路法，并且将重点放在建立与辅助电路变量个数相等，且又相互独立的方程组上。

## 3.2 支路电流法

对一个具有 $b$ 条支路和 $n$ 个节点的电路，当以支路电压和支路电流为电路变量列写方程时，总计有 $2b$ 个未知量。根据 KCL 可以列出 $(n-1)$ 个独立方程、根据 KVL 可以列出 $(b-n+1)$ 个独立方程，根据元件的 VCR 又可列出 $b$ 个方程，总计方程数为 $2b$，与未知量数相等。因此，可由 $2b$ 个方程解出 $2b$ 个支路电压和支路电流，这种方法称为 $2b$ 法。

为了减少求解的方程数，可以利用元件的 VCR 将各支路电压以支路电流表示，然后代入 KVL 方程，这样，就得到以 $b$ 个支路电流为未知量的 $b$ 个 KCL 和 KVL 方程。方程数从 $2b$ 减少至 $b$。这种方法称为支路电流法。

现在以图 3.1 所示电路为例，介绍支路电流法。图 3.1 中已标出了各支路电流 $i_1$、$i_2$、$i_3$、$i_4$、$i_5$ 和 $i_6$ 的参考方向。各个支路电压 $u_1$、$u_2$、$u_3$、$u_4$、$u_5$ 和 $u_6$ 取与各支路电流相同的参考方向。根据 KCL 对节点 1、2、3 和 4 分别有

$$\left.\begin{aligned}i_1+i_3+i_5&=0\\i_4-i_5+i_6&=0\\-i_2-i_3-i_6&=0\\-i_1+i_2-i_4&=0\end{aligned}\right\} \tag{3-1}$$

但独立的 KCL 节点电流方程仅有 3 个。假如去掉第 4 个节点，则节点 1、2 和 3 将是独立节点，相应的 3 个节点的 KCL 方程为

$$\left.\begin{aligned}i_1+i_3+i_5&=0\\i_4-i_5+i_6&=0\\-i_2-i_3-i_6&=0\end{aligned}\right\} \tag{3-2}$$

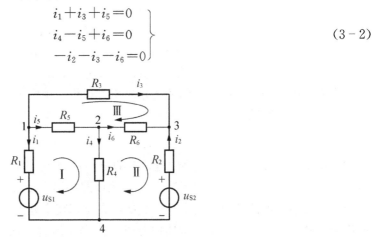

图 3.1 支路电流法

图 3.1 所示电路共可列独立的 KVL 方程数为 $6-4+1=3$ 个。独立的 KVL 回路可以

这样选取：使所选的每一个回路中都包含有一个其他回路所不包含的新支路。对于平面电路(即画在平面上的电路中，除节点外，再没有任何支路互相交叉)，可选网孔(即最简单的回路)作为独立的回路。可以证明其网孔数正好等于该电路所具有的独立的 KVL 回路数。对于较复杂的电路，当采用上述方法确定回路感到困难时，可借助"图论"中的有关"树"的概念来确定独立回路，对此本书不作详细说明。选图中的 3 个网孔作为独立回路，并均沿顺时针方向列出各回路的 KVL 方程

$$
\left.\begin{aligned}
-u_1+u_4+u_5&=0\\
-u_2-u_4+u_6&=0\\
u_3-u_5-u_6&=0
\end{aligned}\right\} \tag{3-3}
$$

图 3.1 所示电路中每条支路的 VCR 为

$$
\left.\begin{aligned}
u_1&=R_1 i_1+u_{s1}\\
u_2&=R_2 i_2-u_{s2}\\
u_3&=R_3 i_3\\
u_4&=R_4 i_4\\
u_5&=R_5 i_5\\
u_6&=R_6 i_6
\end{aligned}\right\} \tag{3-4}
$$

将式(3-4)代入式(3-3)，整理得

$$
\left.\begin{aligned}
-R_1 i_1+R_4 i_4+R_5 i_5&=u_{s1}\\
-R_2 i_2-R_4 i_4+R_6 i_6&=-u_{s2}\\
R_3 i_3-R_5 i_5-R_6 i_6&=0
\end{aligned}\right\} \tag{3-5}
$$

将式(3-2)与式(3-5)联立求解得

$$
\left.\begin{aligned}
i_1+i_3+i_5&=0\\
i_4-i_5+i_6&=0\\
-i_2-i_3-i_6&=0\\
-R_1 i_1+R_4 i_4+R_5 i_5&=u_{S1}\\
-R_2 i_2-R_4 i_4+R_6 i_6&=-u_{S2}\\
R_3 i_3-R_5 i_5-R_6 i_6&=0
\end{aligned}\right\} \tag{3-6}
$$

上述方程组就是图 3.1 所示电路的支路电流方程组。求解上述方程即可求出各支路电流。

式(3-6)可归纳为

$$
\sum R_k i_k = \sum u_{Sk} \tag{3-7}
$$

式中：$R_k i_k$ 为回路中第 $k$ 个支路的电阻上的电压，当 $i_k$ 参考方向与回路方向一致时，前面取"+"号；不一致时，取"-"号；$u_{Sk}$ 为回路中第 $k$ 个支路的电源电压，电源电压包括电压源，也包括电流源引起的电压。例如，在某支路中并无电压源，仅为电流源和电阻并联组合，就可将其等效变换为电压源与电阻的串联组合。在取代数和时，当 $u_{Sk}$ 与回路方向一致时前面取"-"号(因移在等号另一侧)，$u_{Sk}$ 与回路方向不一致时，前面取"+"号。此式实际上是 KVL 的另一种表达式，即任一回路中，电阻电压的代数和等于电压源电压的代数和。

列出支路电流法的电路方程的步骤如下。

（1）选定各支路电流的参考方向。

（2）根据 KCL 对$(n-1)$个独立节点列出方程。

（3）选取$(b-n+1)$个独立回路，指定回路的绕行方向，按照式（3-7）列出 KVL 方程。

支路电流法要求$b$个支路电压均能以支路电流表示，即存在式（3-1）形式的关系。当一条支路仅含电流源而不存在与之并联的电阻时，就无法将支路电压以支路电流表示。这种无并联电阻的电流源称为无伴电流源。当电路中存在这类支路时，必须加以处理后才能应用支路电流法。

如果将支路电流用支路电压表示，然后代入 KCL 方程，连同支路电压的 KVL 方程，可得到以支路电压为变量的$b$个方程，这就是支路电压法。

## 3.3　节点电压法

在电路中任意选择某一节点为参考节点，其他节点与此参考节点之间的电压称为节点电压。节点电压的参考极性是以参考节点为负，其余独立节点为正。节点电压法以节点电压为求解变量，并对独立节点用 KCL 列出用节点电压表达的有关支路电流方程。由于任一支路都连接在两个节点上，根据 KVL，不难断定支路电压是两个节点电压之差。例如，对于图 3.2 所示电路及其图，节点的编号和支路的编号及参考方向均示于图中。电路的节点数为 4，支路数为 6。以节点 0 为参考，并令节点 1、2、3 的节点电压分别用$u_{n1}$、$u_{n2}$、$u_{n3}$表示。根据 KVL，不难得出

$$u_4 + u_2 - u_1 = 0$$

式中：$u_1$、$u_2$、$u_4$分别为支路 1、2、4 的支路电压。由于$u_{n1} = u_1$，$u_{n2} = u_2$，因此有$u_4 = u_1 - u_2 = u_{n1} - u_{n2}$。可见，支路电压$u_4$等于它连接的两个节点的电压之差，这是 KVL 的体现。同理，有$u_5 = u_{n2} - u_{n3}$，$u_6 = u_{n1} - u_{n3}$，$u_3 - u_{n3}$全部支路电压可以通过节点电压表示。由于 KVL 已自动满足，所以节点电压法中不必再列 KVL 方程。

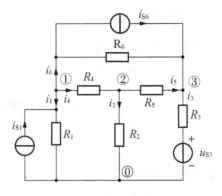

**图 3.2　节点电压法**

支路电流$i_1$、$i_2$、…、$i_6$可以分别用有关节点电压表示。

$$i_1=\frac{u_1}{R_1}-i_{S1}=\frac{u_{N1}}{R_1}-i_{S1}$$

$$i_2=\frac{u_2}{R_2}=\frac{u_{N2}}{R_2}$$

$$i_3=\frac{u_3-u_{S3}}{R_3}=\frac{u_{N3}-u_{S3}}{R_3}$$

$$i_4=\frac{u_4}{R_4}=\frac{u_{N1}-u_{N2}}{R_4}$$
(3-8)

$$i_5=\frac{u_5}{R_5}=\frac{u_{N2}-u_{N3}}{R_5}$$

$$i_6=\frac{u_6}{R_6}+i_{S6}=\frac{u_{N1}-u_{N3}}{R_6}+i_{S6}$$

对节点①、②、③，应用 KCL，有

$$\begin{aligned}i_1+i_4+i_6&=0\\i_2-i_4+i_5&=0\\i_3-i_5-i_6&=0\end{aligned}$$
(3-9)

将式(3-8)代入式(3-9)，并经整理，就可得到以节点电压为变量的方程

$$\begin{aligned}\left(\frac{1}{R_1}+\frac{1}{R_4}+\frac{1}{R_6}\right)u_{N1}-\frac{1}{R_4}u_{N2}-\frac{1}{R_6}u_{N3}&=i_{S1}-i_{S6}\\-\frac{1}{R_4}u_{N1}+\left(\frac{1}{R_2}+\frac{1}{R_4}+\frac{1}{R_5}\right)u_{N2}-\frac{1}{R_5}u_{N3}&=0\\-\frac{1}{R_6}u_{N1}-\frac{1}{R_5}u_{N2}+\left(\frac{1}{R_3}+\frac{1}{R_5}+\frac{1}{R_6}\right)u_{N3}&=i_{S6}+\frac{u_{S3}}{R_3}\end{aligned}$$
(3-10)

式(3-10)可写为

$$\begin{aligned}(G_1+G_4+G_6)u_{n1}-G_4u_{n2}-G_6u_{n3}&=i_{s1}-i_{s6}\\-G_4u_{n1}+(G_2+G_4+G_5)u_{n2}-G_5u_{n3}&=0\\-G_6u_{n1}-G_5u_{n2}+(G_3+G_5+G_6)u_{n3}&=i_{s6}+G_3u_{s3}\end{aligned}$$
(3-11)

式中：$G_1$、$G_2$、…、$G_6$。分别为支路 1、2、…、6 的电导。列节点电压方程时，可以根据观察按 KCL 直接写出式(3-10)或式(3-11)，不必按照前述步骤进行。为归纳出更为一般的节点电压方程，可令 $G_{11}=G_1+G_4+G_6$，$G_{22}=G_2+G_4+G_5$，$G_{33}=G_3+G_5+G_6$，分别为节点①、②、③的自导，自导总是正的，它等于连于各点支路电导之和；令 $G_{12}=G_{21}=-G_4$，$G_{13}=G_{31}=-G_6$，$G_{23}=G_{32}=-G_5$ 分别为①、②，①、③和②、③这 3 对节点间的互导。互导总是负的，它们等于连接于两节点间支路电导的负值。方程右方写为 $i_{s11}$、$i_{s22}$、$i_{s33}$，分别表示节点①、②、③的注入电流。注入电流等于流向节点的电流源的代数和，流入节点者前取"＋"号，流出节点者前面取"－"号。注入电流源还应包括电压源和电阻串组合经等效变换形成的电流源。在上例中，节点③除了有 $i_{s6}$ 流入外，还有电源 $u_{s3}$ 形成的等效电流 $\frac{u_{s3}}{R_3}$。3 个独立节点的节点电压方程成为

$$\begin{aligned}G_{11}u_{n1}+G_{12}u_{n2}+G_{13}u_{n3}&=i_{s11}\\G_{21}u_{n1}+G_{22}u_{n2}+G_{23}u_{n3}&=i_{s22}\\G_{31}u_{n1}+G_{32}u_{n2}+G_{33}u_{n3}&=i_{s33}\end{aligned}$$
(3-12)

式(3-12)不难推广到具有$(n-1)$个独立节点的电路,有

$$\left.\begin{array}{c} G_{11}u_{n1}+G_{12}u_{n2}+G_{13}u_{n3}+\cdots+G_{1(n-1)}u_{n(n-1)}=i_{s11} \\ G_{21}u_{n1}+G_{22}u_{n2}+G_{23}u_{n3}+\cdots+G_{2(n-1)}u_{n(n-1)}=i_{s22} \\ \cdots \\ G_{(n-1)1}u_{n1}+G_{(n-1)2}u_{n2}+G_{(n-1)3}u_{n3}+\cdots+G_{(n-1)(n-1)}u_{n(n-1)}=i_{s1(n-1)(n-1)} \end{array}\right\} \quad (3-13)$$

求得各节点电压后,可以根据 VCR 求出各支路电流。列节点电压方程时,不需要事先指定支路电流的参考方向。节点电压方程本身已包含了 KVL,而以 KCL 的形式写出,故如要检验答案,应按支路电流用 KCL 进行。

**【例 3.1】** 电路如图 3.3 所示,用节点电压法求各支路电流及输出电压 $U_0$。

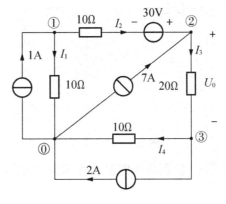

图 3.3 例 3.1 图

**解:** 取参考节点如图 3.3 所示,其他 3 个节点的节点电压分别为 $U_{n1}$、$U_{n2}$、$U_{n3}$。节点电压方程为

$$\left.\begin{array}{c} \left(\dfrac{1}{10}+\dfrac{1}{10}\right)U_{n1}-\dfrac{1}{10}U_{n2}=1-\dfrac{30}{10} \\[2mm] -\dfrac{1}{10}U_{n1}+\left(\dfrac{1}{10}+\dfrac{1}{20}\right)U_{n2}-\dfrac{1}{20}U_{n3}=7+\dfrac{30}{10} \\[2mm] -\dfrac{1}{20}U_{n2}+\left(\dfrac{1}{10}+\dfrac{1}{20}\right)U_{n3}=-2 \end{array}\right\}$$

整理得

$$\left.\begin{array}{c} 0.2U_{n1}-0.1U_{n2}=-2 \\ -0.1U_{n1}+0.15U_{n2}-0.05U_{n3}=10 \\ -0.05U_{n2}+0.15U_{n3}=-2 \end{array}\right\}$$

可解得

$$\left.\begin{array}{c} U_{n1}=40\text{V} \\ U_{n2}=100\text{V} \\ U_{n3}=20\text{V} \end{array}\right\}$$

假设各个支路电流为 $I_1$、$I_2$、$I_3$、$I_4$,它们的参考方向如图 3.3 所示,有

$$I_1=\frac{U_{n1}}{10}=4\text{A}$$

$$I_2 = \frac{U_{n1} - U_{n2} + 30}{10} = -3A$$

$$I_3 = \frac{U_{n2} - U_{n3}}{20} = 4A$$

$$I_4 = \frac{U_{n3}}{10} = 2A$$

输出电压 $U_0 = U_{n2} - U_{n3} = 80V$

各个支路电流在参考点满足 KCL，求解正确。

**【例 3.2】** 电路如图 3.4(a)所示，求两个电源的功率。

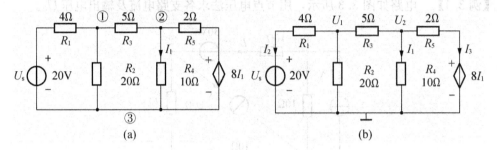

图 3.4 例 3.2 图

**解**：采用节点电压分析法。选节点 3 作为参考节点，设节点电压和流过电压源的电流，如图 3.4(b)所示。

第一步：列方程

节点① $$\left(\frac{1}{R_1} + \frac{1}{R_2} + \frac{1}{R_3}\right)U_1 - \frac{1}{R_3}U_2 = \frac{U_s}{R_1}$$

节点② $$\left(\frac{1}{R_5} + \frac{1}{R_4} + \frac{1}{R_3}\right)U_2 - \frac{1}{R_3}U_1 = \frac{8I_1}{R_5}$$

补充控制量 $I_1$ 与节点电压的关系式为

$$U_2 = R_4 I_1$$

第二步：解方程得

$$U_2 = 6.24V$$

$$U_1 = 12.5V$$

$$I_1 = 0.625A$$

第三步：求题目要求的电量

$$I_2 = \frac{U_1 - U_s}{R_1} = \frac{12.5 - 20}{4}A = -1.875A$$

$$I_3 = \frac{U_2 - 8I_1}{R_5} = \frac{6.25 - 8 \times 0.625}{2}A = 0.625A$$

20V 电压源的功率和受控源的功率分别如下

$$P = U_s \times I_2 = 20 \times (-1.875)W = -37.5W$$

$$P = I_3 \times 8I_1 = 0.625 \times 8 \times 0.625W = 3.125W$$

无电阻与之串联的电压源称为无伴电压源。当无伴电压源作为一条支路连接于两个节点之间时，该支路的电阻为零，即电导等于无限大，支路电流不能通过支路电压表示，节点电压方程的列出就遇到困难。当电路中存在这类支路时，有几种方法可以处理，下面介绍一种：把无伴电压源的电流作为附加变量列入 KCL 方程，每引入这样的一个变量，同时也增加了一个节点电压与无伴电压源电压之间的一个约束关系。把这些约束关系和节点电压方程合并成一组联立方电压之间的一个约束关系。把这些关系和节点电压方程合并成一组联立方程，其方程数仍将与变量数相同。

**【例 3.3】** 图 3.5 所示电路中，$u_{s1}$ 为无伴电压源的电压。试列出此电路的节点电压方程。

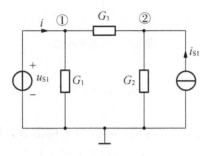

**图 3.5 例 3.3 图**

**解：** 设无伴电压源支路的电流为 $i$，电路的节点电压方程为

$$(G_1 + G_3)u_{n1} - i - G_3 u_{n2} = 0$$
$$-G_3 u_{n1} + (G_2 + G_3)u_{n2} = i_{s2}$$

补充的约束关系为

$$u_{n1} = u_{n2}$$

联立上述 3 个方程，解得 $u_{n1}$、$u_{n2}$ 和 $i$。

这种方法实际上采用了混合变量，除了节点电压外，还把无伴电压源支路的电流作为变量。当电路中有受控电流源时，在建立节点电压方程时，先把控制量用节点电压表示，并暂时把它当作独立电流源，按上述方法列出节点电压方程，然后把用节点电压表示的受控电流源电流移到方程的左边。当电路中存在有伴受控电压源时，把控制量用有关节点电压表示并变换为等效受控电流源。如果有无伴受控电压源，可参照无伴独立电压源的处理方法。

节点电压法的步骤可以归纳如下。

(1) 指定参考节点，其余节点对参考节点之间的电压就是节点电压。通常以参考节点为各节点电压的负极性。

(2) 按式(3-12)列出节点电压方程，注意自导总是正的，互导总是负的；并注意各节点注入电流前面的"＋"，"－"号。

(3) 当电路中有受控源或无伴电压源时需另行处理。

# 3.4 网孔电流法

网孔电流法是以网孔电流作为电路的独立变量，它仅适用于平面电路。以下通过

图 3.6 所示电路说明。该电路共有 3 条支路，给定的支路编号和参考方向如图 3.6 所示。

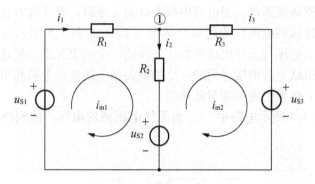

**图 3.6　网孔电流法**

在节点①应用 KCL，有

$$-i_1+i_2+i_3=0$$

或

$$i_2=i_1-i_3$$

可见 $i_2$ 不是独立的，它由 $i_1$、$i_3$ 决定，可以分为两部分，即 $i_1$ 和 $i_3$。现在假想有两个电流 $i_{m1}(=i_1)$ 和 $i_{m2}(=i_3)$ 分别沿此平面电路的两个网孔连续流动。由于支路只有电流 $i_{m1}$ 流过，支路电流仍为 $i_1$；支路 3 只有电流 $i_{m2}$ 流过，支路电流仍等于 $i_3$；但是支路 2 有两个网孔电流同时流过，支路电流将是 $i_{m1}$ 和 $i_{m2}$ 的代数和，即 $i_2=i_{m1}-i_{m2}=i_1-i_3$。沿着网孔 1 和网孔 2 流动的假想电流 $i_{m1}$ 和 $i_{m2}$ 称为网孔电流。由于把各支路电流当作有关网孔电流的代数和，必自动满足 KCL。所以用网孔电流作为电路变量时，只需按 KVL 列出电路方程。以网孔电流为未知量，根据 KVL 对全部网孔列出方程，由于全部网孔是一组独立回路，这组方程将是独立的。这种方法称为网孔电流法。

现以图 3.6 所示电路为例，对网孔 1 和 2 列出 KVL 方程，列方程时，以各自的网孔电流方向为绕行方向，有

$$\left.\begin{array}{c}u_1+u_2=0\\-u_2+u_3=0\end{array}\right\} \tag{3-14}$$

式中：$u_1$、$u_2$、$u_3$ 为支路电压。

各支路的 VCR 为

$$\left.\begin{array}{l}u_1=-u_{s1}+R_1i_1=-u_{s1}+R_1i_{m1}\\u_2=R_2i_2+u_{s2}=R_2(i_{m1}-i_{m2})+u_{s2}\\u_3=R_3i_3+u_{s3}=R_3i_{m2}+u_{s3}\end{array}\right\} \tag{3-15}$$

将上式代入式(3-14)，经整理后有

$$\left.\begin{array}{c}(R_1+R_2)i_{m1}-R_2i_{m2}=u_{s1}-u_{s2}\\-R_2i_{m1}+(R_2+R_3)i_{m2}=u_{s2}-u_{s3}\end{array}\right\} \tag{3-16}$$

式(3-16)即是以网孔电流为求解对象的网孔电流方程。

现在用 $R_{11}$ 和 $R_{22}$ 分别代表网孔 1 和网孔 2 的自阻，它们分别是网孔 1 和网孔 2 中所有电阻之和，即 $R_{11}=R_1+R_2$，$R_{22}=R_2+R_3$；用 $R_{12}$ 和 $R_{21}$ 代表网孔 1 和网孔的互阻，即两个网孔的共有电阻，本例中 $R_{12}=R_{21}=-R_2$。式(3-16)可改写为

$$R_{11}i_{m1}+R_{12}i_{m2}=u_{s11}$$
$$R_{21}i_{m1}+R_{22}i_{m2}=u_{s22}$$

(3-17)

此方程可理解为：$R_{11}i_{m1}$项代表网孔电流$i_{m1}$在网孔1内各电阻上引起的电压之和，$R_{22}i_{m2}$项代表网孔电流$i_{m2}$在网孔2内各电阻上引起的电压之和。由于网孔绕行方向和网孔电流取为一致，故$R_{11}$和$R_{22}$总为正值。$R_{12}i_{m2}$项代表电流$i_{m2}$在网孔1中引起的电压，而$R_{21}i_{m1}$项代表网孔电流$i_{m1}$在网孔2中引起的电压。当两个网孔电流在共有电阻上的参考方向相同时，$i_{m2}(i_{m1})$引起的电压与网孔1(2)的绕行方向一致，应当为正；反之为负。为了使方程形式整齐，把这类电压前的"+"或"−"号包括在有关的互阻中。这样，当通过网孔1和网孔2的共有电阻上的两个网孔电流的参考方向相同时，互阻($R_{12}$、$R_{21}$)取正；反之则取负。故在本例中$R_{12}=R_{21}=-R_2$。

对具有$m$个网孔的平面电路，网孔电流方程的一般形式可以由式(3-17)推广而得，即有

$$R_{11}i_{m1}+R_{12}i_{m2}+R_{13}i_{m3}+\cdots+R_{1m}i_{mm}=u_{s11}$$
$$R_{21}i_{m1}+R_{22}i_{m2}+R_{23}i_{m3}+\cdots+R_{2m}i_{mm}=u_{s22}$$
$$\cdots$$
$$R_{m1}i_{m1}+R_{m2}i_{m2}+R_{m3}i_{m3}+\cdots+R_{mm}i_{mm}=u_{smm}$$

(3-18)

式中：具有相同下标的电阻$R_{11}$、$R_{22}$、$R_{33}$等是各网孔的自阻；有不同下标的电阻$R_{12}$、$R_{13}$、$R_{23}$等是网孔间的互阻。自阻总是正的，互阻的正负则视两网孔电流在共有支路上参考方向是否相同而定。方向相同时为正，方向相反时为负。显然，如果两个网孔之间没有共有支路，或者有共有支路但其电阻为零（例如，共有支路间仅有电压源），则互阻为零。如果将所有网孔电流都取为顺（或逆）时针方向，则所有互阻总是负的。在不含受控源的电阻电路的情况，$R_{ik}=R_{ki}$。方程右方$u_{s11}$、$u_{s22}$、$\cdots$为网孔1、2、$\cdots$的总电压源的电压，各电压源的方向与网孔电流一致时，前面取"+"号，反之取"−"号。

**【例3.4】**　在图3.7所示直流电路中，电阻、电流源和电压源均为已知，试用网孔电流法求电阻$R_2$和电压源$U_s$的功率。

**解：** 因此电路为平面电路，故可采用网孔电流法求解，本图共有3个网孔。

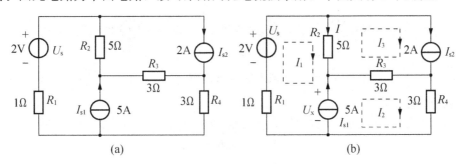

(a)　　　　　　　　　　　　　　(b)

**图3.7　例3.4图**

在图3.7(b)中，设网孔电流和$I_{s1}$电流源的端电压为$U_x$。网孔1和网孔2的KVL方程及补充方程分别如下

$$(R_1+R_2)I_1-R_2I_{s2}=U_s-U_x$$

$$(R_3+R_4)I_2-R_3I_2=U_x$$
$$I_2-I_1=I_{s1}$$

代入参数，利用上述网孔 1 方程＋网孔 2 的 KVL 方程，消掉电压 $U_x$，得

$$I_1=-4A$$
$$I=I_1-I_{s2}=-3A$$

于是电阻 $R_2$ 和电压源 $U_s$ 的功率分别为

$$P=5I^2=5\times(-3)^2W=45W$$
$$P=-U_s\times I_1=-2\times(-1)W=2W$$

【例 3.5】 在图 3.8 所示直流电路中，电阻和电压源均为已知，试用网孔电流法求各支路电流。

**解：** 该电路为平面电路，且共有 3 个网孔。

(1) 选取网孔电流 $I_1$、$I_2$、$I_3$ 如图 3.8 所示。

(2) 列网孔电流方程

因为

$$R_{11}=(60+20)\Omega=80\Omega$$
$$R_{22}=(20+40)\Omega=60\Omega$$
$$R_{33}=(40+40)\Omega=80\Omega$$
$$R_{12}=R_{21}=-20\Omega$$
$$R_{13}=R_{31}=0$$
$$R_{23}=R_{32}=-40\Omega$$
$$U_{s11}=(50-10)=40V$$
$$U_{s22}=10V$$
$$U_{s33}=40V$$

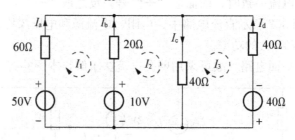

图 3.8 例 3.5 图

故网孔电流方程为

$$80I_1-20I_2=40$$
$$-20I_1+60I_2-40I_3=10$$
$$-40I_2+80I_3=40$$

(3) 用消去法或行列式法，解得：

$$I_1=0.786A$$
$$I_2=1.143A$$
$$I_3=1.071A$$

（4）指定各支路电流，有：

$$I_a = I_1 = 0.86 \text{ A}$$
$$I_b = -I_1 + I_2 = 0.357 \text{ A}$$
$$I_c = I_2 - I_3 = 0.072 \text{ A}$$
$$I_d = -I_3 = -1.071 \text{ A}$$

（5）校验。

取一个未用过的回路，例如取由 60Ω、40Ω 电阻及 50 V、40 V 电压源构成的外网孔，沿顺时针绕行方向写 KVL 方程，有

$$60I_a - 40I_d = 50 + 40$$

把 $I_a$、$I_d$ 值代入得 90＝90，故答案正确。

当电路中有电流源和电阻的并联组合时，可将它等效变换成电压源和电阻的串联组合，再按上述方法进行分析。

## 3.5　回路电流法

网孔电流法仅适用于平面电路，回路电流法则无此限制，它适用于平面或非平面电路。回路电流法是一种适用性较强并获得广泛应用的分析方法。

如同网孔电流是在网孔中连续流动的假想电流，回路电流是在一个回路中连续流动的假想电流。回路电流法是以一组独立回路电流为电路变量的求解方法。下面以图 3.9 所示电路为例对回路电流法进行说明。

在图 3.9 所示电路中，选图中所标的回路作为独立回路。设各回路中流动的假想回路电流为 $i_{L1}$、$i_{L2}$ 和 $i_{L3}$，其参考方向如图 3.9 所示。支路 1 的电流 $i_1$ 为回路 1 和 2 所共有，而其方向与回路 1 和回路 2 的绕行方向相反，所以有

$$i_1 = -i_{L1} - i_{L2}$$

同理，可以得出支路 5 和支路 6 的电流 $i_5$ 和 $i_6$ 为

$$i_5 = i_{L1} + i_{L2} - i_{L3}$$
$$i_6 = i_{L2} - i_{L3}$$

从以上 3 个方程可见，各支路电流可以通过回路电流表达，即全部支路电流可以通过回路电流表达。

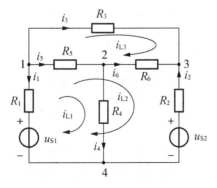

**图 3.9　回路电流**

另一方面，如果对节点①、②、③分别列出 KCL 方程，有

$$i_1 = -i_5 - i_3 = -i_{L1} - i_{L2}$$
$$i_5 = -i_1 - i_3 = i_{L1} + i_{L2} - i_{L3}$$
$$i_6 = i_5 - i_4 = i_{L2} - i_{L3}$$

它们与前 3 个方程相同，可见回路电流的假定自动满足 KCL 方程。

具有 $b$ 个支路和 $n$ 个节点的电路，$b$ 个支路电流受 $(n-1)$ 个 KCL 方程的约束，仅有 $(b-n+1)$ 个支路电流是独立的支数恰好是 $(b-n+1)$，所以，（基本）回路电流可以作为电路的独立变量。如果选择的独立回路不是基本（单连支）回路，上述结论同样成立。在回路电流法中，只需按 KVL 列方程，不必再用 KCL。

对于 $b$ 个支路，$n$ 个节点的电路，回路电流数 $L=(b-n+1)$。KVL 方程中，支路中各电阻上的电压都可表示为这些回路电流作用的结果。与网孔电流法方程（3-18）相似，可写出回路电流方程的一般形式

$$
\left.
\begin{aligned}
R_{11}i_{11} + R_{12}i_{12} + R_{13}i_{13} + \cdots + R_{1l}i_{1l} &= u_{s11} \\
R_{21}i_{11} + R_{22}i_{12} + R_{23}i_{13} + \cdots + R_{2l}i_{1l} &= u_{s22} \\
\cdots \\
R_{l1}i_{11} + R_{l2}i_{12} + R_{l3}i_{13} + \cdots + R_{ll}i_{1l} &= u_{sll}
\end{aligned}
\right\}
\tag{3-19}
$$

式中：有相同下标的电阻 $R_{11}$、$R_{22}$、$R_{33}$ 等是各回路的自阻，有不同下标的电阻 $R_{12}$、$R_{13}$、$R_{23}$ 等是回路间的互阻。自阻总是正的，互阻取正还是取负，则由相关两个回路共有支路上两回路电流的方向是否相同而决定，相同时取正，相反时取负。显然，若两个回路间无共有电阻，则相应的互阻为零。方程右方的 $u_{sll}$、$u_{s22}$、… 分别为各回路 1、2、… 中的电压源的代数和，取和时，与回路电流方向一致的电压源前应取 "—" 号，否则取 "+" 号。

【例 3.6】 给定直流电路如图 3.10 所示，其中 $R_1 = R_2 = R_3 = 1\Omega$，$R_4 = R_5 = R_6 = 2\Omega$，$u_{S1} = 4\text{V}$，$u_{S5} = 2\text{V}$。试选择一组独立回路，并列出回路电流方程。

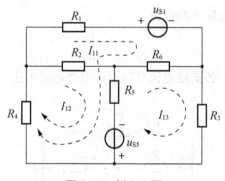

图 3.10 例 3.6 图

**解：** 电路如图 3.10 所示，选择 3 个独立回路（基本回路）绘于图中。回路电流分别为 $I_{l1}$、$I_{l2}$、$I_{l3}$。有：

$$R_{11} = R_1 + R_6 + R_5 + R_4 = 7\Omega$$
$$R_{22} = R_2 + R_4 + R_5 = 5\Omega$$

$$R_{33} = R_3 + R_5 + R_6 = 5\Omega$$
$$R_{12} = R_{21} + R_4 + R_5 = 4\Omega$$
$$R_{13} = R_{31} = -(R_5 + R_6) = -4\Omega$$
$$R_{23} = R_{32} = -R_5 = -2\Omega$$
$$u_{S11} = -u_{S1} + u_{S5} = -2V$$
$$u_{S22} = u_{S5} = 2V$$
$$u_{S33} = -u_{S5} = -2V$$

故回路电流方程为

$$7I_{l1} + 4I_{l2} - 4I_{l3} = -2$$
$$4I_{l1} + 5I_{l2} - 2I_{l3} = 2$$
$$-4I_{l1} - 2I_{l2} + 5I_{l3} = -2$$

解出 $I_{l1}$、$I_{l2}$、$I_{l3}$ 后，可根据以下各式计算支路电流

$$I_1 = I_{l1}$$
$$I_2 = I_{l2}$$
$$I_3 = I_{l3}$$
$$I_4 = I_{l1} - I_{l2}$$
$$I_5 = I_{l1} + I_{l2} - I_{l3}$$
$$I_6 = -I_{l1} + I_{l3}$$

如果电路中有电流源和电阻的并联组合，可经等效变换成为电压源和电阻的串联组合后再列回路电流方程。但当电路中存在无伴电流源时，就无法进行等效变换。此时可采用下述方法处理。除回路电流外，将无伴电流源两端的电压作为一个求解变量列入方程。这样，虽然多了一个变量，但是无伴电流源所在支路的电流为已知，故增加了一个回路电流的附加方程。

【例 3.7】 在图 3.11 所示电路中，已知 $U_{s1} = 80$ V，$U_{s3} = 30$ V，$I_{S2} = 2$ A，此电流源为无伴电流源。试用回路法列出电路的方程。

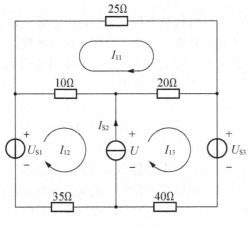

图 3.11　例 3.7 图

**解：** 把电流源两端的电压 $U$ 作为附加变量。该电路有 3 个独立回路，假设回路电流 $I_{l1}$、$I_{l2}$、$I_{l3}$ 如图 3.11 所示。沿各自回路的 KVL 方程为

$$\left.\begin{aligned}(25+20+10)I_{l1}-10I_{l2}-20I_{l3}&=0\\-10I_{l1}+(10+35)I_{l2}+U&=80\\-20I_{l1}-U+(40+20)I_{l3}&=-30\end{aligned}\right\} \qquad (3-20)$$

无伴电流源所在支路有 $I_{l2}$ 和 $I_{l3}$ 通过，故附加方程为

$$I_{l3}-I_{l2}=2 \qquad (3-21)$$

方程数和未知变量数相等。

当电路中含有受控电压源时，把它作为电压源暂时列于 KVL 方程的右边，同时把控制量用回路电流表示，然后把用回路电流表示的受控源电压移到方程的左边。当受控源是受控电流源时，可参照前面处理独立电流源的方法进行。

回路电流法的步骤可归纳如下。

(1) 根据给定的电路，通过选择一个树确定一组基本回路，并指定各回路电流(即连支电流)的参考方向；

(2) 按式(3-19)列出回路电流方程，注意自阻总是正的，互阻的正负由相关的两个回路电流通过共有电阻时，两者的参考方向是否相同而定。并注意该式右边项取代数和时各有关电压源前面的"＋"、"－"号。

(3) 当电路中有受控源或无伴电流源时，需另行处理。

(4) 对于平面电路可用网孔法。

本章介绍了支路电流法、节点电压法、网孔电流法和回路电流法。支路电流(电压)法为支路数 $b$；节点电压法为独立节点数$(n-1)$($n$ 为节点数)；回路电流法为独立回路数$(b-n+1)$。支路电流法要求每个支路电压能以支路电流表示，这就使该方法的应用受到一定的限制，例如，对于无伴电流源就需要另行处理。支路电压法也有类似问题存在。回路电流法存在与支路电流法类似的限制。节点电压法的优点是节点电压容易选择，不存在选取独立回路的问题。用网孔电流法时，选取独立回路简便、直观，但仅适用于平面电路。

线性电阻电路方程是一组线性代数方程。无论用以上哪一种方法，都可以获得一组未知数和方程数相等的代数方程。从数学上说，只要方程的系数行列式不等于零，方程有解且是唯一解。线性电阻电路方程一般总是有解的，但是在某些特定条件以及特殊情况下，线性电阻电路方程可能无解，也可能存在多解。

# 3.6 小 结

利用支路电流法解题。对于一般类型题目，可按一般方法写出支路电流方程的题型。对于含有受控源电路，在列写支路电流方程时，把受控源看成是独立电源。

利用节点电压法解题。对于一般类型题目，可直接用观察方法写出节点电压方程的题型。对于含有受控源电路，在列写支路电流方程时，先把受控源看作独立电源写在节点电压方程的右边，然后补充控制量用节点电压表示的方程。

利用网孔电流法解题。对于一般类型题目，可直接用观察方法写出网孔电流方程的题型。对于含有受控源电路，在列写支路电流方程时，先把受控源看作独立电源写在网孔电流方程的右边，然后补充控制量用网孔电流表示的方程。需要注意的是网孔电流法仅适用于平面电路。

利用回路电流法解题。对于一般类型题目，可直接用观察方法写出回路电流方程的题型。对于含有受控源电路，在列写支路电流方程时，先把受控源看作独立电源写在回路电流方程的右边，然后补充控制量用回路电流表示的方程。需要注意的是回路电流法不仅适用于平面电路，也适用于非平面电路。网孔电流法是回路电流法的特例。

# 阅 读 材 料

## 电路故障的排除

在电路的应用和实训中，会出现各种各样的故障(如断路、短路、接线错误、元件变质损坏或接触不良等)，使电路不能正常工作，甚至造成设备损坏或人身事故。

对于新设计组装的电路来说，常见的故障原因有以下几个方面。

(1) 实训电路与设计的原理图不符，元件使用不当或损坏，即线路的检查不够。

(2) 所设计的电路本身就存在某些严重缺点，不能满足技术要求，使连线发生短路或开路现象。

(3) 焊点虚焊，接插件、可变电阻器等接触不良。

(4) 电源电压不符合要求，性能差。

(5) 仪器作用不当。

(6) 接地处理不当。

(7) 相互干扰引起的故障。

电子电路故障检查的一般方法有直接观察法、静态检查法、信号寻迹法、对比法、部件替换法、旁路法、短路法、断路法、加速暴露法等，下面简要介绍其中的几种。

(1) 信号寻迹法：在输入端直接输入一定幅值、频率的信号，用示波器由前级到后级逐级观察波形及幅值，哪一级异常，故障就在该级；对于各种复杂的电路，也可将各单元电路前后级断开，分别在各单元输入端加入适当的信号，检查输出端的输出是否满足设计要求。

(2) 对比法：将存在问题的电路的参数与工作状态和相同的正常电路中的参数(或理论分析和仿真分析的电流、电压、波形等参数)进行对比，判断故障点，找出原因。

(3) 部件替换法：用同型号的好部件替换可能存在故障的部件。

(4) 加速暴露法：有时故障不明显，或时有时无，或要较长时间才能出现，这时就可采用加速暴露法。如敲击元件或电路板，检查有无接触不良、虚焊等；用加热的方法检查是否是热稳定性较差等。

电路故障的排除是对电路进行分析、计算和设计的基础。在了解电路基本物理量的基础上，通过掌握电路的基本定理和几种经典的分析方法对基本电路进行分析与设计。

## 习 题

一、填空题

1. 对于具有 $n$ 个节点的电路而言，具有独立的 KCL 方程数有（    ）个。

2. 对于具有 $n$ 个节点和 $b$ 条支路的电路而言，具有独立的 KVL 方程数有（    ）个。

3. 以各个支路电流为变量列写电路方程组求解电路的方法称为（    ）法。

4. 以各个支路电压为变量列写电路方程组求解电路的方法称为（    ）法。

5. 对于具有 $b$ 条支路的电路而言，采用支路电流法，需要（    ）个支路电流方程。

6. 对于具有 $b$ 条支路的电路而言，采用支路电压法，需要（    ）个支路电压方程。

7. 以节点电压为变量列写电路方程组求解电路的方法称为（    ）法。

8. 以网孔电流为变量列写电路方程组求解电路的方法称为（    ）法。

9. 以回路电流为变量列写电路方程组求解电路的方法称为（    ）法。

10. 网孔电流法是回路电流法的一种（    ）情况。

二、选择题

1. 对于具有 $n$ 个节点和 $b$ 条支路的电路而言，支路电流法方程组数比节点电压法方程组数多（    ）个。

    A. $b-n-1$         B. $b-n+1$         C. $n-1$

2. 对于具有 $n$ 个节点和 $b$ 条支路的电路而言，支路电流法方程组数比回路电流法方程组数多（    ）个。

    A. $b-n-1$         B. $b-n+1$         C. $n-1$

3. 网孔电流法仅适用于（    ）。

    A. 立体电路         B. 平面电路         C. 任意电路

4. 回路电流法适用于（    ）。

    A. 立体电路         B. 平面电路         C. 任意电路

5. 节点电压法适用于节点数（    ）的电路。

    A. 多               B. 少               C. 不清楚

6. 网孔电流法适用于网孔数（    ）电路。

    A. 不清楚         B. 多            C. 少

7. 回路电流法要比网孔电流法的应用更（    ）。

    A. 狭窄           B. 广泛          C. 不确定

8. 在列回路电流法方程时，尽量把理想（    ）源的电流选做回路电流。

    A. 电流           B. 电压          C. 无所谓

9. 在列节点电压法方程时，尽量把（    ）源的一端接参考节点。

    A. 电流           B. 电压          C. 无所谓

10. 在列回路电流法方程时，尽量把受控源的（　　　）支路选做独享支路，以减少未知量和补充方程。

    A. 控制量　　　　　　B. 被控制量　　　　　　C. 不确定

三、计算题

1. 图 3.12 所示电路，已知 $U_{S1}=140V$，$U_{S2}=90V$，$R_1=20\Omega$，$R_2=5\Omega$，求各支路电流。

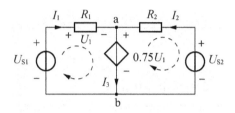

图 3.12　习题 1 图

2. 试用网孔电流法求图 3.13 所示电路中的电压 $U$。

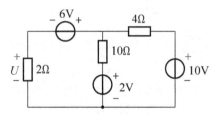

图 3.13　习题 2 图

3. 试列出图 3.14 所示电路的节点电压方程。

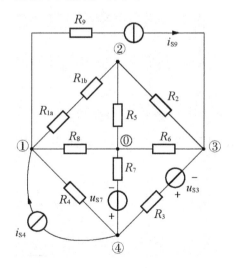

图 3.14　习题 3 图

4. 试列出图 3.14 所示电路的网孔电流方程。

5. 试用节点法求解图 3.15 所示电路中的电流 $I$。

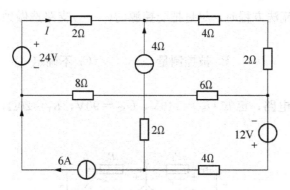

图 3.15　习题 5 图

6. 试用网孔法求解图 3.15 所示电路中的电流 $I$。

7. 图 3.16 所示的电路中，已知 $U_{S1}=140V$，$U_{S2}=90V$，$i_{S3}=10A$，$R_1=20\Omega$，$R_2=5\Omega$，求图示两个回路电流。

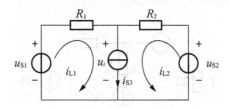

图 3.16　习题 7 图

8. 电路如图 3.17 所示，试求支路电流 $I$。

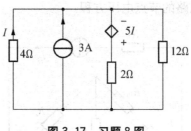

图 3.17　习题 8 图

9. 电路如图 3.18 所示，以 0 为参考节点，列出电压节点方程。

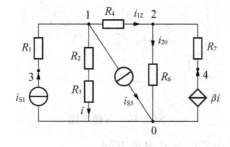

图 3.18　习题 9 图

10. 电路如图 3.19 所示，已知 $U_{S1} = 140\text{V}$，$U_{S2} = 90\text{V}$，$R_1 = 20\Omega$，$R_2 = 5\Omega$，$R_3 = 2\Omega$。试用回路电流法求各支路电流。

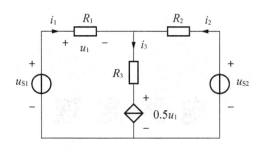

图 3.19 习题 10 图

# 第4章

# 电路定理

本章介绍一些重要的电路定理，其中有叠加定理(包括齐性定理)、替代定理、戴维南定理、诺顿定理、特勒根定理、互易定理。还扼要地介绍了有关对偶原理的概念。这些定理充分体现了线性电路的重要特性，它们是电路分析的基本概念和基本方法，是后续课程必要的基础。

通过本章的学习，让学生熟练掌握一些重要的电路定理，其中有叠加定理(包括齐性定理)、替代定理、戴维南定理、诺顿定理、特勒根定理、互易定理。掌握叠加定理、替代定理、戴维南定理、诺顿定理，了解特勒根定理、互易定理。

 **教学要点**

| 知 识 要 点 | 掌 握 程 度 |
| --- | --- |
| 叠加原理 | (1) 了解叠加定理的概念<br>(2) 熟练地掌握叠加定理的使用方法 |
| 替代定理 | (1) 了解替代定理的概念<br>(2) 熟练地掌握替代定理的使用方法 |
| 戴维南定理和诺顿定理 | (1) 了解戴维南定理和诺顿定理的概念<br>(2) 熟练地掌握戴维南定理和诺顿定理的使用方法 |

**引例：学习电路意义**

2011 年 11 月 1 日清晨 5 时 58 分 07 秒，中国"长征二号 F"运载火箭在酒泉卫星发射中心载人航天发射场点火发射，火箭飞行 583s 后，将"神舟八号"飞船成功送入近地点 200km、远地点 330km 的预定轨道。

2011 年 11 月 3 日凌晨 1 时 36 分，神舟八号飞船和天宫一号成功实施交会对接。从"牵手"到"相拥"，对接历时 7 分 12 秒。它标志着继掌握天地往返、出舱活动技术后，中国突破了载人航天三大基础性技术的最后一项——空间交会对接，是我国组织实施的又一重大科技实践活动，圆满地完成了本次任务目标：准确进入轨道、精确交会对接、稳定组合运行、安全撤离返回，标志着中国航天人成功叩开通向空间站时代的大门。图 4.0 是神舟八号飞船和天宫一号交会对接图。

此次共有航天员系统、空间应用系统、载人飞船系统、运载火箭系统、发射场系统、测控通信系统、着陆场系统、空间实验室系统载人航天工程八大系统参加任务。可以说，每一大系统都包含了许多复杂的电路。

**图4.0 神舟八号飞船和天宫一号交会对接图**

## 4.1 叠加定理

叠加定理是线性电路的一个重要定理。图4.1(a)所示电路中有两个独立电源(激励)，其中一个是电压源 $u_S$，另一个为电流源 $i_S$，现在要求电路中电流 $i_2$ 和电压 $u_1$(响应)。

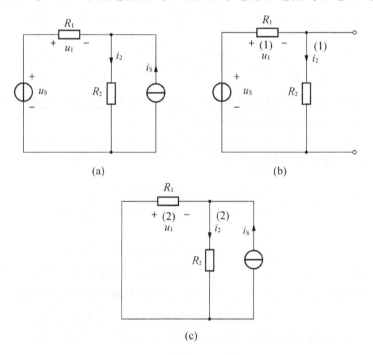

(a)

(b)

(c)

**图4.1 叠加定理电路**

根据 KCL 和 KVL 可以列出方程 $u_S = R_1(i_2 - i_S) + R_2 i_2$，解得 $i_2$，再求得 $u_1$，有

$$i_2 = \frac{u_S}{R_1 + R_2} + \frac{R_1 i_S}{R_1 + R_2}$$

$$u_1 = \frac{R_1}{R_1 + R_2} u_S - \frac{R_1 R_2}{R_1 + R_2} i_S$$

$$(4-1)$$

从式(4-1)可看出，$i_2$和$u_1$分别是$u_\mathrm{S}$和$i_\mathrm{S}$的线性组合。将其改写为

$$i_2 = i_2^{(1)} + i_2^{(2)}$$

$$u_2 = u_2^{(1)} + u_2^{(2)}$$

其中：

$$i_2^{(1)} = i_2 \mid_{i_\mathrm{S}=0}, \quad u_1^{(1)} = u_1 \mid_{i_\mathrm{S}=0}$$

$$i_2^{(2)} = i_2 \mid_{i_\mathrm{S}=0}, \quad u_1^{(2)} = u_1 \mid_{i_\mathrm{S}=0} \tag{4-2}$$

即 $i_2^{(1)}$ 和 $u_1^{(1)}$ 为原电路中将电流源 $i_\mathrm{S}$ 置零时的响应，也即是激励 $u_\mathrm{S}$ 单独作用时产生的响应；$i_2^{(2)}$ 和 $u_1^{(2)}$ 为原电路中将电压源置零时的响应，即是激励 $i_\mathrm{S}$ 单独作用时产生的响应。电流源置零时相当于开路；电压源置零时相当于短路。故激励 $u_\mathrm{S}$ 与 $i_\mathrm{S}$ 分别单独作用时电路如图 4.1(b)和图 4.1(c)所示，称为 $u_\mathrm{S}$ 和 $i_\mathrm{S}$ 分别作用时的分电路。从图 4.1(b)可求得

$$i_2^{(1)} = \frac{u_s}{R_1 + R_2}$$

$$u_1^{(1)} = \frac{R_1}{R_1 + R_2} u_\mathrm{s}$$

而从图 4.1(c)可求得

$$i_2^{(2)} = \frac{R_1}{R_1 + R_2} i_\mathrm{S}$$

$$u_1^{(2)} = -\frac{R_1 R_2}{R_1 + R_2} i_\mathrm{S}$$

与式(4-1)和式(4-2)一致。

**叠加定理** 可表述为：线性电阻电路中，任一电压或电流都是电路中各个独立电源单独作用时，在该处产生的电压或电流的叠加。

对于一个具有 $n$ 个节点、$b$ 条支路的电路，可以用回路电流或是节点电压等作为变量列写出电路方程。此种方程具有以下形式

$$\left. \begin{array}{c} a_{11}x_1 + a_{12}x_2 + \cdots + a_{1N}x_N = b_{11} \\ a_{21}x_1 + a_{22}x_2 + \cdots + a_{2N}x_N = b_{22} \\ \cdots \\ a_{1N}x_1 + a_{2N}x_2 + \cdots + a_{NN}x_N = b_{NN} \end{array} \right\} \tag{4-3}$$

式中：求解变量以 $x$ 表示，右方系数 $b$ 是电路中激励的线性组合。当此方程是回路电流方程时，$x$ 是回路电流 $i_1$，系数 $a$ 是自阻或互阻，$b$ 则是回路中电压源电压和由电流源等效变换所得电压源的线性组合。当此方程是节点电压方程时，$x$ 是节点电压 $u_\mathrm{n}$，系数 $a$ 是自导或互导，$b$ 是节点上电流源的注入电流和电压源等效变换所得电流源的线性组合。式(4-3)解的一般形式为

$$x_\mathrm{k} = \frac{\Delta_{1\mathrm{k}}}{\Delta} b_{11} + \frac{\Delta_{2\mathrm{k}}}{\Delta} b_{22} + \cdots + \frac{\Delta_{N\mathrm{k}}}{\Delta} b_{NN}$$

式中：$\Delta$ 为 $a$ 系数构成的行列式，$\Delta_{j\mathrm{k}}$ 是 $\Delta$ 的第 $j$ 行第 $k$ 列的余因式。由于 $b_{11}$、$b_{22}$、$\cdots$ 都是电路中激励的线性组合，而每个解答 $x$ 又是 $b_{11}$、$b_{22}$、$\cdots$ 的线性组合，故任意一个解（电压或电流）都是电路中所有激励的线性组合。当电路中有 $g$ 个电压源和 $h$ 个电流源时，任

意一处电压 $u_\mathrm{f}$ 或电流 $i_\mathrm{f}$ 都可以写为以下形式

$$
\left.
\begin{aligned}
u_\mathrm{f} &= k_{\mathrm{f}1}u_{\mathrm{S}1} + k_{\mathrm{f}2}u_{\mathrm{S}2} + \cdots + k_{\mathrm{fg}}u_{\mathrm{S}g} + K_{\mathrm{f}1}i_{\mathrm{S}1} + K_{\mathrm{f}2}i_{\mathrm{S}2} + \cdots + K_{\mathrm{fh}}i_{\mathrm{S}h} \\
&= \sum_{m=1}^{g} k_{\mathrm{fm}}u_{\mathrm{S}m} + \sum_{m=1}^{h} K_{\mathrm{fm}}i_{\mathrm{S}m} \\
& \qquad\qquad\qquad \cdots \\
i_\mathrm{f} &= k'_{\mathrm{f}1}u_{\mathrm{S}1} + k'_{\mathrm{f}2}u_{\mathrm{S}2} + \cdots + k'_{\mathrm{fg}}u_{\mathrm{S}g} + K'_{\mathrm{f}1}i_{\mathrm{S}1} + K'_{\mathrm{f}2}i_{\mathrm{S}2} + \cdots + K'_{\mathrm{fh}}i_{\mathrm{S}h} \\
&= \sum_{m=1}^{g} k'_{\mathrm{fm}}u_{\mathrm{S}m} + \sum_{m=1}^{k} K'_{\mathrm{fm}}i_{\mathrm{S}m}
\end{aligned}
\right\}
\tag{4-4}
$$

叠加定理在线性电路的分析中起着重要的作用，它是分析线性电路的基础。线性电路中很多定理都与叠加定理有关。直接应用叠加定理计算和分析电路时，可将电源分成几组，按组计算以后再叠加，有时可简化计算。

当电路中存在受控源时，叠加定理仍然适用。受控源的作用反映在回路电流或节点电压方程中的自阻和互阻或自导和互导中，所以任一处的电流或电压仍可按照各独立电源作用时在该处产生的电流或电压的叠加计算。所以对含有受控源的电路应用叠加定理，在进行各分电路计算时，仍应把受控源保留在各分电路之中。

受控源不同于独立电源，它不直接起"激励"作用，但是又带有"电源"性质。在列电路方程时往往把受控源的电流或电压"暂时"列于方程的右边，如同独立电源。如果在应用叠加定理时，把受控源当作独立电源处理，不把受控源保留在各分电路中，而另外设仅含受控源的分电路也是可行的，但是受控源的控制量不是该分电路中的控制量，而应保持为原电路中的控制量。最终进行叠加时，应包含受控源分电路的分量。这种处理方法的不足之处是原电路的控制量为待求量，需要按各分电路叠加求得。严格地说，叠加性质是针对各独立电源的。

使用叠加定理时应注意以下几点。

(1) 叠加定理适用于线性电路，不适用于非线性电路。

(2) 在叠加的各分电路中，不作用的电压源置零，在电压源处用短路代替；不作用的电流源置零，在电流源处用开路代替。电路中所有电阻都不予更动，受控源则保留在各分电路中。

(3) 叠加时各分电路中的电压和电流的参考方向可以取为与原电路中的相同。取和时，应注意各分量前的"＋"、"－"号。

(4) 原电路的功率不等于按各分电路计算所得功率的叠加，这是因为功率是电压和电流的乘积。

【例 4.1】 试用叠加原理求图 4.2(a)中所示电路中的电压 $U$ 和电流 $I$。

**解：** 先画出两个电源分别作用时的电路如图 4.2(b)和图 4.2(c)所示。

(1) 当 3A 电流源单独作用时，将 9V 电压源置零后用短路代替，电路如图 4.2(b)所示。

$$
I^{(1)} = \frac{10}{10+5} \times 3 = 2(\mathrm{A}) ; \quad U^{(1)} = 5I^{(1)} = 5 \times 2 = 10(\mathrm{V})
$$

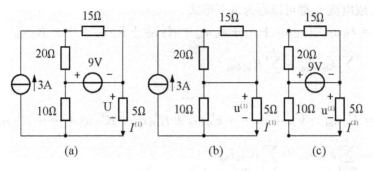

图 4.2　例 4.1 的图

（2）当 9V 电压源单独作用时，将 3A 的电流源置零后用开路代替，电路如图 4.2(c) 所示。

$$I^{(2)}=-\frac{9}{10+5}=-0.6(A)；U^{(2)}=5I^{(2)}=5\times(-0.6)=-3(V)$$

（3）3A 的电流源和 9V 的电压源共同作用时进行叠加求出 $U$ 和 $I$。

$$U=U^{(1)}+U^{(2)}=10+(-3)=7(V)$$
$$I=I^{(1)}+I^{(2)}=2+(-0.6)=1.4(A)$$

【例 4.2】　电路如图 4.3(a) 所示，其中 CCVS 的电压受流过 6Ω 电阻的电流控制，求电压 $u_3$。

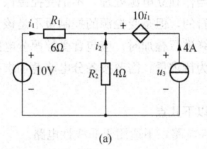

(a)

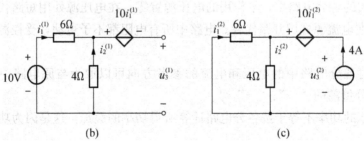

(b)　　　　　　　　　　　　(c)

图 4.3　例 4.2 的图

**解**：对独立电源来说，当某一个独立电源单独作用时，其他电源的电压或电流都可以零处理，但受控源应均保留在分电路中。

按叠加定理，画出 10 V 电压源和 4A 电流源分别作用的分电路，如图 4.3(b) 和图 4.3(c) 所示。受控源均保留在分电路中。

$$i_1^{(1)} = i_2^{(1)} = \frac{10}{6+4}\text{A} = 1\text{A}$$

$$u_3^{(1)} = -10i_1^{(1)} + 4i_2^{(1)} = (-10+4)\text{V} = -6\text{V}$$

在图 4.3(c)中有

$$i_1^{(2)} = -\frac{4}{6+4} \times 4\text{A} = -1.6\text{A}$$

$$i_2^{(2)} = 4 + i_1^{(2)} = 2.4\text{A}$$

$$u_3^{(2)} = -10i_1^{(2)} + 4i_2^{(2)} = 25.6\text{V}$$

所以

$$u_3 = u_3^{(1)} + u_3^{(2)} = 19.6\text{V}$$

**【例 4.3】**　　在图 4.3(a)电路中的电阻 $R_2$ 处再串接一个 6V 电压源，如图 4.4(a)所示，重求电压 $u_3$。

**解：** 应用叠加定理，把 10V 电压源和 4A 电流源合为一组，所加 6V 电压源为另一组，如图 4.4(b)与图 4.4(c)所示。利用上例结果，图 4.4(b)的解为

$$U_3^{(1)} = 19.6\text{V}$$

而在图 4.4(c)中

$$i_1^{(2)} = i_2^{(2)} = \frac{-6}{6+4}\text{A} = -0.6\text{A}$$

$$u_3^{(2)} = -10i_1^{(2)} + 4i_2^{(2)} + 6 = 9.6\text{V}$$

所以

$$u_3 = u_3^{(1)} + u_3^{(1)} = 29.2\text{V}$$

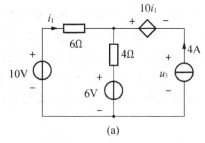

(a)

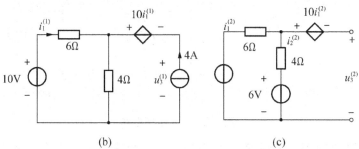

(b)　　　　　　　　　(c)

**图 4.4　例 4.3 的图**

在线性电路中，当所有激励(电压源和电流源)都同时增大或缩小 $K$ 倍($K$ 为实常数)时，响应(电压和电流)也将同样增大或缩小 $K$ 倍。这就是线性电路的齐性定理，它

不难从叠加定理推得。应注意，这里的激励是指独立电源，并且必须全部激励同时增大或缩小 $K$ 倍，否则将导致错误的结果。显然，当电路中只有一个激励时，响应必与激励成正比。

如果【例4.3】中电压源由6V增至8V，则根据齐性定理，8V电压源单独作用产生的 $u_3^{(2)}$ 为

$$u_3^{(2)\prime}=\frac{9.6\times8}{6}\mathrm{V}=12.8\mathrm{V}$$

故此时应有

$$u_3=u_3^{(1)\prime}+u_3^{(2)\prime}$$
$$=(19.6+12.8)\ \mathrm{V}=32.4\mathrm{V}$$

用齐性定理分析梯形电路特别有效。

## 4.2 替 代 定 理

替代定理表述如下："给定一个电路（线性或非线性，时不变或时变）中的任一不存在耦合的支路 $k$，其支路电压 $u_k$ 和电流 $i_k$ 为已知，若支路用一个电压等于 $u_k$ 的电压源 $u_S$，或一个电流等于 $i_k$ 的电流源 $i_S$ 替代，只要原电路和替代后电路具有唯一解，则替代后电路中全部电压和电流均将保持原值"。以上提到的第 $k$ 支路可以是电阻、电压源和电阻的串联组合或电流源和电阻的并联组合。

图4.5(a)所示线性电阻电路中，N 表示第 $k$ 支路外的电路其余部分，第 $k$ 支路设为一个电压源和电阻的串联支路。用电压源 $u_S$ 替代第 $k$ 支路后（图4.5(b)），改变后的新电路和原电路的连接相同，所以两个电路的 KCL 和 KVL 方程也将相同。除第 $k$ 支路外，两个电路的全部支路的约束关系也相同。新电路中第 $k$ 支路的电压被约束为 $u_S=u_k$，即等于原电路的第 $k$ 支路的电压，其支路电流则可以是任意的（电压源的特点）。电路在改变前后，各支路电压和电流都有唯一解，而原电路的全部电压和电流又将满足新电路的全部约束关系，因此也就是后者的唯一解。如果第 $k$ 支路被一个电流源替代（图4.5(c)），可进行类似的证明。

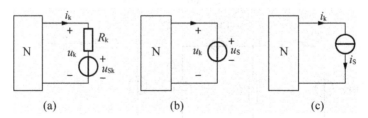

图 4.5　替代定理电路

图4.6为替代定理应用的实例。图4.6(a)中，可求得 $u_3=2\mathrm{V}$，$i_3=1\mathrm{A}$。现将支路3分别以 $u_S=u_3=2\mathrm{V}$ 或 $i_S=i_3=1\mathrm{A}$ 的电流源替代。如图4.6(b)或图4.6(c)所示，不难求得，在图4.6(a)、图4.6(b)、图4.6(c)中，其他部分的电压和电流均保持不变，即 $i_1=2\mathrm{A}$，$i_2=1\mathrm{A}$。

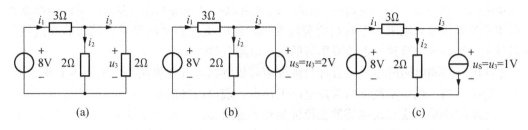

图 4.6　替代定理应用

## 4.3　戴维南定理和诺顿定理

根据齐性定理可知，对于一个不含独立电源、仅含电阻和受控源的一端口，其端口输入电压和输入电流的比值为一个常量，这个比值就定义为该一端口的输入电阻或等效电阻。所以这类一端口可以用一个电阻支路的等效置换。对于一个既含独立电阻和受控源的一端口，它的等效电路是什么？本节介绍的戴维南定理和诺顿定理将回答这个问题。为了叙述方便，将上述这类一端口简称为"含源一端口"，这里"含源"是指含独立电源。

图 4.7(a)所示的 $N_S$ 为一个含源一端口，有外电路与它连接。如果把外电路断开，如图 4.7(b)所示，此时由于 $N_S$ 内部含有独立电源，一般在端口 $1-1'$ 处将出现电压，这个电压称为 $N_S$ 的开路电压，用 $u_{oc}$ 表示。设把 $N_S$ 中的全部独立电源置零，即把 $N_S$ 中的独立电压源用短路替代，独立电流源用开路替代，并用 $N_0$ 表示得到的一端口。$N_0$ 可以用一个等效电阻 $R_{eq}$ 表示，此等效电阻等于 $N_0$ 在端口 $1-1'$ 的输入电阻(图 4.7(c))。

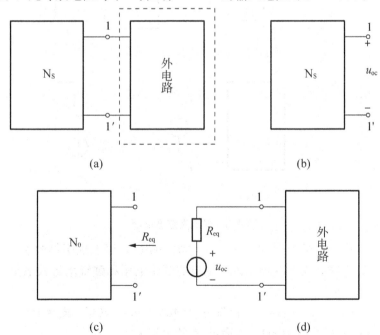

图 4.7　戴维南定理

戴维南定理指出："一个含独立电源、线性电阻和受控源[①]的一端口，对外电路来说，可以用一个电压源和电阻的串联组合等效置换，此电压源的电压等于一端口的开路电压，电阻等于一端口的全部独立电源置零后的输入电阻"（图 4.7(d)）。

上述电压源和电阻的串联组合称为戴维南等效电路，等效电路中的电阻有时称为戴维南等效电阻。当一端口用戴维南等效电路置换后，端口以外的电路（以后称为外电路）中的电压、电流均保持不变。这种等效变换称为对外等效。

戴维南定理可以证明如下：图 4.8(a) 中 $N_S$ 为含源一端口，设外电路为电阻 $R_0$（主要为了简化讨论），根据替代定理，用 $i_S=i$ 的电流源替代电阻 $R_0$，替代后的电路如图 4.8(b) 所示。应用叠加定理，所得分电路如图 4.8 (c) 和图 4.8(d) 所示。在图 4.8(c) 中，当电流源不作用而 $N_S$ 中全部电源作用时，$u^{(1)}=u_{oc}$；在图 4.8(d) 中，当 $i$ 作用而 $N_S$ 中全部电源置零时，$N_S$ 成为 $N_0$，$N_0$ 为 $N_S$ 中全部独立电源置零后的一端口（受控源仍保留在 $N_0$ 中）。此时有 $u^{(2)}=-R_{eq}i$，其中 $R_{eq}$ 为从端口看入的 $N_0$ 的等效电阻。按叠加定理，端口 $1-1'$ 间的电压 $u$ 应为

$$u=u^{(1)}+u^{(2)}=u_{oc}-R_{eq}i$$

故一端口的等效电路如图 4.8(e) 所示，戴维南定理得证。

这些受控源只能受端口内部某些电压、电流的控制；同时，端口内的电压、电流也不能是端口以外电路中受控源的控制量。

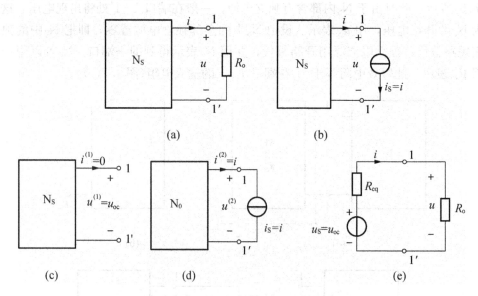

图 4.8　戴维南定理证明

如果把图 4.8 中的外部电阻 $R$ 改为一个含源一端口，以上证明仍能立。

应用戴维南定理时，需要求出含源一端口的开路电压和戴维南等效电阻，两者可以用求输入电阻的方法得到。

【例 4.4】　图 4.9 所示电路中，已知 $u_{S1}=40V$，$u_{S2}=40V$，$R_1=4\Omega$，$R_2=2\Omega$，$R_3=5\Omega$，$R_4=10\Omega$，$R_5=8\Omega$，$E_6=2\Omega$，求通过 $R_3$ 的电流 $i_3$。

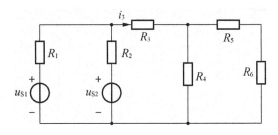

图4.9 例4.4的图

**解：** 求解时分为两个步骤进行。

（1）把左方（$u_{S1}$，$R_1$）支路和（$u_{S2}$，$R_2$）支路组成的端口（图4.10(a)）用戴维南等效电路置换，如图4.10(b)所示。其中

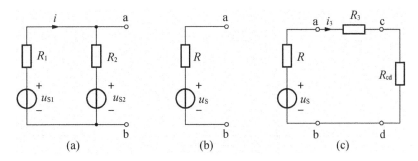

图4.10 等效置换过程

$$R = R_{ep} = \frac{R_1 R_2}{R_1 + R_2} = 1.33\Omega$$

$$u_S = u_{oc} = R_2 i + u_{S2} = \frac{u_{S1} - u_{S2}}{R_1 + R_2} R_2 + u_{S2} = 40\text{V}$$

（2）求电阻 $R_4$、$R_5$ 和 $R_6$ 组成的右方一端口的等效电阻 $R_{cd}$

$$R_{cd} = \frac{R_4(R_5 + R_6)}{R_4 + R_5 + R_6} = 5\Omega$$

（3）图4.9可以简化为图4.10(c)所示电路。通过电阻 $R_3$ 的电流为

$$i_3 = \frac{u_S}{R + R_3 + R_{cd}} = 3.53\text{A}$$

按图4.8(e)可见含源一端口 $N_S$ 在端口 $1-1'$ 的外部伏安特性可写为（注意电流 $i$ 的参考方向）

$$u = u_{oc} - R_{eq}i$$

如果在 $N_S$ 的 $1-1'$ 处加一个电压源 $u$ 如图4.11 (a)所示，并求出在端口 $1-1'$ 的伏安特性如上式，则从该式中可同时求得 $u_{oc}$ 和 $R_{eq}$。令上式中 $i = 0$，即令端口 $1-1'$ 开路，可求得 $u_{oc}$；令上式中 $u = 0$，即把端口 $1-1'$ 短路（图4.11 (b)），可以求得短路电流 $i_{sc}$，而 $R_{eq} = \frac{u_{oc}}{i_{sc}}$，所以戴维南等效电阻等于含源一端口的开路电压与短路电流的比值。

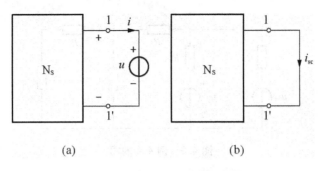

(a)                          (b)

**图 4.11　端口 1-1′开路及短路**

**【例 4.5】**　求图 4.12(a)所示含源一端口的戴维南等效电路。已知 $u_{S1}=25\text{V}$，$R_1=5\Omega$，$R_2=20\Omega$，$i_{S2}=3\text{A}$，$R_3=4\Omega$。

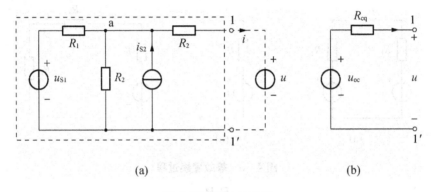

(a)                          (b)

**图 4.12　例 4.5 的图**

**解：** 在端口 1-1′处外加一个电压源 $u$。求出在 1-1′的 $u-i$ 关系。用节点电压法，并令节点电压为 $u_{ao}$（图 4.12），有

$$\left(\frac{1}{R_1}+\frac{1}{R_2}+\frac{1}{R_3}\right)u_{ao}=\frac{u_{S1}}{R_1}+\frac{u}{R_3}+i_{S2}$$

代入数据后，解得

$$u_{ao}=\frac{u}{2}+16$$

而电流 $i=\dfrac{u_{ao}-u}{R_3}$，消去 $u_{ao}$ 后可求得在端口 1-1′处的 $u-i$ 关系。

令 $i=0$，得 $u_{oc}=32\text{V}$；令 $u=0$，得 $i_{SC}=4\text{A}$，即得 $R_{eq}=\dfrac{u_{oc}}{i_{SC}}=8\Omega$。等效电路如图 4.12(b)所示。

显然，为了求得端口 1-1′处的 $u-i$ 关系，也可以在 1-1′处加一个电流源 $i$，而 $i$ 的参考方向宜由端子 1′流入给定的一端口。

诺顿定理指出："一个含独立电源、线性电阻和受控源的一端口，对外电路来说，可以用一个电流源和电导的并联组合等效变换，电流源的电流等于该一端口的短路电流，电导等于把该一端口全部独立电源置零后的输入电导"。此电流源和并联电导组合的电路称为诺顿等效电路。

应用电压源和电阻的串联组合与电流源和电导的并联组合之间的等效变换,可推得诺顿定理,如图 4.13(a)、图 4.13(b)、图 4.13(c)所示。诺顿等效电路和戴维南等效电路这两种等效电路有 $u_{oc}$、$R_{eq}$ 和 $i_{sc}$ 这 3 个参数,其关系为 $u_{oc} = R_{eq} i_{sc}$。故求出其中任意两个就可求得另一量。戴维南等效电路和诺顿等效电路统称为一端口的等效发电机。相应的两个定理也可统称为等效发电机定理。

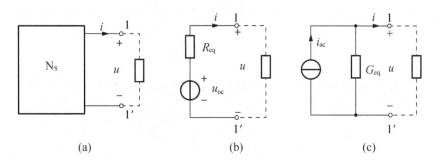

(a)　　　　　　　　　(b)　　　　　　　　　(c)

**图 4.13　诺顿等效电路**

【例 4.6】　求图 4.14(a)所示一端口电路的等效发电机。

**解:**由图 4.14(a)可知,求 $i_{sc}$ 和 $R_{eq}$ 比较容易。当 $1-1'$ 短路时,有

$$i_{sc} = \left(3 - \frac{60}{20} + \frac{40}{40} - \frac{40}{20}\right)A = -1A$$

把一端口内部独立电源置零后,可以求得 $R_{eq}$,它等于 3 个电阻的并联,即有

$$R_{eq} = \frac{1}{\frac{1}{20} + \frac{1}{40} + \frac{1}{20}}\Omega = 8\Omega$$

诺顿等效电路如图 4.14(b)所示。

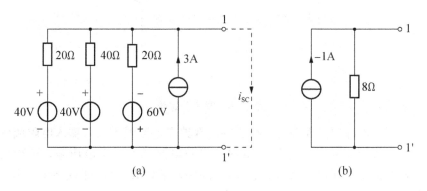

(a)　　　　　　　　　　　　　(b)

**图 4.14　例 4.6 的图**

【例 4.7】　求图 4.15(a)所示含源一端口的戴维南等效电路和诺顿等效电路。一端口内部有电流控制电流源,$i_C = 0.75 i_1$。

**解:**先求开路电压 $u_{oc}$。当端口 $1-1'$ 开路时,有

$$i_2 = i_2 + i_c = 1.75 i_1$$

对网孔 1 列 KVL 方程,得

$$5 \times 10^3 \times i_1 + 20 \times 10^3 i_2 = 40$$

代入 $i_2 = 1.75 i_1$，可以求得 $i_1 = 1\text{mA}$。而开路电压

$$u_{\text{oc}} = 20 \times 10^3 \times i_2 = 35\text{V}$$

当 $1-1'$ 短路时，可求得短路电流 $i_{\text{sc}}$（图 4.15(b)）。此时

$$i_1 = \frac{40}{5 \times 10^3} \text{A} = 8\text{mA}$$

$$i_{\text{sc}} = i_1 + i_c = 1.75 i_1 = 14\text{mA}$$

故得

$$R_{\text{eq}} = \frac{u_{\text{oc}}}{i_{\text{sc}}} = 2.5\text{k}\Omega$$

对应的戴维南等效电路和诺顿等效电路分别如图 4.15(c) 和图 4.15(d) 所示。

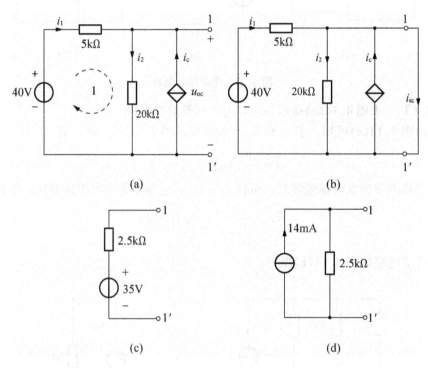

图 4.15　例 4.7 的图

当含源一端口内部含受控源时，在它的内部独立电源置零后，输入电阻或戴维南等效电阻有可能为零或为无限大。当 $R_{\text{eq}} = 0$ 时，等效电路成为一个电压源，这种情况下，对应的诺顿等效电路就不存在，因为 $G_{\text{eq}} = \infty$。同理，如果 $R_{\text{eq}} = \infty$ 即 $G_{\text{eq}} = 0$，诺顿等效电路成为一个电流源，这种情况下，对应的戴维南等效电路就不存在。通常情况下，两种等效电路是同时存在的。$R_{\text{eq}}$ 也有可能是一个线性负电阻。

戴维南定理和诺顿定理在电路分析中应用广泛。有时对线性电阻电路中部分电路的求解没有要求，而这部分电路又构成一个含源一端口，在这种情况下就可以应用这两个定理把这部分电路仅用两个电路元件的简单组合置换，不影响电路其余部分的求解。特别是当仅对电路的某一元件感兴趣，例如，分析电路中某一电阻获得的最大功率，或者分析测量仪表引起的测量误差等问题时，这两个定理尤为适用。

【例 4.8】 图 4.16(a)的含源一端口外接可调电阻 R，当 R 等于多少时，它可以从电路中获得最大功率？求此最大功率。

**解：** 一端口的戴维南等效电路可用前述方法求得

$$u_{oc}=4V$$
$$R_{eq}=20k\Omega$$

电路简化如图 4.16(b)所示。

电阻 R 的改变不会影响原一端口的戴维南等效电路，由图 4.16(b)可求得 R 吸收的功率为

$$P=i^2R=\frac{u_{oc}^2R}{(R_{eq}+R)^2}$$

R 变化时，最大功率发生在 $\frac{\mathrm{d}p}{\mathrm{d}R}=0$ 的条件下。不难得出，这时有 $R=R_{eq}$。本题中 $R_{eq}=20k\Omega$，故 $R=20k\Omega$ 时才能获得最大功率，其值为

$$P_{max}=\frac{u_{oc}^2}{4R_{eq}}=0.2mW$$

这个例子中最大功率问题的结论可以推广到更一般的情况。图 4.16(c)为一个含源一端口，外接电阻 R 的大小可以变动。当满足 $R=R_{eq}$（$R_{eq}$ 为一端口的输入电阻）的条件时，电阻 R 将获得最大功率。此时称电阻与一端口的输入电阻匹配。

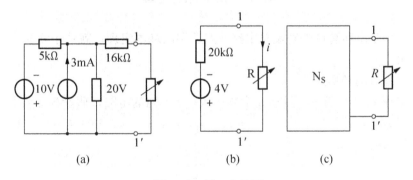

图 4.16　例 4.8 的图

【例 4.9】 对图 4.17 所示电路，如果用具有内电阻 $R_V$ 的直流电压表分别在端子 a、b 和 b、c 处测量电压，试分析电压表内电阻引起的测量误差。

**解：** 当用电压表测量端子 b、c 的电压时，电压的真值是图 4.17(a)中该处的开路电压。为了求得由于电压表内电阻 $R_V$ 引起的误差，需要求得实际的测量值。把图 4.17(a)中 b、c 左边的电路用戴维南等效电路置换，设 $U_{OC}$ 为 b、c 端子的开路电压，$R_{eq}$ 为从 b、c 端的输入电阻（图 4.17(b)）。令 U 为实际测量所得的电压，它等于电阻 $R_V$ 两端的电压，即

$$U=\frac{R_V}{R_V+R_{eq}}U_{oc}$$

相对测量误差

$$\delta(\%) = \frac{U - U_{oc}}{U_{oc}} = \frac{R_V}{R_V + R_{ep}} - 1$$

$$= -\frac{R_{ep}}{R_V + R_{ep}} \times 100\%$$

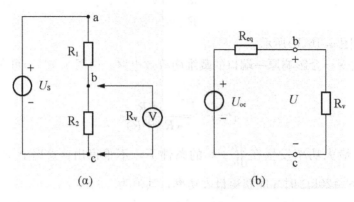

图 4.17　例 4.9 的图

例如，当 $R_1 = 20\text{k}\Omega$，$R_v = 500\text{k}\Omega$ 时，$\delta = -2.34\%$。

不难看出，如果在 a、b 端测量电压，则由于 $R_{eq}$ 相同，故相对测量误差不变。

## 4.4　特勒根定理

特勒根定理是电路理论中对集总电路普遍适用的基本定理；就这个意义上，它与基尔霍夫定律等价。

特勒根定理有两种形式。

特勒根定理 1："对于一个具有 $n$ 个节点和 $b$ 条支路的电路，假设各支路电流和支路电压取关联参考方向，并令 $(i_1, i_2, \cdots, i_b)$、$(u_1, u_2, \cdots, u_b)$ 分别为 $b$ 条支路的电流和电压，则对任何时间 $t$，有

$$\sum_{k=1}^{b} u_k i_k = 0 \tag{4-5}$$

此定理可通过图 4.18 所示电路的图证明如下：令 $u_{n1}$、$u_{n2}$、$u_{n3}$ 分别表示节点①、②、③的节点电压，按 KVL 可得出各支路节点电压之间的关系为

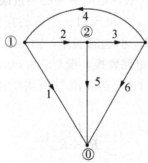

图 4.18　特勒根定理 1

$$\left.\begin{aligned}
u_1 &= u_{n1} \\
u_2 &= u_{n1} - u_{n2} \\
u_3 &= u_{n2} - u_{n3} \\
u_4 &= -u_{n1} + u_{n3} \\
u_5 &= u_{n2} \\
u_6 &= u_{n3}
\end{aligned}\right\} \tag{4-6}$$

对节点①、②、③应用 KCL，得

$$\left.\begin{aligned}
i_1 + i_2 - i_4 &= 0 \\
-i_2 + i_3 + i_5 &= 0 \\
-i_3 + i_4 + i_6 &= 0
\end{aligned}\right\} \tag{4-7}$$

而

$$\sum_{k=1}^{6} u_k i_k = u_1 i_1 + u_2 i_2 + u_3 i_3 + u_4 i_4 + u_5 i_5 + u_6 i_6$$

把支路电压用节点电压表示后，代入此式并经整理，可得

$$\sum_{k=1}^{6} u_k i_k = u_{n1} i_1 + (u_{n1} - u_{n2}) i_2 + (u_{n2} - u_{n3}) i_3 + (-u_{n1} + u_{n3}) i_4 + u_{n2} i_5 + u_{n3} i_6$$

或

$$\sum_{k=1}^{6} u_k i_k = u_{n1}(i_1 + i_2 - i_4) + u_{n2}(-i_2 + i_3 + i_5) + u_{n3}(-i_3 + i_4 + i_6)$$

式中括号内的电流分别为节点①、②、③处电流的代数和，故引用式(4-7)，即有

$$\sum_{k=1}^{6} u_k i_k = 0$$

上述证明可推广至任何具有 $n$ 个节点和 $b$ 条支路的电路，即有

$$\sum_{k=1}^{6} u_k i_k = 0 \tag{4-8}$$

注意在证明过程中，只根据电路的拓扑性质应用了基尔霍夫定律，并不涉及支路的内容，因此特勒根定理对任何具有线性、非线性、时不变、时变元件的集总电路都适用。这个定理实质上是功率守恒的数学表达式，它表明任何一个电路全部支路吸收的功率之和恒等于零。

特勒根定理 2："如果有两个具有 $n$ 个节点和 $b$ 条支路的电路，它们具有相同的图，但由内容不同的支路构成。假设各支路电流和电压都取关联参考方向，并分别用($i_1$, $i_2$, $\cdots$, $i_b$)、($u_1$, $u_2$, $\cdots$, $u_b$)和($\hat{i}_1$, $\hat{i}_2$, $\cdots$, $\hat{i}_b$)、($\hat{u}_1$, $\hat{u}_2$, $\cdots$, $\hat{u}_b$)表示两电路中 $b$ 条支路的电流和电压，则在任何时间 $t$，有

$$\sum_{k=1}^{b} u_k \hat{i}_k = 0$$

$$\sum_{k=1}^{b} \hat{u}_k i_k = 0 \tag{4-9}$$

证明如下：设两个电路的图如图 4.19 所示。对电路 1，用 KVL 可写出式(4-6)；对电路 2 应用 KCL，有

$$\left.\begin{array}{r} \hat{i}_1 + \hat{i}_2 - \hat{i}_4 = 0 \\ -\hat{i}_2 + \hat{i}_3 + \hat{i}_5 = 0 \\ -\hat{i}_3 + \hat{i}_4 + \hat{i}_6 = 0 \end{array}\right\}$$

利用式(4-6)可得出

$$\sum_{k=1}^{6} u_k \hat{i}_k = u_{n1}(\hat{i}_1 + \hat{i}_2 - \hat{i}_4) + u_{n2}(-\hat{i}_2 + \hat{i}_3 + \hat{i}_5)$$
$$+ u_{n3}(-\hat{i}_3 + \hat{i}_4 + \hat{i}_6)$$

再引用式(4-11)，即可得出

$$\sum_{k=1}^{6} u_k \hat{i}_k = 0 \qquad\qquad (4-10)$$

此证明可推广到任何具有 $n$ 个节点和 $b$ 条支路的两个电路，只要它们具有相同的图。

定理的第二部分，即式(4-10)可用类似方法证明。

值得注意的是，定理 2 不能用功率守恒解释，它仅仅是对两个具有相同拓扑的电路中，一个电路的支路电压和另一个电路的支路电流，或者可以是同一电路在不同时刻的相应支路电压和支路电流必须遵循的数学关系。由于它仍具有功率之和的形式，所以有时又称为"拟功率定理"。应当指出，定理 2 同样对支路内容没有任何限制，这也是此定理普遍适用的特点。

例如，对图 4.19 所示两个不同的电路，其支路内容可以完全不同。表 4-1 列出了两个电路在某一瞬间的支路电流和电压值，这些电流和电压分别满足 KCL 和 KVL。

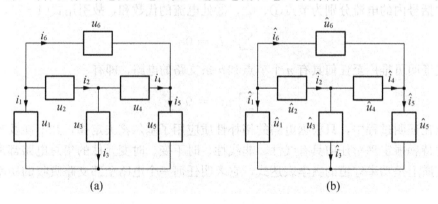

图 4.19　特勒根定理 2

表 4-1　两个电路的支路电流及电压值

| 支路<br>$u, i$ | 1 | 2 | 3 | 4 | 5 | 6 |
|---|---|---|---|---|---|---|
| $u_k/\mathrm{V}$ | 5 | 3 | 2 | 4 | -2 | 7 |
| $i_k/\mathrm{A}$ | -3 | 1 | 2 | -1 | 1 | 2 |
| $\hat{u}_k/\mathrm{V}$ | 7 | 2 | 5 | 6 | -1 | 8 |
| $\hat{i}_k/\mathrm{A}$ | 2 | 2 | 1 | 1 | -3 | -4 |

$$\sum_{k=1}^{6} u_k i_k = -15 + 3 + 4 - 4 - 2 + 14 = 0$$

$$\sum_{k=1}^{6} \hat{u}_k i_k = -21 + 2 + 10 - 6 - 1 + 16 = 0$$

$$\sum_{k=1}^{6} u_k \hat{i}_k = 10 + 6 + 2 + 4 + 6 - 28 = 0$$

$$\sum_{k=1}^{6} \hat{u}_k \hat{i}_k = 14 + 4 + 5 + 6 + 3 - 32 = 0$$

## 4.5 互 易 定 理

图 4.20(a)所示电路 N 在方框内部仅含线性电阻,不含任何独立电源和受控源。接在端子 1-1′的支路 1 为电压源 $u_s$,接在端子 2-2′的支路 2 为短路,其中的电流为 $i_2$,它是电路中唯一的激励(即 $u_s$)产生的响应。如果把激励和响应互换位置,如图 4.20 (b)中的 Ñ,此时接于 2-2′的支路 2 为电压源 $\hat{u}_s$,而响应则是接于 1-1′支路 1 中的短路电流 $\hat{i}_1$。假设把图 4.20 (a)和图 4.20(b)中的电压源置零,则除 N 和 Ñ 的内部完全相同外,接于 1-1′,和 2-2′的两个支路均为短路;就是说,在激励和响应互换位置的前后,如果把电压源置零,则电路保持不变。

对于图 4.20(a)和图 4.20(b)应用特勒根定理,有

$$u_1 \hat{i}_1 + u_2 \hat{i}_2 + \sum_{k=3}^{b} u_k \hat{i}_k = 0$$

$$\hat{u}_1 i_1 + \hat{u}_2 i_2 + \sum_{k=3}^{b} \hat{u}_k i_k = 0$$

式中取和号遍及方框内所有支路,并规定所有支路中电流和电压都取关联参考方向。

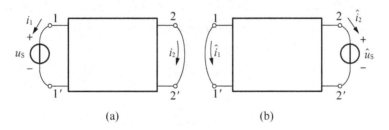

(a)          (b)

**图 4.20  互易定理的第一种形式**

由于方框内部公为线性电阻,故 $u_k = R_k i_k$, $u_k = r_k \hat{i}_k$, $k=3,\cdots,b$ 将它们分别代入上式后有

$$u_1 \hat{i}_1 + u_2 \hat{i}_2 + \sum_{k=3}^{b} R_k i_k \hat{i}_k = 0$$

$$\hat{u}_1 i_1 + \hat{u}_2 i_2 + \sum_{k=3}^{b} R_k \hat{i}_k i_k = 0$$

故有

$$u_1 \hat{i}_1 + u_2 \hat{i}_2 = \hat{u}_1 i_1 + \hat{u}_2 i_2 \qquad (4-11)$$

对图 4.20(a)，$u_1 = u_S$，$u_2 = 0$；对图 4.20(b)，$u_1 = 0$，$u_2 = u_s$。

$$u_S \hat{i}_1 = \hat{u}_S i_2$$

即

$$\frac{i_2}{u_S} = \frac{\hat{i}_1}{\hat{u}_S}$$

如果 $u_S = \hat{u}_S$，则 $i_2 = \hat{i}_1$。这就是互易定理的第一种形式，即对一个仅含线性电阻的电路，在单一电压源激励而响应为电流时，当激励和响应互换位置时，将不改变同一激励产生的响应。

在图 4.21(a)中，接在 $1-1'$ 的支路 1 为电流源 $i_S$，接在 $2-2'$ 的支路 2 为开路，它的电压为 $u_2$。如把激励和响应互换位置，如图 4.21(b)所示，此时接于 $2-2'$ 的支路 2 为电流源 $\hat{i}_S$，接于 $1-1'$ 的支路 1 为开始，其电压为 $\hat{u}_1$。假设把电流源置零，则图 4.21(a)和图 4.21(b)的两个电路完全相同。

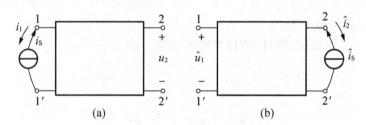

**图 4.21 互易定理的第二种形式**

对图 4.21(a)和图 4.21(b)应用特勒根定理，不难得出与式(4-11)相同的下列关系式

$$u_1 \hat{i}_1 + u_2 \hat{i}_2 = \hat{u}_1 i_1 + \hat{u}_2 i_2$$

代入 $i_1 = -i_S$，$i_2 = 0$，$\hat{i}_1 = 0$，$\hat{i}_2 = -\hat{i}_S$，得

$$u_2 \hat{i}_S = \hat{u}_1 i_S$$

即

$$\frac{u_2}{i_S} = \frac{\hat{u}_1}{\hat{i}_S}$$

如果 $i_S = \hat{i}_S$，则 $u_2 = \hat{u}_1$。这就是互易定理的第二种形式。

在图 4.22(a)中，接在 $1-1'$ 的支路 1 为电流源 $i_S$，接在 $2-2'$ 的支路 2 为短路，其电流为 $i_2$。如果把激励改为电压源 $\hat{u}_S$，且接于 $2-2'$，且 $1-1'$ 支路为开路，其电压为 $\hat{u}_1$，如图 4.22(b)所示。假设把电流源和电压源置零，不难看出激励和响应互换位置后，电路保持不变。

对图 4.22 (a)和图 4.22(b)应用特勒根定理，仍有

$$u_1 \hat{i}_1 + u_2 \hat{i}_2 = \hat{u}_1 i_1 + \hat{u}_2 i_2$$

代入 $i_1 = -i_S$，$u_2 = 0$，$\hat{i}_1 = 0$，$\hat{u}_2 = \hat{u}_S$，得到

$$-\hat{u}_1 i_S + \hat{u}_S i_2 = 0$$

即

$$\frac{i_2}{i_S} = \frac{\hat{u}_1}{\hat{u}_S}$$

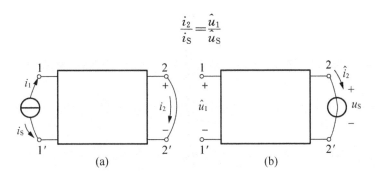

图 4.22　互易定理的第三种形式

如果在数值上 $i_S = \hat{u}_S$，则有 $i_2 = \hat{u}_1$，其中 $i_2$ 和 $i_S$ 以及 $\hat{u}_1$ 和 $\hat{u}_S$ 都分别取同样的单位。这是互易定理的第 3 种形式。

图 4.21、图 4.22 和图 4.23 所示为互易定理的 3 种不同形式，其中激励和响应可能是电压或电流而有所不同，但在它们互换位置前后，如假设把电压源和电流源置零，则电路保持不变。在满足这个条件下，互易定理可以归纳如下："对于一个仅含线性电阻的电路，在单一激励下产生的响应，当激励和响应互换位置时，其比值保持不变"。

## 4.6　对偶原理

电阻 R 的电压电流关系为 $u = Ri$，电导 G 的电压电流关系为 $i = Gu$；对于 CCVS 有 $u_2 = ri_1$，$i_1$ 为控制电流，对于 VCCS 有 $i_2 = gu_1$，$u_1$ 为控制电压。在以上这些关系式中，如果把电压 $u$ 和电流 $i$ 互换，电阻 R 和电导 G 互换，$r$ 和 $g$ 互换，则对应关系可以彼此转换。这些互换元素称为对偶元素。所以"电压"和"电流"，"电阻"和"电导"，"CCVS"和"VCCS"，"$r$"和"$g$"等都是对偶元素。

图 4.23(a) 为 $n$ 个电阻的串联电路，图 4.23(b) 为 $n$ 个电导的并联电路。对图 4.23(a) 有

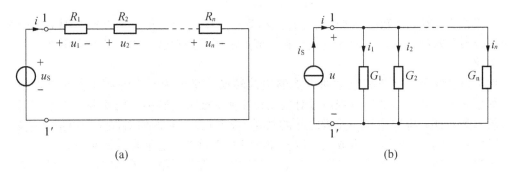

图 4.23　串联和并联电路

$$R = \sum_{k=1}^{n} R_k$$

$$i = \frac{u}{R}$$

$$u_k = \frac{R_k}{R} u$$

$$G = \sum_{k=1}^{n} G_k$$

$$u = \frac{i}{G}$$

$$i_k = \frac{G_k}{G} i$$

在以上诸关系式中，如把串联和并联互换，电压和电流互换，电阻和电导互换，则对应关系式可彼此转换。可见"串联"和"并联"也是对偶元素。

又如图 4.24 (a)和(b)所示两个平面电路 N 和 $\overline{N}$，电路 N 的网孔方程(规定网孔电流为顺时针方向)为

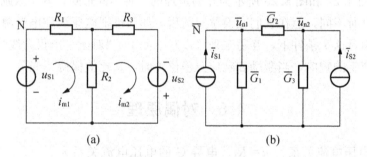

图 4.24　互为对偶电路

$$(R_1 + R_2) i_{m1} - R_2 i_{m2} = u_{S1}$$
$$-R_2 i_{m1} + (R_2 + R_3) i_{m2} = u_{S2}$$

电路的节点电压方程为

$$(\overline{G}_1 + \overline{G}_2) \overline{u}_{n1} - \overline{G}_2 \, \overline{u}_{n2} = \overline{i}_{S1}$$
$$-\overline{G}_2 \, \overline{u}_{n1} + (\overline{G}_2 + \overline{G}_3) \overline{u}_{n2} = \overline{i}_{S2}$$

如果把 $R$ 和 $\overline{G}$，$u_s$ 和 $\overline{i}_s$，网孔电流 $i_m$。和节点电压 $\overline{u}_n$ 等对应元素互换，则上面两个方程也可以彼此转换。所以"网孔电流"和"节点电压"是对偶元素，这两个平面电路称为对偶电路。

以上这些关系式或方程组之所以能够彼此转换，是因为它们的数学表示形式完全相似。如果两个关系式或两组方程通过对偶元素互换又能彼此转换，则这两个关系式或两组方程就互为对偶。电路中某些元素之间的关系(或方程)用它们的对偶元素对应地置换后，所得新关系(或新方程)也一定成立，后者和前者互为对偶，这就是对偶原理。

根据对偶原理，如果导出了某一关系式和结论，就等于解决了和它对偶的另一个关系式和结论。所以对偶原理有重要意义。应当注意："对偶"和"等效"是两个不同的概念，不可混淆。

对偶原理不局限于电阻电路。例如，根据电容和电感的电压电流关系，容易看出它们互为对偶元素。其他如"短路"和"开路"，"KCL"和"KVL"，"树支电压"和"连支电流"等都分别互为对偶。

## 4.7 小　　结

本章介绍了电路分析的几个重要定理：叠加定理、替代定理、戴维南定理、诺顿定理、特勒根定理、互易定理。叠加定理适用于一切线性电流、电压的分析，但不适用于功率的分析。替代定理适用于任何线性、非线性、时变和非时变电路。在电路分析的几个定理中，受控源的作用和电阻一样，要始终保留在电路中，不能像独立电源那样取零值。

# 阅 读 材 料

## 怎样读电子电路图

电子电路的主要任务是对信号进行处理，只是处理的方式(如放大、滤波、变换等)及效果不同而已，因此读图时，应以所处理的信号流向为主线，沿信号的主要通路，以基本单元电路为依据，将整个电路分成若干具有独立功能的部分，并进行分析。具体步骤可归纳为：了解用途、找出通路、化整为零、分析功能、统观整体。

(1) 了解用途，即了解所读的电子电路原理图用于何处、起什么作用，对于弄清电路工作原理、各部分的功能及性能指标都有指导意义。

(2) 找出通路和化整为零，找出信号流向的通路。

(3) 分析功能，划分成单元电路后，根据已有的知识，定性分析每个单元电路的工作原理和功能。

(4) 统观整体。先将各部分的功能用框图表示出来(可用文字表达式、传输特性、信号波形等方式在框图中注出)，然后根据它们之间的关系进行连接，画成一个整体的框图，从这个框图就可以看出各单元电路之间是如何互相配合来实现电路功能的。图中标出了各基本单元的名称、相互联系和所对应的电路符号。

# 习　　题

一、填空题

1. 由(　　　)和(　　　)组成的电路称为线性电路。

2. 线性电路包含(　　　)和(　　　)两方面。

3. 叠加定理反映了(　　　)。

4. 齐次性定理反映了(　　　)。

5. 在使用叠加定理时应注意：叠加定理仅适用于(　　　)电路；在各分电路中，要把不作用的电源置零。不作用的电压源用(　　　)代替，不作用的电流源用(　　　)代替。

6. 叠加定理是指当一个电路中存在（　　）电源共同作用时，电路中各支路电流或电压等于各电源（　　）作用在各支路上的电压和电流的代数和。

7. 在使用叠加定理电路中，所有电阻都（　　）更动，受控源则（　　）在分电路中。

8. 在使用叠加定理时，原电路的功率（　　）按各分电路计算所得功率叠加。

9. 诺顿定理指出：一个含有独立源、受控源和电阻的一端口，对外电路来说，可以用一个电流源和一个电导的并联组合进行等效变换，电流源的电流等于一端口的（　　）电流，电导等于该一端口全部（　　）置零后的输入电导。

二、选择题

1. 叠加原理仅适用于在一个包含多个电源的（　　）电路。

　　A. 线性　　　　　　　　B. 非线性　　　　　　　　C. 无所谓

2. 替代定理不仅适用于线性电路，也适用于（　　）电路。

　　A. 立体　　　　　　　　B. 平面　　　　　　　　C. 非线性

3. 理想电压源和理想电流源间（　　）。

　　A. 有等效变换关系　　B. 没有等效变换关系　　C. 有条件下的等效关系

4. 一个含源线性电路的一端口，对外电路来说，可以用一个电压源和（　　）的串联组合等效置换，这就是戴维南定理。

　　A. 电流源　　　　　　　B. 电阻　　　　　　　　C. 无所谓

5. 一个含源线性电路的一端口，对外电路来说，可以用一个电流源和（　　）的串联组合等效置换，这就是诺顿定理。

　　A. 电导　　　　　　　　B. 电阻　　　　　　　　C. 无所谓

6. 戴维南等效电路和诺顿等效电路（　　）互换。

　　A. 不可　　　　　　　　B. 可以　　　　　　　　C. 不一定

7. 特勒根定理对线性、非线性、时不变和时变电路（　　）适用。

　　A. 均　　　　　　　　　B. 部分　　　　　　　　C. 不一定

8. 互易定理仅适用于（　　）电路。

　　A. 非线性　　　　　　　B. 线性　　　　　　　　C. 不一定

三、计算题

1. 应用叠加定理求图 4.25 电路中电压 $U_{ab}$。

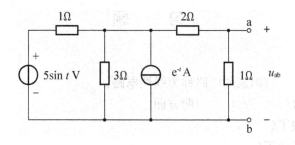

图 4.25　习题 1 图

2. 应用叠加定理求图 4.26 电路中电压 $U$。

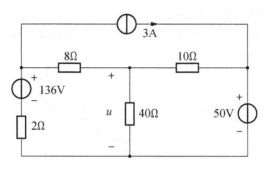

图 4.26　习题 2 图

3. 用叠加定理求图 4.27 所示电路中的电压 $U$。

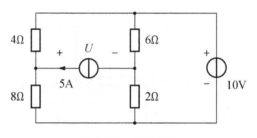

图 4.27　习题 3 图

4. 图 4.28 电路中 $U_{S1}=10V$，$U_{S2}=15V$，当开关 S 在位置 1 时，毫安表的读数为 $I'=40mA$；当开关 S 合向位置 2 时，毫安表的读数为 $I''=-60mA$。如果把开关 S 合向位置 3，则毫安表的读数是多少？

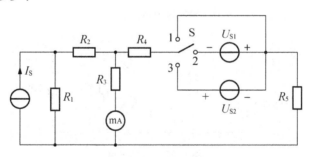

图 4.28　习题 4 图

5. 求图 4.29 电路中的戴维南和诺顿等效电路。

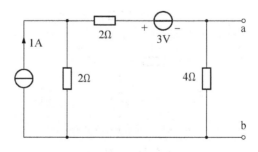

图 4.29　习题 5 图

6. 图 4.30 所示无源网络 N 外接 $U_S=2V$，$I_S=2A$ 时，响应 $I=10A$。当 $U_S=2V$，$I_S=0A$ 时，响应 $I=5A$。现若 $U_S=4V$，$I_S=2A$ 时，则响应 $I$ 为多少？

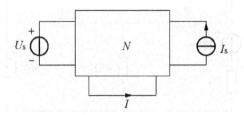

图 4.30　习题 6 图

7. 求图 4.31 电路的等效戴维南电路或诺顿电路。

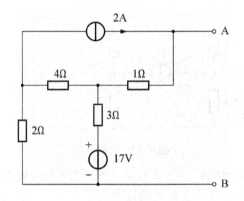

图 4.31　习题 7 图

8. 用诺顿定理求图 4.32 所示电路中的电流 $I$。

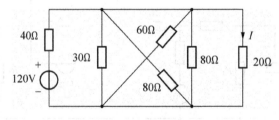

图 4.32　习题 8 图

9. 电路如图 4.33 所示。求当 $R_L$ 为何值时，$R_L$ 消耗的功率最大？最大功率为多少？

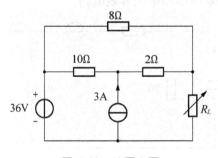

图 4.33　习题 9 图

10. 图 4.34 所示电路中，电阻 $R_L$ 可调，当 $R_L = 2\,\Omega$ 时，有最大功率 $P_{max} = 4.5\mathrm{W}$，求 $R = ?$ $U_S = ?$

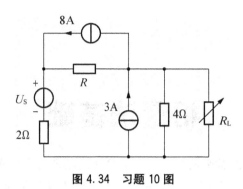

**图 4.34 习题 10 图**

# 第 5 章

# 相量法基础

正弦稳态分析是指在正弦激励作用下的电路达到稳定状态时电路中各支路电压、支路电流以及功率的分析计算；正弦稳态电路中所发生的物理现象与直流电阻电路完全不同，电路中各物理量之间的关系复杂，不仅要分析其大小关系还必须关注其相位关系，相量法是一种简单、容易掌握、行之有效的分析方法，本章先介绍相量法基础知识，为下一章正弦电流电路的分析打好基础。

 **教学要点**

| 知 识 要 点 | 掌 握 程 度 |
|---|---|
| 正弦量的三要素 | (1) 了解正弦量的波形图、函数式描述方法<br>(2) 理解正弦量三要素幅值、频率、初相的物理意义 |
| 正弦量的相量表示 | (1) 了解复数的表述方法<br>(2) 熟练掌握正弦量的相量式表示、相量图表示<br>(3) 熟练掌握相量运算 |
| 基本电路元件伏安关系的相量形式 | (1) 熟练掌握单个电路元件伏安关系的相量形式<br>(2) 理解复数阻抗、复数导纳的意义<br>(3) 掌握 RLC 串联电路伏安关系的相量式 |
| 基尔霍夫定律的相量形式 | (1) 掌握基尔霍夫电流定律的相量形式<br>(2) 掌握基尔霍夫电压定律的相量形式 |

**引例：交流电**

交流电(alternating current，AC)是指大小和方向都发生周期性变化的电流，因为周期电流在一个周期内的平均值为零，所以称为交变电流或简称交流电。不同于方向不变的直流电，通常其波形为正弦曲线。但实际上还有其他波形的交流电，如三角形波、正方形波。根据傅里叶级数的原理，周期函数都可以展开为以正弦函数、余弦函数组成的无穷级数，所以任何非简谐的交流电可以分解为一系列简谐正余弦交流电的合成。生活中使用的市电就是具有正弦波形的交流电。

图 5.0(a)为对路灯而拍的长时间曝光照片。由于电压的变化，交流电灯光留下的线条是虚线。

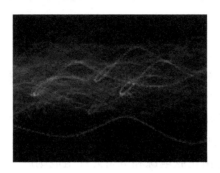

**图 5.0(a) 交流电**

交流电被广泛运用于电力的传输，因为在以往的技术条件下交流输电比直流输电更有效率。传输的电流在导线上的耗散功率可用 $P=I^2R$（功率＝电流的平方×电阻）求得，显然要降低能量损耗需要降低传输的电流或电线的电阻。由于成本和技术所限，很难降低目前使用的输电线路（如铜线）的电阻，所以降低传输的电流是唯一而且有效的方法。根据 $P=IV$（功率＝电流×电压，实际上有效功率 $P=IV\cos\varphi$），提高电网的电压即可降低导线中的电流，以达到节约能源的目的。

而交流电升降压容易的特点正好适合实现高压输电。使用结构简单的升压变压器即可将交流电升至几千至几十万伏特，从而使电线上的电力损失极少。在城市内一般使用降压变压器将电压降至几万至几千伏以保证安全，在进户之前再次降低至市电电压（中国 220V）或者适用的电压供用电器使用。一般使用的交流电为三相交流电，其电缆有三条火线和一条公共地线，三条火线上的正弦波各有 120°之相位差。对于一般用户只使用其中的一条或两条相线（一条时需要零线）。交流电所要讨论的基本问题是电路中的电流、电压关系以及功率（或能量）的分配问题。由于交流电具有随时间变化的特点，因此产生了一系列区别于直流电路的特性。在交流电路中使用的元件不仅有电阻，而且有电容元件和电感元件，使用的元件多了，现象和规律就复杂了。

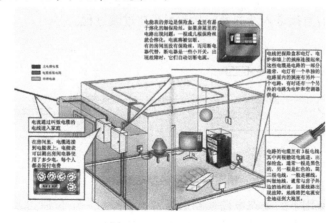

**图 5.0(b) 家用住宅供电电路图**

近年来直流变压及输电技术取得了长足的发展，而高压直流输电的浪费会比较小；因此未来有望取代交流电以解决交流电的安全性和交直流转换问题。

# 5.1 引　言

电路根据所加激励性质的不同可以分为直流和交流两大类，前面 4 章所分析的电路都是仅由直流电源和电阻元件组成，属于直流电阻电路。本章以及第 6 章所分析的电路都包含交流电源，交流电压源输出的电压以及交流电流源输出的电流都是随时间周期性变化的物理量，常见的交流电源(如交流发电机)的输出是按正弦规律变化的称为正弦交流电源，简称正弦电源。如果电路仅由正弦电源和电阻元件组成则属于正弦电阻电路，如果电路除正弦电源、电阻外至少包含一个动态元件则属于正弦动态电路。

动态电路存在一个重要特征即当电路发生换路后可能改变原来的工作状态，经过一个过渡过程才转变到另外一种工作状态。换路是指一个电路的结构或参数发生变化(如电源或无源元件的突然接入或断开)而使电路的工作状态发生变化。

下面通过简单的直流激励作用下的动态电路换路为例来说明这种特征，为分析的方便认为换路是在 $t=0$ 时刻进行的，那么将换路之前的终了时刻记为 $t=0_-$，将换路后的初始时刻记为 $t=0_+$。在图 5.1(a)中 S 开关闭合前($t \leqslant 0_-$ 时)电路中 $i=0$、$u_c=0$ 此时电路处于旧的稳定状态；$t=0$ 时将 S 开关闭合(换路)，则 RC 与电源接通，电路进入另外一种工作状态，即由电源经过电阻 R 对电容进行充电的阶段，初始时刻($t=0_+$)充电电流最大为 $\dfrac{U_S}{R}$，随着充电的进行，电容两端的电压不断增大而充电电流却不断减少，经过一段较长时间 $t_1$，充电电容电压接近为 $U_S$，而电流接近为零时充电过程基本结束(理论上要经过无穷长时间充电才结束)，电路进入新的稳定状态电路中电压电流恒定不变即 $i=0$、$u_c=U_S$；所以该动态电路换路后经过的过渡过程($0_+ \leqslant t \leqslant t_1$ 时段)实质上是电源对电容进行充电的过程，其电压和电流随时间变化的曲线如图 5.1(b)所示。动态电路换路后存在过渡过程的原因是因为动态元件的储能不能跃变，至于过渡过程中电路的各支路电压和支路电流呈何规律变化将在第 7、8 章中详细分析。当然，直流电阻电路或交流电阻电路由于不包含动态元件所以换路后直接进入新的稳定状态不存在过渡过程。

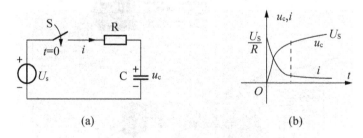

(a)          (b)

图 5.1　直流激励动态电路

同样正弦激励作用下的动态电路换路后通常也会经过一个过渡过程才进入新的稳定状态，在新的稳定状态时电压电流的计算不像直流激励作用下电容可作开路电感或短路处理那么简单；而且电压电流也并不是恒定不变的，而是随时间按正弦规律变化，所以其分析计算比直流电路复杂。本章开始的两节将引入相量法来分析计算正弦动态电路进入稳定状态后的电压电流等物理量，当然相量法同样适用于正弦电阻电路的分析计算。可以证明，正弦激励作用下的线路电路达到稳定状态时电路中的各支路电压电流是与激励为同频率的正弦量，处于这种稳定状态时的电路称为正弦稳态电路或正弦电流电路。下面先介绍正弦稳态电路中所传输的正弦波信号的属性。

## 5.2 正 弦 量

大小随时间按正弦规律变化的电动势、电压、电流等物理量统称为正弦量。正弦量常用正弦波形图、三角函数式来描述，用三角函数式描述时可以用余弦函数也可以用正弦函数，但是两种函数不能混用，本书约定用余弦函数来描述正弦量。

### 5.2.1 正弦量的三要素及相位差

下面以正弦电流为例来介绍正弦量的特性。图5.2中通过电阻 $R$ 的正弦电流在指定的参考方向下瞬时值表达式为

$$i = I_m \cos(\omega t + \theta_i) \tag{5-1}$$

图5.3为其对应的正弦波形图，式(5-1)中和波形图中都包含该正弦量的3个要素，下面详细介绍。

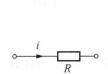

图5.2 正弦电流支路

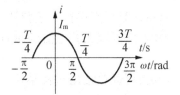

图5.3 正弦波形图

1. 幅值

$I_m$ 为电流的幅值，表示正弦量在变化的过程中能够达到的最大值，也称为最大值或振幅；从正弦波形图可以看出正弦电流波峰和波谷之间的差值即峰值为 $2I_m$。

2. 角频率

$\omega t + \theta_i$ 为正弦电流的相位角，简称相位或相角，单位为弧度(rad)或度(°)；因为不同的相位对应正弦电流不同的瞬时值，例如，当 $\omega t + \theta_i = 0$ 时电流 $i$ 达到最大值 $I_m$，而当 $\omega t + \theta_i = \frac{\pi}{2}$ 电流 $i$ 将为零，所以说相位反映了正弦量的变化进程。

相位随时间变化的速度可通过下面的式子计算

$$\frac{d}{dt}(\omega t + \theta_i) = \omega$$

$\omega$ 即为角速度，单位为弧度/秒(rad/s)。因为相位反映正弦量的变化进程，而角速度是相位随时间变化的速度，所以角速度反映了正弦量变化的快慢；正弦量的周期(正弦量变化一次所需经历的时间 $T$)同样能够反映正弦量变化的快慢，两者的关系可以通过正弦波形图来分析得出。正弦波形图的横轴可以标成时间轴($t$ 轴)也可以标成相位角轴($\omega t$ 轴)，标成时间轴则对应的正弦波周期为 $T$，标成相位角轴则对应的正弦波周期应该为 $2\pi$；那么可以得出下面的关系

$$\omega T = 2\pi$$

正弦波的频率即一秒内正弦波重复的次数，其与周期的关系为

$$f = \frac{1}{T}$$

所以可得

$$\omega = 2\pi f$$

$f$ 反映正弦量变化的快慢，单位为赫兹(Hz)；我国工农业生产中广泛使用的交流电的频率为 50Hz，简称工频。

### 3. 初相角

$t=0$ 时的相位称为初相角或初相位，简称初相，该正弦电流的初相为

$$(\omega t + \theta_i)_{t=0} = \theta_i$$

通常初相在主值区间内取值，即 $|\theta| \leqslant \pi$。初相的大小与计时起点的选择有关，同一正弦量计时起点不同初相不同，如图 5.3 中计时起点刚好选择正弦量的最大值瞬间所以初相 $\theta_i = 0$，$i = I_m \cos \omega t$；如果将计时起点选在离正弦波正的最大值瞬间之前的角 $\theta$ 处，如图 5.4 所示，则当 $\omega t = \theta$ 时 $i = I_m$，所以该正弦电流的瞬时值表达式为

$$i = I_m \cos(\omega t - \theta)$$

该正弦量初相为 $-\theta$。可以总结出这样结论：当正弦波靠近时间起点的第一个正的最大值发生在计时起点之后，初相为负；而当正弦波靠近计时起点的第一个正的最大值发生在计时起点之前，初相为正。

必须说明，对于单独的一个正弦量，计时起点可以任意选择，初相是任意的；但当在分析同一电路各物理量的相互关系时，它们只能相对于一个共同的计时起点来确定各物理量的初相。

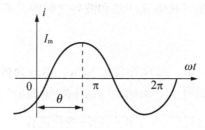

**图 5.4 正弦量相位**

综上所述，一个正弦量可以由幅值、频率(角频率或周期)、初相这 3 个要素完全确定，三要素是正弦量之间进行比较和区分的依据。

**【例5.1】** 已知正弦电流波形如图 5.5 所示，$\omega=10^3\text{rad/s}$，试求 $i(t)$ 的表达式，以及计算发生最大值的时间 $t_1$。

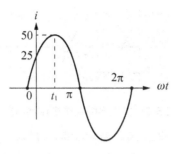

图 5.5　例 5.1 图

**解：**（1）因为该正弦电流波第一个正的最大值发生在计时起点之后，所以初相为负；另外可以看出正弦电流的幅值为 50，所以设正弦电流瞬时值表达式为

$$i=50\cos(10^3t-\theta)$$

又根据 $t=0$ 时正弦电流的初始值为 25，可以得出

$$25=50\cos(-\theta)$$

$$\theta=\frac{\pi}{3}$$

所以

$$i=50\cos\left(10^3t-\frac{\pi}{3}\right)$$

（2）
$$50=50\cos\left(10^3t_1-\frac{\pi}{3}\right)$$

$$t_1=\frac{\frac{\pi}{3}}{10^3}=1.047\text{ms}$$

#### 4. 同频率正弦量的相位差

前面已经提到正弦稳态电路中响应和激励是同频率的正弦量，正弦稳态分析时经常要研究电路中这些同频率的支路电流，支路电压的变化步调情况，同频率的正弦量的相位差就能反映出它们的变化步调情况；其等于两个同频率正弦量的相位角之差，因为在相减过程中 $\omega t$ 刚好抵消，所以相位差就等于初相之差，通常相位差也在主值区间内取值。

图 5.6 所示两个同频率的正弦电压和正弦电流瞬时值表达式分别为

$$i=I_{\text{m}}\cos(\omega t+\theta_{\text{i}})$$

$$u=U_{\text{m}}\cos(\omega t-\theta_{\text{u}})$$

则相位差为

$$\psi_{\text{i-u}}=\theta_{\text{i}}-(-\theta_{\text{u}})=\theta_{\text{i}}+\theta_{\text{u}}>0$$

相位差 $\psi_{\text{i-u}}>0$，说明第一个下标对应的正弦电流在相位上超前于第 2 个下标对应的正弦电压，简称 $i$ 超前于 $u$，或者称为 $u$ 滞后于 $i$，正弦波形图上清楚地反映出在变化步调上电流总比电压先到达正的最大值；如果 $\psi_{\text{i-u}}<0$，说明第一个下标对应的正弦电流在相

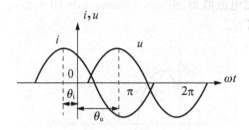

图 5.6  同频率的正弦电压和电流

位上滞后于第 2 个下标对应的正弦电压，简称 $i$ 滞后于 $u$，或者称 $u$ 超前于 $i$。实际上可以从波形图 5.6 观察到相位差就等于同一周期内两个波形的极大值（或极小值）之间的角度值。

如果相位差为零，则说明两个正弦量变化步调完全相同，同时达到正的最大值，同时到零，同时到负的最大值，简称同相，如图 5.7 所示。

如果相位差等于 $\pi$，则说明两个正弦量变化步调刚好相反，如图 5.8 所示，电压到达正的最大值时电流刚好到达负的最大值，简称反相。特殊的相位关系除了有同相、反相以外，还有当相位差等于 $\pm\dfrac{\pi}{2}$ 时称为正交。

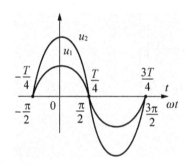

图 5.7  两个正弦量同相

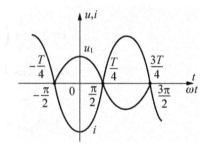

图 5.8  两个正弦量反相

必须指明，在分析计算两个正弦量的相位差时应该满足同频率、同函数、同符号，且在主值范围内比较。

**【例 5.2】**  计算下列两正弦量的相位差。

(1) $i_1(t)=10\cos(100\pi t+3\pi/4)$

$\quad\ i_2(t)=10\cos(100\pi t-\pi/2)$

(2) $i_1(t)=10\cos(100\pi t+30°)$

$\quad\ i_2(t)=10\sin(100\pi t-15°)$

(3) $u_1(t)=10\cos(100\pi t+30°)$

$\quad\ u_2(t)=10\cos(200\pi t+45°)$

(4) $i_1(t)=5\cos(100\pi t-30°)$

$\quad\ i_2(t)=-3\cos(100\pi t+30°)$

**解：**（1）两电流的相位差为

$$\varphi=3\pi/4-(-\pi/2)=5\pi/4>0$$

表示 $i_1$ 超前于 $i_2$，超前的角度是 $\dfrac{5\pi}{4}>\pi$，因为规定相位差在主值范围内取值，所以应当说成 $i_1$ 滞后于 $i_2$，滞后的角度为

$$\varphi = 2\pi - 5\pi/4 = 3\pi/4$$

（2）不同函数必须转换为相同函数才能计算相位差，所以先将 $i_2$ 转换为 cos 函数描述

$$i_2(t) = 10\cos(100\pi t - 105°)$$

$$\varphi = 30° - (-105°) = 135°$$

表示 $i_1$ 超前于 $i_2$，超前的角度是135°。

（3）题中两正弦量频率不同，计算相位差没有意义。

（4）不同符号必须转换为相同符号才能计算相位差，所以先将 $i_2$ 转换为正值即

$$i_2(t) = 3\cos(100\pi t - 150°)$$

$$\varphi = -30° - (-150°) = 120°$$

表示 $i_1$ 超前于 $i_2$，超前的角度是120°。

### 5.2.2 有效值

#### 1. 周期性物理量的有效值

周期性电压、电流是随时间不断变化的，用某一时刻的瞬时值或者用幅值来衡量其大小都不合适，工程上常采用有效值来表征其大小。

电工技术中，电流常表现出热效应，因此有效值是根据一个周期性电流和一个直流电流热效应相等来定义的，即如果一个周期性电流 $i$ 通过电阻 $R$，在一个周期 $T$ 内吸收的电能等于另一直流电流 $I$ 流过同样大小的电阻 $R$ 在相同的时间 $T$ 内吸收的电能，则称该直流电流 $I$ 为周期性电流 $i$ 的有效值。

因此，可以得出

$$I^2RT = \int_0^T i^2(t)R\mathrm{d}t$$

由此可以求出周期性电流的有效值为

$$I = \sqrt{\frac{1}{T}\int_0^T i^2 \mathrm{d}t} \qquad (5-2)$$

式(5-2)说明，周期性电流的有效值为电流的平方在一个周期上的积分的平均值再开方，所以也称有效值为均方根值。同理可以推出形如式(5-2)的周期性电压、电动势的有效值计算公式。

#### 2. 正弦量的有效值

当周期性电流为正弦量时，即 $i = I_m\cos(\omega t + \varphi)$ 根据式(5-2)可以计算出其有效值

$$I = \sqrt{\frac{1}{T}\int_0^T I_m^2 \cos^2(\omega t + \varphi)\mathrm{d}t}$$

由于 $\displaystyle\int_0^T \cos^2(\omega t + \varphi)\mathrm{d}t = \int_0^T \frac{1 + \cos 2(\omega t + \varphi)}{2}\mathrm{d}t = \frac{1}{2}t\Big|_0^T = \frac{T}{2}$

所以 $\displaystyle I = \sqrt{\frac{1}{T}\times I_m^2 \times \frac{1}{2}T} = \frac{I_m}{\sqrt{2}} = 0.707I_m$

同理可以推出，当周期性电压为正弦量时，有效值为

$$U = \frac{U_m}{\sqrt{2}} = 0.707 U_m$$

引入有效值后，正弦电流的瞬时值表达式可以写成

$$i(t) = I_m \cos(\omega t + \varphi) = \sqrt{2} I \cos(\omega t + \varphi)$$

应当指出，工程上所说的正弦电压、电流大小一般是指有效值而非最大值，如某设备铭牌额定值 220V、电网的电压等级 220/380V 等；但电工设备或电子元器件的绝缘水平、耐压值指的是最大值。另外，电工测量中，电磁式交流电压、电流表读数均为有效值。

必须强调，正弦量的幅值、有效值、瞬时值含义不同，符号也不同，以正弦电流为例分别用 $I_m$、$I$、$i$ 来表示其幅值、有效值、瞬时值，注意区分。

在电工技术领域中正弦量的应用非常广泛，究其原因有这些，第一，正弦量变化平滑，在正常情况下使用不会产生过电压、过电流而破坏电气设备。第二，正弦函数是周期性函数，对其进行加、减、求积分、求导数等运算后结果仍然为同频率的正弦量，这就简化了正弦稳态电路的分析计算。第三，正弦量容易产生、传输、使用，通过交流发电机可以方便地产生正弦交流电，在电能传输的过程中可以利用变压器将正弦电压升高或降低，各种电气设备广泛使用正弦交流电。第四，正弦信号是一种基本信号，任何变化规律复杂的信号可以分解为一系列按正弦规律变化的正弦分量之和，从而可将非正弦电流电路问题转化为正弦电流电路问题来处理。

## 5.3  正弦量的相量表示

在分析计算正弦稳态电路时，常要求同频率的正弦量的和、差、积分、导数等，例如，要计算两条支路电流之和，电流分别为 $i_1$、$i_2$

$$i_1 = I_{1m} \cos(\omega t + \theta_1)$$

$$i_2 = I_{2m} \cos(\omega t + \theta_2)$$

如果用前面介绍过的正弦量描述方法来计算，那么第 1 种方法是先将 $i_1$、$i_2$ 的正弦波形图作在同一坐标平面内，然后在每个时刻对两个波形逐点相加从而得到和正弦量；第 2 种方法是用三角函数式求和；事实证明，两种方法都很烦琐。

以上两种方法三角函数式求和或波形图求和都可以证明同频率的正弦量相加仍是一个同频率的正弦量，所以实际上和正弦量的频率已知，只要确定另外两个要素初相和幅值（或有效值）。于是想到复数，因为复数也包含一个模和一个幅角两个参量，如果把复数的这两个参量和正弦量的初相和幅值这两个要素对应起来，用复数计算来代替正弦量的计算是可行的。下面先回顾一下复数的相关知识。

### 5.3.1  复数表示及运算

#### 1. 复数的表示方法

复数 $F = a + jb$ 可以用复平面的有向线段 $\overrightarrow{OF}$ 来表示，有向线段在实轴（+1 轴）上的投影即复数的实部 $a$，在虚轴（+j 轴，$j = \sqrt{-1}$ 称为虚数单位）上的投影即复数的虚部 $b$；有

向线段的长度即复数的模$|F|$，有向线段与实轴的夹角$\theta$即复数的幅角，如图5.9所示，复数的模、幅角与实部和虚部的关系为

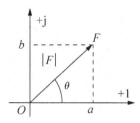

**图5.9 复数的模、幅角与实部和虚部**

$$\begin{cases} |F|=\sqrt{a^2+b^2} \\ \theta=\arctan\dfrac{b}{a} \end{cases} \quad \text{或者} \quad \begin{cases} a=|F|\cos\theta \\ b=|F|\sin\theta \end{cases}$$

复数常用的表示方法有直角坐标式、极坐标式、指数式，下式为直角坐标式

$$F=a+\mathrm{j}b=|F|(\cos\theta+\mathrm{j}\sin\theta)$$

还可以通过欧拉公式将其转换为极坐标式或指数式，根据欧拉公式

$$\begin{cases} \cos\theta=\dfrac{\mathrm{e}^{\mathrm{j}\theta}+\mathrm{e}^{-\mathrm{j}\theta}}{2} \\ \sin\theta=\dfrac{\mathrm{e}^{\mathrm{j}\theta}-\mathrm{e}^{-\mathrm{j}\theta}}{2\mathrm{j}} \end{cases}$$

将上式代入直角坐标式即可以得到指数式

$$F=|F|\mathrm{e}^{\mathrm{j}\theta}$$

或简写为极坐标式

$$F=|F|\angle\theta$$

复数的3种表示方法及其相互转换是相量法的基础。

**2. 复数的运算**

通常在进行复数的加减运算时应该将复数用直角坐标式表示，而在进行复数的乘除运算时应该将复数用指数式或极坐标式表示。

两个复数相加或相减的计算很简单，可以直接用直角坐标式计算，也可以通过作图计算，例如

$$F_1=a_1+\mathrm{j}b_1$$
$$F_2=a_2+\mathrm{j}b_2$$

则

$$F_1\pm F_2=(a_1\pm a_2)+\mathrm{j}(b_1\pm b_2)$$

运算的法则是实部相加减、虚部相加减。如果用作图的方法，如图5.10所示，先将两个复数对应的有向线段以原点为起点根据其模和幅角的大小作出，然后以这两条有向线段为相邻边作平行四边形，对角线所指即为复数的和所对应的向量，称为平行四边形法则；连接两有向线段的末端，方向指向被减数，则为复数 $F_1-F_2$ 所对应的向量，可以将其平移到坐标原点。当然，多个复数的加减运算法则也是实部、虚部分别相加减，作图法可以用向量平移求和法来计算多个复数之和，即通常以原点为起点作出第一个向量，然后以第一

个向量的末端为起点作出第二个向量，依次类推，和向量即为第一个向量的起点指向最后一个向量的末端的向量。

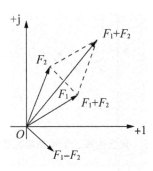

**图 5.10　复数相加或相减**

两个复数的乘法或除法运算，同样可以直接用指数式或极坐标式计算，也可以通过作图来计算，例如，两个复数的乘法运算

$$F_1 = |F_1| e^{j\theta_1}$$

$$F_2 = |F_2| e^{j\theta_2}$$

$$F_1 \times F_2 = |F_1| e^{j\theta_1} \cdot |F_2| e^{j\theta_2} = |F_1||F_2| e^{j(\theta_1 + \theta_2)} = |F_1||F_2| \angle(\theta_1 + \theta_2)$$

$$\frac{F_1}{F_2} = \frac{|F_1| e^{j\theta_1}}{|F_2| e^{j\theta_2}} = \frac{|F_1|}{|F_2|} e^{j(\theta_1 - \theta_2)} = \frac{|F_1|}{|F_2|} \angle(\theta_1 - \theta_2)$$

乘法运算法则是模相乘，幅角相加；除法运算法则是模相除，幅角相减。在介绍复数乘除运算的作图法之前，先说明旋转因子的意义。

复数 $e^{j\theta}$ 是模为 1，幅角为 $\theta$ 的单位向量，任意复数 $F = |F| e^{j\varphi}$ 乘以 $e^{j\theta}$，根据下式

$$F \times e^{j\theta} = |F| e^{j\varphi} \cdot e^{j\theta} = |F| e^{j(\varphi + \theta)}$$

如图 5.11 所示，可以得出 $F \times e^{j\theta}$ 相当于把 $F$ 逆时针旋转一个角度 $\theta$，而模不变，所以将 $e^{j\theta}$ 称为旋转因子。$\theta$ 值为 $\frac{\pi}{2}$、$-\frac{\pi}{2}$、$\pm\pi$ 时的旋转因子分别是逆时针旋转 $\frac{\pi}{2}$、顺时针旋转 $\frac{\pi}{2}$、旋转 $\pi$，又因为

$$\theta = -\frac{\pi}{2}，\quad e^{-j\frac{\pi}{2}} = \cos\frac{\pi}{2} - j\sin\frac{\pi}{2} = -j$$

$$\theta = \pm\pi，\quad e^{j\pm\pi} = \cos(\pm\pi) + j\sin(\pm\pi) = -1$$

$$\theta = \frac{\pi}{2}，\quad e^{j\frac{\pi}{2}} = \cos\frac{\pi}{2} + j\sin\frac{\pi}{2} = +j$$

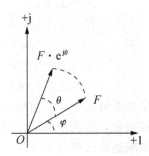

**图 5.11　复数的乘法或除法**

所以，$+j$、$-j$、$-1$ 也可以看成是逆时针旋转 $\frac{\pi}{2}$、顺时针旋转 $\frac{\pi}{2}$、旋转 $\pi$ 的因子，图 5.12 为复数 $F$ 分别乘以 $+j$、$-j$、$-1$ 后所对应的向量。根据旋转因子的几何意义容易推得复数乘除运算的作图法则，不同的是模有相应的变化。

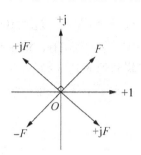

**图 5.12 复数旋转因子**

### 5.3.2 正弦量的相量表示及运算

**1. 正弦量的相量表示**

对于任意的一个正弦电流 $i(t)=I_m\cos(\omega t+\varphi)$，总可以找到唯一的与之相应的复指数函数 $F(t)=\sqrt{2}Ie^{j(\omega t+\varphi)}$，根据欧拉公式可以得到

$$F(t)=\sqrt{2}Ie^{j(\omega t+\varphi)}=\sqrt{2}I\cos(\omega t+\varphi)+j\sqrt{2}I\sin(\omega t+\varphi)$$

因此，该复指数的实部即为正弦电流

$$i(t)=\text{Re}\left[F(t)\right]=\text{Re}\left[\sqrt{2}Ie^{j(\omega t+\varphi)}\right]=\text{Re}\left[\sqrt{2}Ie^{j\varphi}\cdot e^{j\omega t}\right]=\text{Re}\left[\dot{I}_m e^{j\omega t}\right]$$

$$\dot{I}_m=\sqrt{2}Ie^{j\varphi}=\sqrt{2}\dot{I} \tag{5-3}$$

$\dot{I}_m$ 是一个与时间无关的复数常数，它的模等于正弦电流的幅值，幅角等于正弦电流的初相，因为它包含了正弦电流的幅值和初相这两个要素，而正弦稳态分析时电路中响应的频率和激励的频率相同是已知的，所以由它完全可以表示一个正弦量；又因为 $\dot{I}_m$ 是用来表示正弦量的复数，为了区别于普通的复数，所以在 $I_m$ 上面加 "·"，并且称其为相量而不是向量。可以这样说，相量实质上是一个复数，如果复数的模等于正弦量的幅值，幅角等于正弦量的初相，则称为幅值相量，用 $\dot{I}_m$ 表示；如果复数的模等于正弦量的有效值，幅角等于正弦量的初相，则称为有效值相量，用 $\dot{I}$ 表示（注意无下标 m）。以上是以正弦电流为例介绍其相量表示方法，对于正弦电压的相量表示完全适用。

必须指出，相量只能用来表征或代表正弦量，并不等于正弦量，因为正弦量是随时间按正弦规律变化的，包含 3 个要素；而相量是一个常数不随时间变化，只包含正弦量的两个要素，不包含反映正弦量变化快慢的频率这一要素；这种用来表示而不等同的关系通常用 "⇔" 来表示

$$i(t)=I_m\cos(\omega t+\varphi)\Leftrightarrow\dot{I}_m=\sqrt{2}Ie^{j\varphi}=I_m\angle\varphi$$

**【例 5.3】** 已知

$$u_1(t)=20\sqrt{2}\cos(100\pi t-45°)\text{V}, \quad i_1(t)=100\cos(100\pi t+95°)\text{A}$$

试用相量来表示两个正弦量。

**解**：有效值相量分别为

$$\dot{U}_1 = 20\angle{-45°}\text{V} \qquad \dot{I}_1 = 50\sqrt{2}\angle{95°}\text{A}$$

幅值相量分别为

$$\dot{U}_m = 20\sqrt{2}\angle{-45°}\text{V} \qquad \dot{I}_m = 100\angle{95°}\text{A}$$

【例5.4】 已知$\dot{U} = 10\angle{-30°}\text{V}$，$f = 100\text{Hz}$，求正弦量的瞬时值表达式。

**解**：根据相量和给定频率写出瞬时值表达式如下

$$u(t) = 10\sqrt{2}\cos(628t - 30°)\text{V}$$

### 2. 相量运算

将正弦量用相量表示目的是简化计算，下面将正弦量的加减、积分、微分运算等转换为相应的相量运算。

1）同频率的正弦量相加减

两个正弦电压的瞬时值以及相量式如下

$$u_1(t) = \sqrt{2}U_1\cos(\omega t + \varphi_1) = \text{Re}(\sqrt{2}\dot{U}_1 e^{j\omega t})$$

$$u_2(t) = \sqrt{2}U_2\cos(\omega t + \varphi_2) = \text{Re}(\sqrt{2}\dot{U}_2 e^{j\omega t})$$

则两者之和或差

$$\begin{aligned}u_1(t) \pm u_2(t) &= \text{Re}(\sqrt{2}\dot{U}_1 e^{j\omega t}) \pm \text{Re}(\sqrt{2}\dot{U}_2 e^{j\omega t})\\ &= \text{Re}(\sqrt{2}(\dot{U}_1 \pm \dot{U}_2) e^{j\omega t})\\ &= \text{Re}(\sqrt{2}\dot{U} e^{j\omega t})\end{aligned}$$

所以

$$\dot{U} = \dot{U}_1 + \dot{U}_2$$

故同频率的正弦量的加减运算可以变成对应的相量的加减运算来进行。

【例5.5】 已知两个同频率的正弦电流瞬时值表达式，求两者之和。

$$i_1(t) = 15\sqrt{2}\cos(100\pi t + 30°)\text{A}, \quad i_2(t) = 10\sqrt{2}\cos(100\pi t - 45°)\text{A}$$

**解**：先用有效值相量来表示两正弦量如下

$$\dot{I}_1 = 15\angle{30°}\text{A} \qquad \dot{I}_2 = 10\angle{-45°}\text{A}$$

两相量之和

$$\begin{aligned}\dot{I}_1 + \dot{I}_2 &= 15\angle{30°} + 10\angle{-45°} = 12.99 + 7.5\text{j} + 7.07 - 7.07\text{j}\\ &= 20.06 + 0.43\text{j} = 20.06\angle{1.23°}\text{A}\end{aligned}$$

则和正弦量的瞬时值表达式为

$$i(t) = i_1(t) + i_2(t) = 20.06\sqrt{2}\cos(100\pi t + 1.23°)\text{A}$$

2）正弦量的微分

设已知正弦量

$$i = \sqrt{2}I\cos(\omega t + \varphi_i) \Leftrightarrow \dot{I} = I\angle{\varphi_i}$$

则该正弦量的微分

$$\frac{\mathrm{d}i}{\mathrm{d}t} = \frac{\mathrm{d}}{\mathrm{d}t}\left[\sqrt{2}I\cos\left(\omega t + \varphi_i\right)\right]$$

$$= -\sqrt{2}I\sin\left(\omega t + \varphi_i\right)\omega$$

$$= \sqrt{2}\omega I\cos\left(\omega t + \varphi_i + \frac{\pi}{2}\right)$$

上式说明正弦量的微分仍为同频率的正弦量，其对应的相量为

$$\frac{\mathrm{d}i}{\mathrm{d}t} \Leftrightarrow \omega I\angle\left(\varphi_i + \frac{\pi}{2}\right) = \omega I\mathrm{e}^{\mathrm{j}\left(\varphi_i + \frac{\pi}{2}\right)} = \mathrm{j}\omega\dot{I}$$

为原正弦量对应的相量$\dot{I}$乘以$\mathrm{j}\omega$，根据复数旋转因子 j 的意义正弦量微分对应的相量是原正弦量对应的相量逆时针方向旋转90°；同理可以推得 $i$ 的高阶导数 $\mathrm{d}^n i/\mathrm{d}t$，其相量为

$$\frac{\mathrm{d}^{(n)}i}{\mathrm{d}t^{(n)}} \Leftrightarrow (\mathrm{j}\omega)^n\dot{I}$$

3）正弦量的积分

设已知正弦量

$$i = \sqrt{2}I\cos\left(\omega t + \varphi_i\right) \Leftrightarrow \dot{I} = I\angle\varphi_i$$

则该正弦量的积分

$$\int i\mathrm{d}t = \int \sqrt{2}I\cos\left(\omega t + \varphi_i\right)\mathrm{d}t$$

$$= \sqrt{2}\frac{I}{\omega}\sin\left(\omega t + \varphi_i\right)$$

$$= \frac{\sqrt{2}I}{\omega}\cos\left(\omega t + \varphi_i - \frac{\pi}{2}\right)$$

上式说明了正弦量的积分仍为同频率的正弦量，其对应的相量

$$\int i\mathrm{d}t \Leftrightarrow \frac{I}{\omega}\angle\left(\varphi_i - \frac{\pi}{2}\right) = \frac{I}{\omega}\mathrm{e}^{\mathrm{j}\left(\varphi_i - \frac{\pi}{2}\right)} = \frac{\dot{I}}{\mathrm{j}\omega}$$

为原正弦量相量除以 $\mathrm{j}\omega$，同样根据旋转因子的意义，在这里是除以 j 相当于乘以 $-\mathrm{j}$，所以正弦量积分对应的相量是原正弦量对应的相量顺时针方向旋转90°。$i$ 的 $n$ 重积分对应的相量为 $\dfrac{\dot{I}}{(\mathrm{j}\omega)^n}$。

## 5.4 电路元件以及无源二端网络伏安关系的相量形式

电路元件伏安关系约束是分析与计算正弦稳态电路的依据之一。基本电路元件伏安关系的时域形式在第1章已经介绍，由于在正弦稳态电路中各元件通过的电流和电压都是同频率的正弦量，而正弦量可以用相量来表示，所以在进行正弦稳态分析时可以将电路元件时域形式的伏安关系转换为相量形式。下面先介绍单个电路元件伏安关系的相量形式以及复数阻抗和复数导纳的概念，然后介绍电阻电感电容(RLC)串联电路的端口电压与端口电流相量之间的关系，最后介绍无源二端网络伏安关系的相量形式。

### 5.4.1 单个电路元件伏安关系的相量形式以及阻抗和导纳

#### 1. 电阻元件

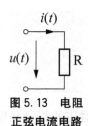

**图 5.13 电阻正弦电流电路**

线性电阻元件的正弦电流电路如图 5.13 所示,其端口上的电压与电流关系符合欧姆定律,当电压电流取关联参考方向时其时域形式的伏安关系为

$$u(t) = Ri(t)$$

设通过电阻的 $i(t)$ 为参考正弦量(其初相角为 $0°$)

$$i(t) = I_m \cos \omega t$$

则

$$u(t) = RI_m \cos \omega t = U_m \cos \omega t$$

即电压与电流为同频率的正弦量,且电压初相角也为 $0°$,可以得出电压与电流的大小关系为电压幅值 $U_m$(或有效值)等于电流幅值 $I_m$(或有效值)乘以 $R$,相位关系为电压与电流同相,两个关系可以用下面的式子表示

$$\begin{cases} \dfrac{U_m}{I_m} = \dfrac{U}{I} = R \\ \varphi_{u-i} = 0 \end{cases}$$

将电压和电流分别用相量表示如下

$$\begin{cases} \dot{I} = I \angle 0° \\ \dot{U} = IR \angle 0° \end{cases}$$

将电压相量除以电流相量即为电阻元件伏安关系的相量式

$$\frac{\dot{U}}{\dot{I}} = \frac{IR \angle 0°}{I \angle 0°} = R$$

或写成

$$\dot{U} = \dot{I} R \tag{5-4}$$

该式包含了电压和电流之间的大小关系和相位关系;相量实质上就是一个复数,可以用相量图来表示电压与电流的关系,如图 5.14 所示,用长度等于其有效值而与正实轴方向的夹角等于初相的有向线段来表示,因为电阻元件的电压与电流同相,所以两个相量在同一个方向。

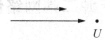

$\dot{U}$

**图 5.14 电阻电压与电流同相**

#### 2. 电感元件

线性电感元件的正弦电流电路如图 5.15 所示,当电压电流取关联参考方向时,其时域形式的伏安关系为

$$u(t) = L\frac{\mathrm{d}i(t)}{\mathrm{d}t}$$

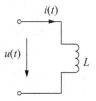

**图 5.15 电感正弦电流电路**

设通过电感的 $i(t)$ 为参考正弦量

$$i(t) = I_\mathrm{m}\cos\omega t$$

则

$$u(t) = L\frac{\mathrm{d}(I_\mathrm{m}\cos\omega t)}{\mathrm{d}t} = -LI_\mathrm{m}\omega\sin\omega t = \omega LI_\mathrm{m}\cos(\omega t + 90°) = U_\mathrm{m}\cos(\omega t + 90°)$$

上式说明电感电压与电流为同频率的正弦量，且电压初相角为90°，可以得出电感电压与电流的大小关系为电压幅值 $U_\mathrm{m}$（或有效值）等于电流幅值 $I_\mathrm{m}$（或有效值）乘以 $\omega L$，而相位关系为电压超前于电流90°，两个关系可以用下面的式子表示

$$\begin{cases} \dfrac{U_\mathrm{m}}{I_\mathrm{m}} = \dfrac{U}{I} = \omega L \\ \varphi_{\mathrm{u-i}} = 90° \end{cases}$$

将电压和电流分别用相量表示

$$\dot{I} = I\angle 0°$$

$$\dot{U} = \omega LI\angle 90°$$

可以推出电感元件伏安关系的相量式

$$\frac{\dot{U}}{\dot{I}} = \frac{\omega LI\angle 90°}{I\angle 0°} = \omega L\angle 90° = \mathrm{j}\omega L$$

或

$$\dot{U} = \mathrm{j}\omega L\dot{I} \qquad\qquad (5-5)$$

因为电流相量 $\dot{I}$ 乘以旋转因子 j 后，即逆时针方向旋转90°得到电压相量，这就表明电压相量超前电流相量 90°；电压和电流的相量图如图 5.16 所示。

**图 5.16 电感伏安相量**

### 3. 电容元件

线性电容元件的正弦电流电路如图 5.17 所示，当电压电流取关联参考方向时其时域

形式的伏安关系为

$$i(t) = C\frac{\mathrm{d}u(t)}{\mathrm{d}t}$$

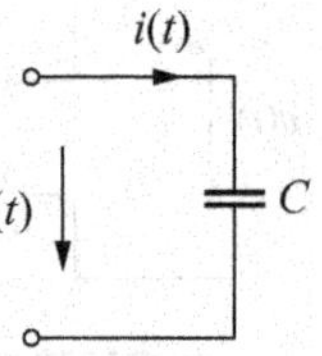

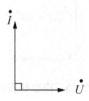

**图 5.17  电容正弦电流电路**

设通过电容的 $u(t)$ 为参考正弦量

$$u(t) = U_m\cos\omega t$$

则

$$i(t) = C\frac{\mathrm{d}(U_m\cos\omega t)}{\mathrm{d}t} = -CU_m\omega\sin\omega t = \omega CU_m\cos(\omega t + 90°) = I_m\cos(\omega t + 90°)$$

上式说明电容电流与电压也为同频率的正弦量，且电流初相角为90°，则可以得出电容电压与电流的大小关系为：电流幅值（或有效值）等于电压幅值（或有效值）乘以 $\omega C$，而相位关系为电流超前于电压90°，两个关系可以用下式表示

$$\begin{cases} \dfrac{U_m}{I_m} = \dfrac{U}{I} = \dfrac{1}{\omega C} \\ \varphi_{i-u} = 90° \end{cases}$$

将电压和电流分别用相量表示

$$\dot{U} = U\angle 0°$$

$$\dot{I} = \omega CU\angle 90°$$

可以推出电容元件伏安关系的相量式

$$\frac{\dot{U}}{\dot{I}} = \frac{U\angle 0°}{\omega CU\angle 90°} = \frac{1}{\omega C}\angle -90° = -\mathrm{j}\frac{1}{\omega C}$$

或

$$\dot{U} = -\mathrm{j}\frac{1}{\omega C}\dot{I} \tag{5-6}$$

因为电流相量 $\dot{I}$ 乘以旋转因子 $-\mathrm{j}$ 后，即顺时针方向旋转90°得到电压相量，这就表明电流相量超前电压相量90°；电压和电流的相量图如图 5.18 所示。

**图 5.18  电容伏安相量**

通过观察可以发现，单个电路元件伏安关系的相量形式式(5-3)、式(5-4)、式(5-

5)与欧姆定律形式相似，不同的是式中电压电流是用相量表示的，相量实质就是复数，所以上述相量式称为复数形式的欧姆定律。电路元件伏安关系的相量形式是正弦稳态分析的基础，不仅要掌握其形式，还必须理解其包含了电压和电流之间的大小关系以及相位关系。

4. 元件阻抗和导纳

电工技术中，定义电路元件的电压相量与电流相量之比为复数阻抗，用 $Z$ 表示，简称为阻抗

$$Z = \frac{\dot{U}}{\dot{I}} \tag{5-7}$$

阻抗具有与电阻相同的量纲，单位为欧姆。根据此定义以及 3 种电路元件电压电流相量式可以推出其复数阻抗 $Z_R$、$Z_L$、$Z_C$ 分别为

$$\begin{cases} Z_R = \dfrac{\dot{U}}{\dot{I}} = R \\[2mm] Z_L = \dfrac{\dot{U}}{\dot{I}} = j\omega L = jX_L \\[2mm] Z_C = \dfrac{\dot{U}}{\dot{I}} = -j\dfrac{1}{\omega C} = jX_C \end{cases} \tag{5-8}$$

式中：$X_L = \omega L$ 称为电感元件的"感抗"，具有与电阻相同的量纲，单位为欧姆，其大小与电感量 $L$、频率 $\omega$ 成正比；由 $X_L = \dfrac{U_L}{I_L}$ 可以得出感抗反映了电感元件对电流的阻碍作用，并且对频率越高的信号阻碍作用越强，而对直流信号却没有阻碍作用，相当于短路，$X_L = 0$，注意不是 $L = 0$，所以说电感具有"通低频阻高频"的特点。

式 5-8 中 $X_C = -\dfrac{1}{\omega C}$ 称为电容元件的"容抗"，同样具有与电阻相同的量纲，而其绝对值的大小与电容量 $C$、频率 $\omega$ 成反比；由 $|X_C| = \dfrac{U_L}{I_L}$ 可以得出容抗反映了电容元件对电流的阻碍作用，其对频率越高的信号阻碍作用越小，而对频率越低的信号阻碍作用越强，对直流信号 $X_C = \infty$，相当于开路，注意不是 $C = \infty$，所以说电容具有"通高频阻低频"的特点。

电工技术中，另外定义了电路元件的电流相量与电压相量之比为复数导纳，用 $Y$ 表示，简称为导纳

$$Y = \frac{\dot{I}}{\dot{U}} \tag{5-9}$$

导纳具有与电导相同的量纲，单位为西门子，根据此定义以及 3 种电路元件电压电流相量式可以推出其复数导纳 $Y_R$、$Y_L$、$Y_C$ 分别为

$$
\begin{cases}
Y_R = \dfrac{\dot{I}}{\dot{U}} = 1/R = G \\[2ex]
Y_L = \dfrac{\dot{I}}{\dot{U}} = -\mathrm{j}\,\dfrac{1}{\omega L} = \mathrm{j}B_L \\[2ex]
Y_C = \dfrac{\dot{I}}{\dot{U}} = \mathrm{j}\omega C = \mathrm{j}B_C
\end{cases}
\tag{5-10}
$$

式中：$B_L = -1/\omega L$ 称为电感元件的"感纳"；$B_C = \omega C$ 称为电容元件的"容纳"，感纳和容纳都具有与电导相同的量纲，单位为西门子。

相量模型是正弦稳态分析的重要工具，将元件电压、电流分别用相量表示，元件参数用阻抗或导纳表示，即得到 3 种基本电路元件的相量模型，如图 5.19 所示。

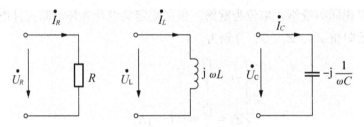

**图 5.19　基本元件的相量模型**

## 5.4.2　RLC 串联电路伏安关系的相量形式及阻抗和导纳

电阻、电感、电容元件串联的正弦电流电路如图 5.20(a)所示，各元件通过同一电流，端口电压、各元件电压与电流取关联参考方向，根据基尔霍夫电压定律

$$u(t) = u_R(t) + u_L(t) + u_C(t)$$

设电流为参考正弦量

$$i(t) = I_\mathrm{m}\cos \omega t$$

则

$$u(t) = Ri(t) + L\frac{\mathrm{d}i(t)}{\mathrm{d}t} + \frac{1}{C}\int i(t)\,\mathrm{d}t$$

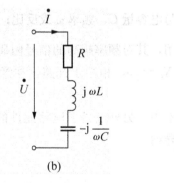

(a)　　　　　　　　(b)

**图 5.20　电阻、电感和电容元件串联正弦电流电路**

将各物理量取相量得

$$\dot{U}=R\dot{I}+\mathrm{j}\omega L\dot{I}+\frac{1}{\mathrm{j}\omega C}\dot{I}=\left[R+\mathrm{j}\left(\omega L-\frac{1}{\omega C}\right)\right]\dot{I}$$

上式即为 RLC 串联电路伏安关系的相量式,图 5.20(b)为对应的相量模型。

根据前面介绍的电路元件阻抗的定义,RLC 串联电路的阻抗为

$$Z=\frac{\dot{U}}{\dot{I}}=R+\mathrm{j}\left(\omega L-\frac{1}{\omega C}\right)=R+\mathrm{j}X=|Z|\angle\varphi_Z \qquad (5-11)$$

即端口阻抗等于各串联阻抗之和。

式中:$R$ 为等效电阻(阻抗的实部);$X$ 为等效电抗(阻抗的虚部);$|Z|$ 为阻抗模;$\varphi_Z$ 为阻抗角;可以用阻抗三角形来描述 $Z$、$R$ 和 $X$ 之间的关系,如图 5.21(a)所示。

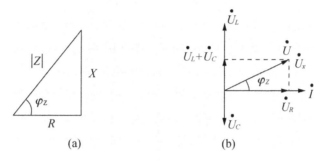

图 5.21 串联阻抗三角形及其电压相量图

$$|Z|=\sqrt{R^2+X^2} \qquad 或 \qquad R=|Z|\cos\varphi_Z$$
$$\varphi_Z=\arctan\frac{X}{R} \qquad\qquad X=|Z|\sin\varphi_Z$$

由式(5-10)可得阻抗模 $|Z|$、阻抗角 $\varphi_Z$ 和电压电流有效值、相位差角的关系为

$$|Z|=\frac{U}{I}$$

$$\varphi_Z=\varphi_{u-i}$$

即 RLC 串联电路的阻抗模等于端口电压与端口电流有效值之比;阻抗角等于电压与电流的相位差角。

以相量图($\omega L>1/\omega C$)为例如图 5.21(b)所示,各元件电压有效值分别为

$$U_R=IR,\ U_L=\omega LI,\ U_C=\frac{I}{\omega C}$$

电阻电压 $\dot{U}_R$ 与电流 $\dot{I}$ 同相,电感电压 $\dot{U}_L$ 超前于电流 $\dot{I}$ 相量90°,电容电压 $\dot{U}_C$ 滞后于电流 $\dot{I}$ 相量90°;然后作出电抗电压 $\dot{U}_x=\dot{U}_L+\dot{U}_C$ 相量,其有效值为 $U_x=U_L-U_C$,因为总电压相量 $\dot{U}=\dot{U}_L+\dot{U}_C+\dot{U}_R$,所以根据复数求和平行四边形法则可以作出总电压相量 $\dot{U}$,可以看出 $\dot{U}$、$\dot{U}_x$、$\dot{U}_R$ 这 3 个电压相量构成直角三角形,称为电压三角形,根据该三角形可以计算出电压 $\dot{U}$ 与 $\dot{I}$ 之间的相位差角为

$$\varphi_{u-i}=\arctan\frac{U_L-U_C}{U_R}=\arctan\frac{\omega L-1/\omega C}{R}=\varphi_Z$$

即电压相量与电流相量之间的相位差角等于阻抗角,所以说,电压三角形和阻抗三角形相似。

当 $\omega L > 1/\omega C$ 时，有 $X > 0$，$\varphi_Z > 0$，表现为电压领先电流，称电路为感性电路；当 $\omega L < 1/\omega C$ 时，有 $X < 0$，$\varphi_Z < 0$，表现为电流领先电压，称电路为容性电路；当 $\omega L = 1/\omega C$ 时，有 $X = 0$，$\varphi_Z = 0$，表现为电压和电流同相位，此时电路发生了串联谐振，呈现电阻性。

### 5.4.3 无源二端网络的等效阻抗和等效导纳

元件阻抗和导纳的概念同样适用于无源二端网络，即在正弦电流电路中，不含独立电源的无源二端网络 $N_0$ 端口电压相量和端口电流相量之比为该端口的等效阻抗 $Z$，电流相量与电压相量之比为该端口的等效导纳 $Y$，如图 5.22 所示。

$$Z = \frac{\dot{U}}{\dot{I}} = |Z| \angle \varphi_Z = R + jX = \frac{U}{I} \angle \varphi_{u-i}$$

$$Y = \frac{\dot{I}}{\dot{U}} = |Y| \angle \varphi_Y = G + jB = \frac{I}{U} \angle \varphi_{i-u}$$

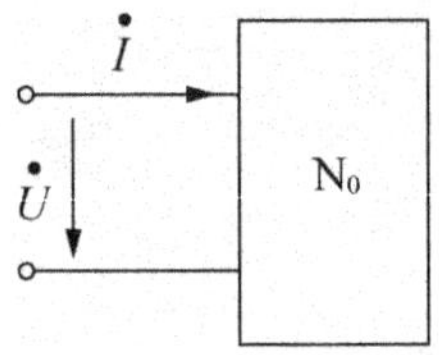

**图 5.22　二端网络 $N_0$ 等效阻抗 $Z$**

式中：$G$ 为等效电导（导纳的实部）；$B$ 为等效电纳（导纳的虚部）；$|Y|$ 为导纳模；$\varphi_Y$ 为导纳角。

对于同一二端网络，两种参数相互变换的公式为

$$Y = \frac{1}{Z} \qquad |Y| = \frac{1}{|Z|} \qquad \varphi_Z = -\varphi_Y$$

如果已知二端网络的等效阻抗 $Z = R + jX$，对应的串联电路模型如图 5.23(a)所示，则其等效导纳为

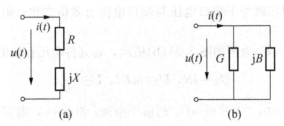

**图 5.23　电路模型**

$$Y = \frac{1}{R + jX} = \frac{R - jX}{R^2 + X^2} = G + jB$$

即其等效电导、等效电纳分别为

$$G = \frac{R}{R^2 + X^2} \qquad B = \frac{-X}{R^2 + X^2}$$

对应的并联电路模型如图 5.23(b)所示，注意，$G$ 并不是 $R$ 的倒数、$B$ 也不是 $X$ 的倒数。

如果已知端口的等效 $Y = G + jB$，同理可以推出其等效电阻、等效电抗分别为

$$R=\frac{G}{G^2+B^2} \qquad X=\frac{-B}{G^2+B^2}$$

应当说明，端口等效阻抗 $Z$、等效导纳 $Y$、以及 $R$、$X$、$G$、$B$ 都是 $\omega$ 的函数，只有在某一指定频率时才有上述关系。

**【例5.6】** 图 5.23(b)所示电路中，已知 $u_s(t)=500\sin(10t+45°)\text{V}$，$i(t)=400\cos(10t-15°)\text{A}$，问电路的两个元件是什么，参数是多少？

**解：**$u_s(\text{t})=500\sin(10\text{t}+45°)=500\cos(10\text{t}-45°)\text{V}$

则对应的电压、电流相量为

$$\dot{U}_s=500/\sqrt{2}\angle-45°\text{V} \qquad \dot{I}=400/\sqrt{2}\angle-15°\text{V}$$

因为电路为并联电路模型，可以直接求等效导纳 $Y$ 从而确定 $G$ 和 $B$

$$Y=\frac{\dot{I}}{\dot{U}}=\frac{400/\sqrt{2}\angle-15°}{500/\sqrt{2}\angle-45°}=0.8\angle30°\Omega=0.693+0.4\text{j}\,\text{S}$$

所以 $G$ 为 0.693S，$B$ 为 0.4S；或者可以先求等效阻抗，然后计算等效导纳如下

$$Z=\frac{\dot{U}}{\dot{I}}=\frac{500/\sqrt{2}\angle-45°}{400/\sqrt{2}\angle-15°}=1.25\angle-30°\Omega=1.0825-0.625\text{j}\,\Omega$$

$$G=\frac{R}{R^2+X^2}=\frac{1.0825}{1.0825^2+0.625^2}=0.693(\text{S})$$

$$B=\frac{-X}{R^2+X^2}=\frac{0.625}{1.0825^2+0.625^2}=0.4(\text{S})$$

## 5.5 基尔霍夫定律的相量形式

基尔霍夫定律对各支路电压和支路电流的约束是分析计算正弦稳态电路的另一个依据。因为各物理量都是同频率的正弦量，可以用相量表示，下面推出基尔霍夫定律的相量形式。

基尔霍夫电流定律的时域形式表达式为

$$\sum i(t)=0$$

将各支路电流正弦量用相量表示，可得

$$\sum \dot{I}=0$$

基尔霍夫电压定律的时域形式表达式为

$$\sum u(t)=0$$

将各支路电压正弦量用相量表示，可得

$$\sum \dot{U}=0$$

## 5.6 小　　结

正弦电流电路传输的是正弦信号，常用三角函数式或正弦波来描述正弦量，正弦量包

括三要素。为了简化正弦电流电路的分析计算，引入相量来表示正弦量。简单的复数运算、正弦量的相量表示，电路元件伏安关系的相量形式、基尔霍夫定律的相量形式是正弦电流电路分析的基础。电路元件的阻抗、导纳，无源二端网络的等效阻抗、等效导纳及其相互转换是重要概念。

# 阅读材料

## 相量法的创始人施泰因梅茨

施泰因梅茨，Steinmetz，Charles Protells（1865—1923 年），德裔美国电机工程师。美国艺术与科学学院院士。1865 年 4 月 9 日生于德国的布雷斯劳（今波兰的弗罗茨瓦夫）。1889 年迁居美国。他出生即有残疾，自幼受人嘲弄。但他意志坚强，刻苦学习，1882 年入布雷斯劳大学就读。1888 年入苏黎世联邦综合工科学校深造。1889 年赴美。1892 年 1 月，在美国电机工程师学会会议上，施泰因梅茨提交了两篇论文，提出了计算交流电机的磁滞损耗的公式，这是当时交流电研究方面的第一流成果。随后，他又创立了相量法，这是计算交流电路的一种实用方法。并在 1893 年向国际电工会议报告，受到热烈欢迎并迅速推广。同年，他入美国通用电气公司工作，负责为尼亚加拉瀑布电站建造发电机。之后，又设计了能产生 10kA 电流、100kV 高电压的发电机；研制成避雷器、高压电容器。晚年，开发了人工雷电装置。他一生获近 200 项专利，涉及发电、输电、配电、电照明、电机、电化学等领域。施泰因梅茨 1901～1902 年任美国电机工程师学会主席。

施泰因梅茨热心于教育事业。在他担任通用电气公司总工程师期间，还兼任斯克内克塔迪联合大学电气工程专业教授，并对当时的大学教育提出了改革性意见，强调学生实验的重要性。

施泰因梅茨曾获斯克内克塔迪联合学院博士学位，是哈佛大学名誉博士。1901—1902 年任美国电机工程师学会主席。曾获富兰克林学会的克雷松金质奖章。施泰因梅茨 1923 年 10 月 26 日在纽约斯克内克塔迪逝世。

斯泰因梅茨一线万（千）金的故事有不同的版本。

版本 1：1923 年福特公司一台大型电机发生了故障，公司所有的工程师会诊了两个多月都没能找到毛病。公司便请来斯泰因梅茨。他在电机旁搭了帐篷安营扎寨，然后整整检查了两昼夜。他仔细听着电机发出的声音，反复进行各种计算，又登上梯子上上下下测量了一番，最后他用粉笔在这台电机上画了一条线作为记号。斯泰因梅茨对福特公司的经理说，打开电机，把我做记号处的线圈减少 20 圈，电机就可正常转动了。工程师们将信将疑地照办了，结果，电机果然修好了。事后，斯泰因梅茨向福特公司要价 10 000 美元作为报酬。福特的工程师大哗，说画一条线就要这么多钱，这价也要得太高了。斯泰因梅茨不动声色地在付款单上写道："用粉笔画一条线，1 美元；知道把线画在电机的哪个部位，要 9 999 美元。"

版本 2：20 世纪初，美国通用电气公司在纽约州施奈克特迪市的工厂里生产的一台电机出现了故障。当时没有人能够找出修好它的办法。于是，公司与著名的电气工程师施泰因梅茨取得了联系。施泰因梅茨用了几天的时间对该机器进行检查，并查看了所有的有关图纸。当他离开后，通用电气的工程师们发现，在发电机的外壳上有一个用粉笔写的大大的"X"。这是施泰因梅茨留下的一个标记，用以指示通用电气的工程师们从哪里打开机箱，并拆除定子上的一些线圈故障。最终，发电机如人们所料想的那样开始正常工作了。在谈到有关修理费用的时候，施泰因梅茨考虑了一下并提出了在当时看来相当令人震惊的天文数字——1 000美元。这个数字差点儿让通用电气的会计师们晕倒，于是他们要求施泰因梅茨提供明细的账单来证实收费的合理性。当账单寄来的时候，上面只列出了两条：粉笔标记"X"：1美元；知道应该在哪里标记"X"：999美元。

# 习　题

一、填空题

1. 正弦量的三要素分别是(　　　)、(　　　)和(　　　)。

2. 复数$-4+3j$的极坐标式、指数式分别为(　　　)和(　　　)。

3. 正弦交流电压$u_1(t)=U_{1m}\cos(\omega t+45°)$V，$u_2(t)=U_{2m}\cos(2\omega t+60°)$V 其中(　　　)超前。

4. 一电容器耐压220V，能否将其接到有效值为180V的正弦交流电源上使用(　　　)。

5. 一个正弦电压的最大值为100V，频率为2000Hz，这个正弦电压达到零值后再经过(　　　)可达50V。

6. 电阻元件上电压与电流的相位关系(　　　)；电感元件上电压与电流的相位关系为电压(　　　)电流(　　　)；电容元件上电压与电流的相位关系为电流(　　　)电压(　　　)。

7. 正弦量的(　　　)等于其瞬时值的平方在一个周期上的平均值的(　　　)，所以值又称为方均根值，也就是说，交流电的(　　　)等于与其(　　　)相等的直流电的数值。

8. 正弦交流电路中，电阻元件的阻抗$|z|=$(　　　)，与频率(　　　)；电感元件的阻抗$|z|=$(　　　)，与频率(　　　)；电容元件的阻抗$|z|=$(　　　)，与频率(　　　)。

9. 实际应用的电表的交流指示值是指(　　　)，工程上所说的交流电压、交流电流的数值通常是指其(　　　)值，此值和交流量的最大值之间的数值关系为(　　　)。

10. 两个(　　　)正弦量之间的相位角之差称为相位差，(　　　)正弦量之间不存在相位差的概念。

11. 正弦电压$u=14.14\cos(314t+30°)$V，其幅值为(　　　)、有效值为(　　　)、角频率为(　　　)、频率为(　　　)、周期为(　　　)、初相为(　　　)。

12. 电路如图5.24所示，按图中参考方向，电流表达式$i=14.14\cos(314t+45°)$A，若将电流参考方向选为相反方向，则电流表达式为(　　　)。

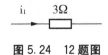

图5.24　12题图

二、选择题

1. 电阻元件在正弦交流电路中，下列哪些式子正确？（    ）

   A. $i=\dfrac{U}{R}$        B. $I=\dfrac{U}{R}$        C. $i=\dfrac{U_m}{R}$        D. $i=\dfrac{u}{R}$

2. 电感元件在正弦交流电路中，下列哪些式子正确？（    ）

   A. $i=\dfrac{u}{X_L}$        B. $I=\dfrac{U}{\omega L}$        C. $i=\dfrac{u}{\omega L}$        D. $I=\dfrac{U_m}{\omega L}$

3. 电容元件在正弦交流电路中，下列哪些式子正确？（    ）

   A. $i=\dfrac{u}{X_C}$        B. $I=\dfrac{U}{\omega C}$        C. $I=\dfrac{u}{\omega C}$        D. $I_m=U_m\omega C$

4. 已知工频电压有效值和初始值都为 220V，则该电压的瞬时值表达式为（    ）。

   A. $u=220\cos(314t)$V        B. $u=311\cos(314t+45°)$V

   C. $u=220\cos(314t+90°)$V

5. 正弦电流 $i_1=14.14\cos(314t-30°)$A，$i_2=-14.14\cos(314t+60°)$A，两者相位关系为（    ）。

   A. $i_1$ 滞后于 $i_2$ 90°        B. $i_1$ 超前于 $i_2$ 30°        C. $i_1$ 超前于 $i_2$ 90°

6. 电容元件的正弦交流电路中，当电压有效值不变，频率增大后，电流如何变化？（    ）

   A. 不变        B. 增大        C. 减小        D. 无法确定

7. 有"220V，100W""220V，25W"白炽灯两盏，串联后接入 220V 交流电源，其亮度情况是（    ）。

   A. 25W白炽灯最亮        B. 100W 白炽灯最亮

   C. 两个一样亮        D. 都不亮

8. 314uF的电容在频率为 100Hz 的正弦交流电路中，呈现的容抗为（    ）。

   A. 314Ω        B. 0.197Ω        C. 0 Ω        D. 5.07Ω

9. 某电阻元件额定值为"1KΩ，2.5W"，正常工作状况下允许通过的电流最大值为（    ）。

   A. 50mA        B. 250mA        C. 2.5 mA        D. 70.7 mA

10. 图 5.25 中各电容、交流电源的电压、频率都相等，哪个安培表的读数最大？（    ）

    A. A1        B. A2        C. A3

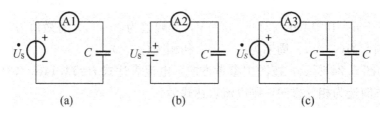

(a)                    (b)                    (c)

图 5.25    10 题图

三、计算题

1. 图 5.26 中正弦电压波形，试求其频率、幅值、有效值、初相位，写出其瞬时值表达式。

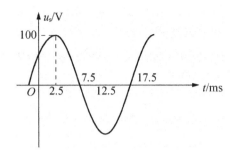

图 5.26　1 题图

2. 绘出正弦电流 $i(t)=20\cos(1\,000t-45°)$A 的波形图，说明该正弦波的最大值、角频率、频率、周期、初相各为多少？

3. 把下列复数表示成直角坐标式。

(1) $7.9\angle25.5°$；(2)$11.9\angle-54.5°$；(3)$-7.9\angle25.5°$；(4)$-11.9\angle-54.5°$

4. 把下列复数表示为极坐标形式。

(1) $30+j2$；(1)$32-j41$；(3)$-30-j2$；(4)$-32+j41$。

5. 已知 $F_1=-4+j3$，$F_2=2.78+j9.20$，求 $F_1\cdot F_2$，$F_1/F_2$。

6. 已知正弦电压 $u_1=100\sqrt{2}\sin(\omega t-120°)$V　$u_2=100\sqrt{2}\cos(\omega t+30°)$V 试写出其对应相量，绘出相量图，并确定它们的相位差。

7. 已知正弦量 $\dot{U}=200e^{j30°}$V，$\dot{I}=-4-3j$A，试分别用三角函数表达式、正弦波形图以及相量图表示它们。

8. 试计算下列各正弦量的相位差。

(1) $u=10\cos(314t+45°)$V 和 $i=20\cos(314t-20°)$A

(2) $u_1=7\cos(100t+20°)$V 和 $u_2=-20\cos(100t+78°)$V

(3) $u=10\sin(10t+45°)$V 和 $i=2\cos(10t-20°)$A

(4) $u=-10\sin(314t+45°)$V 和 $i=20\cos(314t-20°)$A

9. 已知电路中的几个正弦电压波形如图 5.27 所示，试写出 $u_1(t)$、$u_2(t)$、$u_3(t)$ 的表达式，如果电流 $i(t)$ 与 $u_1(t)$ 同相，那么 $i(t)$ 与 $u_2(t)$、$u_3(t)$ 的相位关系如何？如果 $i(t)$ 参考方向改变，那么 $i(t)$ 与 $u_2(t)$、$u_3(t)$ 的相位关系又如何？

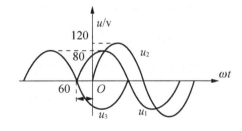

图 5.27　9 题图

10. 已知正弦电流电路中一个 0.2H 的电感两端电压为 $u_1(t)=80\cos(314t-30°)$V，求通过它的电流有效值和瞬时值表达式。

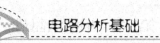

11. 已知正弦电流电路中一个 200uF 的电容两端电压为 $u_1(t)=80\cos(314t-30°)$V，求通过它的电流有效值和瞬时值表达式。

12. 图 5.28 电路中已知：$u=100\cos(10t-30°)$V，$i=10\cos(10t-30°)$A，求：无源二端网络 N 的最简串联组合的元件值。

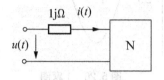

图 5.28　12 题图

13. 若无源二端网络端口的正弦电压、电流参考方向一致，且其端口处的（复）阻抗为 $(2+j2)\Omega$，则电压、电流的相位关系是怎样的？

14. 图 5.29 中 RC 并联电路，当 $\omega=2$ rad/s 时，求其等效串联电路参数 $R'$、$C'$。

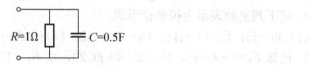

图 5.29　14 题图

15. 已知某无源二端网络端口电压和电流瞬时值表达式分别如下，求端口等效阻抗和导纳。

(1) $u=10\cos(314t+45°)$V 和 $i=20\cos(314t-20°)$A

(2) $u=10\sin(10t+45°)$V 和 $i=2\cos(10t-20°)$A

# 第**6**章

# 正弦电流电路分析

正弦电流电路包含动态元件，所以根据两类约束建立的电路方程是以时间为自变量的微分方程，直接在时域对微分方程求解非常烦琐；由于各电压、电流响应均为与激励同频率的正弦量，可以用相量表示，所以可将微分方程的求解简化为复数方程的求解。本章采用相量法，利用电路元件伏安关系和基尔霍夫定律的相量形式，把分析直流电阻电路的方法、原理、定律、定理直接应用于正弦电流电路的相量模型；另外可画出相量图，利用相量图的几何关系来帮助分析和简化计算，从而扩大了求解问题的思路和方法。

 教学要点

| 知 识 要 点 | 掌 握 程 度 |
| --- | --- |
| 相量分析法 | (1) 学会电路相量模型的作图方法<br>(2) 熟练掌握利用相量模型计算各支路电压、支路电流的方法<br>(3) 会利用相量图辅助电路分析与计算 |
| 正弦电流电路的各种功率 | (1) 理解有功功率、无功功率、视在功率、功率因数、复功率的意义<br>(2) 熟练掌握有功功率、无功功率、视在功率、功率因数、复功率的计算方法<br>(3) 掌握最大功率传输定理 |
| 功率因数提高的方法 | (1) 理解功率因数提高的实际意义<br>(2) 掌握功率因数提高的方法以及计算 |
| 谐振 | (1) 理解电路的谐振条件<br>(2) 掌握电路谐振频率的计算<br>(3) 掌握电路的谐振特征 |

引例：交流电的发明

正是由于交流电技术，世界才得以进入电气化时代。然而，交流电的成功却是建立在一场发生在 19 世纪末最伟大的两位发明家之间的激烈争辩之上的。他们就是爱迪生和特斯拉。在利益面前，他们毫不犹豫地使用各种手段，甚至包括魔术表演和残忍的展示。

"我认识两位伟人，你是其中之一；另外一个就是站在你面前的年轻人……"1884 年深秋的一个清晨，就是带着这样一封推荐信，尼古拉·特斯拉跨入了位于纽约著名的第五

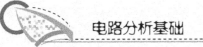

大道上一座漂亮大厦的门槛。特斯拉是一名优秀的塞尔维亚工程师，当时 28 岁的他刚刚准备和世界上最著名的发明家一起工作，而这位发明家仅仅用了几年的时间就开始了他的电灯照明时代。托马斯·爱迪生在他公司总部的办公室热情接待了这位踌躇满志的年轻人。看过了特斯拉的简历以后，爱迪生马上委派给他一份工作。为特斯拉写推荐信的人是查尔斯·巴特切罗，欧洲大陆爱迪生公司的负责人，这家公司是爱迪生电灯公司在巴黎的分公司，特斯拉在来美国以前曾在那里工作。

特斯拉欣然接受了爱迪生交给他的工作，并且耐不住性子大胆地向爱迪生提出了自己的设想，他认为有可能利用交流电流来产生电能。然而爱迪生的态度是冷淡的，他表示对这种理论毫无兴趣，而且在爱迪生看来，由他制造的直流电照明系统已经足够使用了。此后，爱迪生只是在直流电系统基础上进行改进。然而，他的新合作者特斯拉所期待的却绝不止于此。

19 世纪下半叶，几乎所有人都认为在实践中是不可能使用交流电的。因为直流电始终朝着相同的方向流动，而交流电则反复使电流的大小和方向发生变化。最早的电动机使用的都是直流电，那些试图让交流电动机运转起来的人发现，这种电动机产生的磁场并不能使电动机正常运行。事实上，当电流改变方向的时候，磁场随后也改变了强度和方向，因此，电动机自然就不可避免地停止转动。

事情发生转机是在 1882 年，特斯拉在经过严谨的数学分析之后，拟订了一个新的实验方案，他利用两个异相交流电换相器，以保证有充分而强大的电流使发动机运转。根据这位塞尔维亚科学家设计的方案，在电动机固定部分中的线圈里，对流动电流的一个适当联结(定子)能够产生一个强度不变的磁场，这个磁场在转动的同时，会使电动机的活动部件也跟着它一起转动(转子)。实际上，磁场会在转子的线圈里产生一个流动的感应电流，而感应电流能够引发一个加快线圈自身转动的力，而且这都不需要任何电线去连接运动中的各个部分。1883 年，特斯拉已经制造出了第一个小型交流电电动机，但是他很需要有财政上的支持来进一步试验和推进自己的发明。特斯拉发明的异步交流发电机如图 6.0(a)所示。

图 6.0(a)　特斯拉发明的异步交流发电机

和特斯拉第一次见面时，爱迪生正在投入大量的资金去研发直流电设备。1879年，爱迪生发明了白炽灯，这种灯在现实生活中的迅速普及使爱迪生本人也成为了一名成功的大企业家和世界知名的发明家，但是他当时所面临的问题也不少。首先，一个住宅区里的照明灯如果和发电站的距离超过1km，就无法得到足够的电流发出强光，这是因为直流电无法在远距离的情况下传输能量。爱迪生为了使他设计的照明系统能够正常运行，只好在每隔1km的地方建造1座发电站，要不然就要增加发电机的功效，或者将若干个发电机连接在一起，以便产生更多的电流。

爱迪生交给特斯拉的工作任务就是完善这些直流电系统的性能。不过特斯拉始终坚信能够说服爱迪生去接受在许多方面明显占优势的交流电。爱迪生很清楚特斯拉在技术方面的能力，他还拿出5万美元作为基金，让特斯拉去改进发电站中的发电机。特斯拉研究制订出了20多个新直流电发电机的计划，这些发电机具有调节简单并能产出强大电流的特点。爱迪生对这些新型发电机进行了多次实验，取得了很好的效果，并为这些发电机申请注册了专利权，用它们代替了那些老式机器。然而当特斯拉向爱迪生索取自己应得的那部分报酬时，爱迪生却拒绝了他。他说："特斯拉，您并不懂得美国式的幽默。"这件事对于这位塞尔维亚年轻人的打击很大，他的美梦被再次打破了。

特斯拉感到极度的失望和厌倦，于是他辞职了。长时间以来，特斯拉给爱迪生带来了很多利益，然而爱迪生始终对他的交流电持一种质疑和敌视的态度。不过，除了暴露出爱迪生对科学缺乏远见以外，特斯拉还清楚地看到，爱迪生已经将太多的金钱投入到他的直流电上而不能自拔了。

1888年，一位希望能向爱迪生发起挑战的美国发明家和企业家乔治·威斯汀豪斯将赌注押在了交流电上，他邀请特斯拉到他的公司去工作。

其实，早在1883年的时候，威斯汀豪斯就对交流电产生了极大的兴趣。当时，法国人吕西安·戈拉尔和英国人约翰·吉布斯在伦敦的一个博览会上向人们展示了一款能够进行远距离传输的交流电设备。这个设备运用了"二次发电机"：一种他们已经注册了专利权的特殊变压器。就是利用戈拉尔—吉布斯的变压器和由恩斯特·沃纳·冯·西门子校准的发电机，1886年3月，西屋公司在美国马萨诸塞州的大巴灵顿小镇中首次使用了交流电照明设备。

然而，为了能够真正和爱迪生进行较量，西屋公司必须要考虑给工业企业提供交流电动机。当时工业用电动机用的都是直流电，这种电动机存在着明显的不足，如功率不足等。于是，特斯拉开始为西屋公司设计生产大型的、高功率和高频率的交流电电动机，弥补了老式发电机功率不足的缺陷。

获悉特斯拉取得的成功以后，爱迪生意识到了自己将要面对的竞争对手是何等强大，他开始了一场针对交流电的中伤诋毁运动。为了向人们展示这种新型系统假定的危险性，爱迪生在众多记者面前用高压交流电做了一系列可怕的实验。他先是将一块白铁皮板和一台可达1 000V电压的交流电发电机相联，然后再把一只小猫或是小狗放在铁板上，小猫或小狗会瞬间死亡。这样，人们就可以亲眼目睹特斯拉和西屋公司的交流电的致命效果了。电椅就是在这样一系列"展示"的"启发"下发明出来的。同时，作为对爱迪生宣传攻势的反击，特斯拉也在舞台上进行了很多真正的"电魔术"表演。除了使人们为之惊叹，特斯拉的另一个目的就是向世人传播他的交流电理念：当不被用在故意犯罪的目的时，交流电是非常安全的。

当这场"电流大战"愈演愈烈之时，芝加哥正在筹备一个世界博览会，主办者希望寻找到一套可以照亮整个会场的照明设备。于是，威斯汀豪斯开出了一份极具诱惑力的合同，他试图以超低价格来从爱迪生手中抢到这笔生意。1893 年的芝加哥世博会(如图 6.0(b)所示)成了双方要争夺的关键项目。最初，爱迪生的通用电气公司为世博会准备的直流电电气系统报价是 180 万美元，遭到世博会组委会拒绝后，新的报价变为 55.4 万美元。可是，威斯汀豪斯公司用交流电的报价只有 39.9 万美元。于是后者赢得了项目。这是特斯拉和威斯汀豪斯第一次有机会向公众展现大型的交流电项目。

这场世博会的用电量达到巴黎世博会用电量的 9 倍。整个供电项目包括一个总的交换机，数个多相发电机，升压器、传输线、降压器等系统装置。而交流电的优势明显显现出来，首先是通过变压装置，可以让同一台发电机根据不同终端需要提供不同电压的电流，而直流电机则只能给单一的终端提供电流，如果终端需要不同的电压，则必须安装新的发电机。另外的优势是长距离传输。

爱迪生决定报复，他禁止特斯拉使用通用公司的灯泡，不过特斯拉想办法规避爱迪生的专利，发明了一种新型灯泡。而且在会场上，特斯拉用自己的身体作导体，让磷光的灯泡在他的指尖点亮。相当于当时美国人口一半的人参观了芝加哥世博会，在夜晚见证了交流电带来的奇迹。甚至，爱迪生在会场展示的新发明也在特斯拉提供的光芒下呈现，这对于百年以来最伟大的发明家爱迪生来说，感觉并不好。

图 6.0(b)　芝加哥世界博览会展示的交流电技术

可是站在旁人的角度看，电流之争，足以说明发明家为改变人类的生活做出了多大的贡献。不过，交流输电、直流输电这些都是和时代的技术进步有着密切关系，事实上，直流输电有着无可比拟的优点。

## 6.1 正弦电流电路的相量分析法

图 6.1(a)所示的正弦电流电路中，已知正弦激励 $u(t)=U_m\cos(\omega t+\theta_u)$，要计算通过电阻和电感的电流 $i(t)$ 为何值，利用两类约束关系列出电路微分方程如下式。

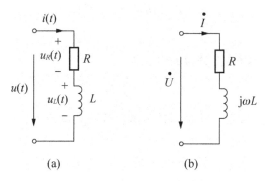

**图 6.1 正弦电流电路**

$$u(t)=Ri(t)+L\frac{\mathrm{d}i(t)}{\mathrm{d}t}$$

该方程反映的是电压与电流时间函数之间的关系，称为时域方程，图 6.1(a)所示的电路称为时域电路模型，直接求解该微分方程来计算 $i(t)$ 比较烦琐。因为响应 $i(t)$ 和激励 $u(t)$ 都为同频率($\omega$)的正弦量，所以可以用相量来表示，从而得出下面的相量方程

$$\dot{U}=R\dot{I}+\mathrm{j}\omega L\dot{I} \tag{6-1}$$

这实质就是一个复数方程，经过简单的复数运算可以求得电流相量为

$$\dot{I}=\frac{\dot{U}}{R+\mathrm{j}\omega L}=\frac{U\angle\theta_u}{\sqrt{R^2+(\omega L)^2}\angle\arctan\frac{\omega L}{R}}=\frac{U}{\sqrt{R^2+(\omega L)^2}}\angle\left(\theta_u-\arctan\frac{\omega L}{R}\right)$$

根据上式可以写出电流的瞬时值表达式

$$i(t)=\frac{\sqrt{2}U}{\sqrt{R^2+(\omega L)^2}}\cos\left(\omega t+\theta_u-\arctan\frac{\omega L}{R}\right)$$

实际上，在分析正弦电流电路时，可以省略列微分方程的步骤，而根据相量模型直接列出相量方程式(6-1)求解问题；相量模型和原正弦电流时域电路模型具有相同的拓扑结构，只需将原电路中各电路元件分别用阻抗或导纳表示，各支路电压和支路电流用相量表示，即可得到对应于原电路的相量模型；本题的相量模型如图 6.1(b)所示。

必须注意，实际上并不存在用虚数来计量的电压和电流，也没有一个元件参数是虚数，所以说相量模型只是一种假想模型，是对正弦电流电路进行分析的工具。

### 6.1.1 阻抗(导纳)的串联和并联

阻抗的串联和并联是正弦电流电路最基本的连接方式，其计算与直流电路中电阻的串联和并联计算公式相似，不同的是要将电压电流换成相量，元件参数用阻抗或导纳表示，图 6.2 中 $n$ 个阻抗串联的等效阻抗为

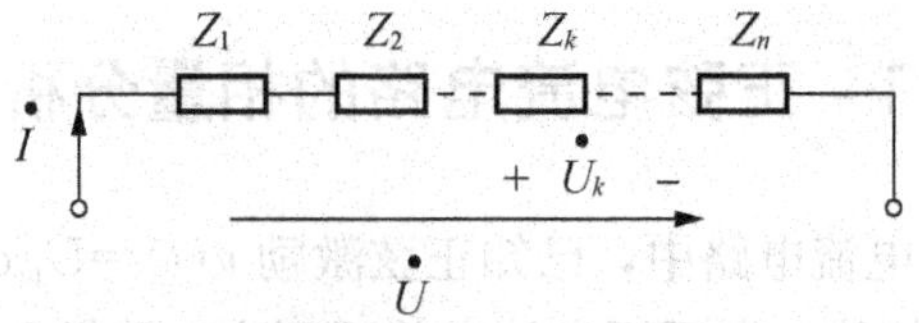

$$Z_1 \quad Z_2 \quad Z_k \quad Z_n$$

$\dot{I}$

$+ \ \dot{U}_k \ -$

$\dot{U}$

**图 6.2　阻抗串联的等效阻抗**

$$Z_{eq} = Z_1 + \cdots + Z_k + \cdots + Z_n = \Sigma Z_k$$

图 6.2 中参考方向下每个阻抗上分得的电压为

$$\dot{U}_k = \frac{Z_k}{Z_{eq}} \dot{U}$$

因为多个元件并联的时候，计算等效导纳比等效阻抗简单，所以列出图 6.3 中 $n$ 个导纳并联的等效导纳为

$$Y_{eq} = Y_1 + \cdots + Y_k + \cdots + Y_n = \Sigma Y_k$$

图 6.3 中电流参考方向下每个导纳分得的电流为

$$\dot{I}_k = \frac{Y_k}{Y_{eq}} \dot{I}$$

如果是两个阻抗并联，如图 6.4 所示，则等效阻抗为

$$Z_{eq} = \frac{Z_1 Z_2}{Z_1 + Z_2}$$

每个阻抗上分得的电流为(图 6.4 中参考方向下)

$$\dot{I}_1 = \frac{Z_2}{Z_1 + Z_2} \dot{I} \qquad \dot{I}_2 = \frac{Z_1}{Z_1 + Z_2} \dot{I}$$

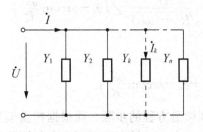

**图 6.3　导纳并联的等效导纳**

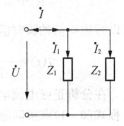

**图 6.4　两个阻抗并联**

### 6.1.2　相量分析法的一般步骤

首先根据电路的时域模型画出对应的相量模型，然后把分析直流电阻电路的方法、定律、定理、原理的相量形式应用于该相量模型计算出所要求电流或电压的相量，最后根据相量就可以得到所求的正弦电压或电流。

【例 6.1】　电路如图 6.5 所示，已知 $i_s(t) = 10\sqrt{2}\cos(t + 90°)$A，试求 $u_1(t)$、$i_1(t)$、$i_2(t)$。

**解：** 将电路参数用复数阻抗表示，电阻、电感的复数阻抗分别为

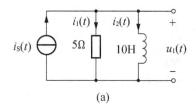 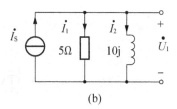

图 6.5 例 6.1 图

$$Z_R=5\Omega \qquad Z_L=j\omega L=10j\Omega$$

电流源输出电流用相量表示为

$$\dot{I}_s=10\angle 90°=10(\cos 90°+j\sin 90°)=10jA$$

各正弦量 $u_1(t)$、$i_1(t)$、$i_2(t)$ 也用相量表示，由此作出相量模型如图 6.5(b) 所示。与分析直流电阻电路的方法类似，所要求的 $\dot{U}_1$ 即为电流 $\dot{I}_s$ 在两个并联阻抗上的压降，并联等效复数阻抗为

$$Z_{eq}=\frac{5\times 10j}{5+10j}=\frac{50\angle 90°}{\sqrt{125}\angle \arctan 2}=4.48\angle 26.6°\Omega$$

则电压相量

$$\dot{U}_1=\dot{I}_s Z_{eq}=10j\times 4.48\angle 26.6°=44.8\angle 116.6°V$$

根据并联阻抗分流公式可以得出

$$\dot{I}_1=\frac{10j}{5+10j}\times 10j=8.96\angle 116.6°A \qquad \dot{I}_2=\frac{5}{5+10j}\times 10j=4.48\angle 26.6°A$$

电压、电流的瞬时值表达式为

$$u_1(t)=44.8\sqrt{2}\cos (t+116.6°)V$$
$$i_1(t)=8.96\sqrt{2}\cos (t+116.6°)A$$
$$i_2(t)=4.48\sqrt{2}\cos (t+26.6°)A$$

### 6.1.3 相量图

相量图是分析与计算正弦电流电路的辅助工具，它能直观地反映出各相量之间的大小与相位关系，有些电路问题用作相量图的方法来求解可以简化计算过程。下面通过例题来说明相量图的作法。

【例 6.2】 电路如图 6.6(a) 所示已知 $u_s(t)=10\sqrt{2}\cos 20t$ V

(1) 计算 $i(t)$、$u_{ab}(t)$、$u_{bc}(t)$、$u_{cd}(t)$。

(2) 作相量图。

(3) 求 $\dot{U}_{ad}$ 与 $\dot{I}$ 间的相位差角，$\dot{U}_{ad}$ 超前还是滞后于 $\dot{I}$。

**解：** (1) 要计算各正弦量，先作相量模型求其相量，然后根据相量式写出对应的正弦量即可，过程如下，相量模型如图 6.6(b) 所示。

$$Z_R=10\Omega \qquad Z_L=j\omega L=20j\Omega \qquad Z_C=-j1/\omega C=-10j\Omega$$

电路非常简单，3 个阻抗串连接到电压源上，可以求得电流相量和电压相量分别为

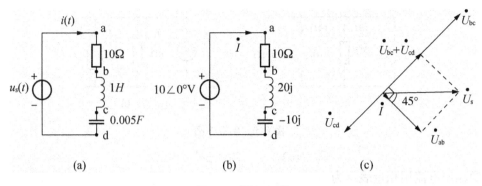

图 6.6  例 6.2 图

$$\dot{I}=\frac{10\angle 0^\circ}{10+20j-10j}=\frac{1}{\sqrt{2}\angle 45^\circ}=0.707\angle -45^\circ \text{A}$$

$$\dot{U}_{ab}=\dot{I}R=7.07\angle -45^\circ \text{V}$$

$$\dot{U}_{bc}=j\omega L\dot{I}=14.14\angle 45^\circ \text{V}$$

$$\dot{U}_{cd}=-j1/\omega C\dot{I}=7.07\angle -135^\circ \text{V}$$

写出电流和电压的瞬时值表达式如下

$$i(t)=0.707\sqrt{2}\cos(20t-45^\circ)\text{A}$$

$$u_{ab}(t)=7.07\sqrt{2}\cos(20t-45^\circ)\text{V}$$

$$u_{bc}(t)=14.14\sqrt{2}\cos(20t+45^\circ)\text{V}$$

$$u_{cd}(t)=7.07\sqrt{2}\cos(20t-135^\circ)\text{V}$$

观察可以发现，$u_{bc}$ 的幅值比电源电压 $u_s$ 幅值还大，这种分电压大于总电压的现象在直流电阻电路中是不可能出现的，但在正弦电流电路中，因为各个电压不一定同相，变化步调不一致，它们的最大值并不一定会在同一瞬间发生，所以有可能出现这种情况。

（2）在根据计算结果画相量图时，由于各相量都已经求得，只需按相量的大小（有效值或幅值）作出相量的长度，相量的方向则根据相量的幅角确定，一般将正实轴方向作为幅角为 0° 的相量方向。按照这样的原则，本题因为电压相量 $\dot{U}_s$ 的幅角为 0°，所以将它以坐标原点为起点作在正实轴方向，因为其有效值为 10V，所以取 10 个长度单位；$\dot{I}$ 相量有效值为 0.707A、幅角为 −45°，将其同样以原点为起点在第四象限 −45° 的方向作出，依次类推，将其他相量作出（都以原点为起点），如图 6.6(c) 所示，注意各相量的方向（相位关系）：电阻元件两端的电压 $\dot{U}_{ab}$ 与流过的电流 $\dot{I}$ 同相，在同一个方向；电感元件两端的电压 $\dot{U}_{bc}$ 超前于流过它的电流 $\dot{I}$ 90°，因此 $\dot{U}_{bc}$ 相量是在 $\dot{I}$ 相量逆时针转过 90° 的方向；电容元件两端的电压 $\dot{U}_{cd}$ 滞后于流过它的电流 $\dot{I}$ 90°，所以 $\dot{U}_{cd}$ 相量是在 $\dot{I}$ 相量顺时针转过 90° 的方向；必须强调，相量图不是简单地将各相量用有向线段表示出来就算完成了，最后应该将反映各相量符合 KVL、KCL 方程的关系表示出来，本题根据 KVL 方程，可得

$$\dot{U}_S=\dot{U}_{ab}+\dot{U}_{bc}+\dot{U}_{cd}$$

可以先作出 $\dot{U}_{bc}+\dot{U}_{cd}$，因为 $\dot{U}_{bc}$、$\dot{U}_{cd}$ 两个相量在同一直线的相反方向，所以两者之和在图

示的方向，然后以$\dot{U}_{bc}+\dot{U}_{cd}$相量与$\dot{U}_{ab}$相量为相邻边作平行四边形，对角线所指即为和相量$\dot{U}_{ab}+\dot{U}_{bc}+\dot{U}_{cd}$，也就是$\dot{U}_S$相量。

（3）根据电路模型可知$\dot{U}_S$就等于$\dot{U}_{ad}$，所以从相量图可得$\dot{U}_{ad}$相量超前于$\dot{I}$相量45°，电路呈电感性。

【例6.3】　电路如图6.7所示，已知$I_1$、$I_2$、$I_4$分别为7A、2A、5A，求$I$、$I_3$分别为多少？

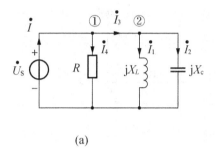
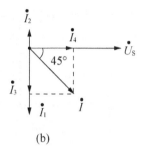

图6.7　例6.3的图

**解**：本题已知3条支路电流的有效值，而元件参数和电源电压均未知，如果用一般的相量运算法来计算比较烦琐，观察可以发现，各支路电流相量之间受KCL定律约束，所以想到用作相量图的分析方法。

因为已知条件并未给出参考相量，所以首先必须设定参考相量，参考相量的选择非常重要，只有正确地选择参考相量才能成功作出相量图完成分析计算任务。一般选择参考相量的方法：串联电路选择电流为参考相量，这样对于每一个串联元件而言相当于流过它的电流相量已知，那么就可以根据元件的伏安关系作出各元件的电压相量，然后再根据回路的KVL方程，用平行四边形法则或相量平移求和法画出各电压相量所组成的多边形；并联电路选择并联元件上的电压为参考相量，这样对于每一个并联元件而言相当于加在它两端的电压相量已知，那么就可以根据元件的伏安关系作出各元件的电流相量，然后再根据节点的KCL方程，用平行四边形法则或相量平移求和法画出各电流相量所组成的多边形；如果遇到混联电路，具体电路具体分析，总之参考相量的选定应能使相量图顺利地一步一步作下去，有时候可能第一次选择的参考相量不合适而要重新选定的情况也会存在。

本题是并联电路结构，所以选定电源电压$\dot{U}_S$为参考相量，那么它的幅角就默认为0°，将它作在正实轴方向，根据元件伏安关系：电感电流$\dot{I}_1$相量滞后于它两端的电压$\dot{U}_S$相量90°，所以$\dot{I}_1$是在$\dot{U}_S$顺时针转过90°的方向，电容电流$\dot{I}_2$相量超前于它两端的电压$\dot{U}_S$相量90°，所以$\dot{I}_2$是在$\dot{U}_S$逆时针转过90°的方向，根据对②节点列写KCL方程

$$\dot{I}_3=\dot{I}_1+\dot{I}_2$$

可作出$\dot{I}_3$相量与$\dot{I}_1$在同一个方向，有效值为5A；电阻电流$\dot{I}_4$相量与它两端的电压$\dot{U}_S$相量同相，所以也在正实轴方向，再根据对①节点列写KCL方程

$$\dot{I}=\dot{I}_3+\dot{I}_4$$

根据平行四边形法则，以 $\dot{I}_3$、$\dot{I}_4$ 相量为相邻边作平行四边形，对角线所指即为和相量 $\dot{I}$，其有效值为 $5\sqrt{2}$A，所以 $I$ 为 $5\sqrt{2}$A、$I_3$ 为 5A。

**【例 6.4】** 电路如图 6.8(a) 所示，$I_1=10$A，$I_2=10\sqrt{2}$A，$U=200$V，$R=5\Omega$，$R_2=X_L$，试求 $I$、$X_C$、$X_L$ 以及 $R_2$。

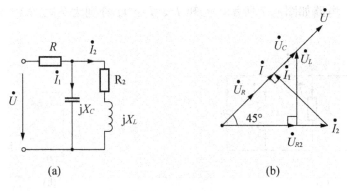

**图 6.8  例 6.4 图**

**解：** 本题已知的是电压电流的有效值，适合用相量图解题；如图 6.8(b) 所示，选择 $\dot{I}_2$ 电流作为参考相量，则 $\dot{U}_{R2}$ 与 $\dot{I}_2$ 同相 ($U_{R2}=I_2R_2$)，$\dot{U}_L$ 超前于 $\dot{I}_2$ 相量 90° ($U_L=I_2X_L=U_{R2}$)，因 $\dot{U}_{R2}+\dot{U}_L=\dot{U}_{RL}=\dot{U}_C$，用相量平移求和法，以 $\dot{U}_{R2}$ 相量的末端作为 $\dot{U}_L$ 相量的起点作出 $\dot{U}_L$，则 $\dot{U}_{R2}$ 相量的起点指向 $\dot{U}_L$ 相量的末端即为和相量 $\dot{U}_C$，$\dot{U}_C$ 相量超前于 $\dot{I}_2$ 相量 45°，因 $\dot{U}_{R2}$、$\dot{U}_L$、$\dot{U}_C$ 构成直角三角形；$\dot{I}_1$ 超前于 $\dot{U}_C$ 90°，因 $\dot{I}=\dot{I}_1+\dot{I}_2$ 用相量平移求和作出 $\dot{I}$（根据 $I$、$I_1$、$I_2$ 数量关系，$\dot{I}$、$\dot{I}_1$、$\dot{I}_2$ 构成直角三角形），$\dot{I}$ 与 $\dot{U}_C$ 同相，所以

$$I=10\text{A}$$

$\dot{U}_R$ 与 $\dot{I}$ 同相 ($U_R=IR=50$V)，因 $\dot{U}_R+\dot{U}_C=\dot{U}_R$（三个电压相量同相 $U_R+U_C=U=200$V），所以 $U_C=150$V$=I|X_C|=10|X_C|$，所以

$$X_C=-15\Omega$$

同理，根据 $\sqrt{R_2^2+X_L^2}\times I=150$V，求得

$$R_2=X_L=7.5\Omega$$

### 6.1.4 复杂正弦电流电路的相量分析

若正弦电流电路结构比较复杂，可以用前面介绍过的网孔电流法、节点电压法、戴维南定理、叠加原理等方法来求解。

**【例 6.5】** 电路相量模型如图 6.9 所示，试用叠加定理计算 $\dot{I}_1$。

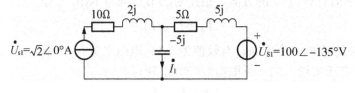

**图 6.9  例 6.5 图**

**解：** $\dot{I}_{s1}$ 单独作用时，在支路上产生的电流分量为

$$\dot{I}'_1=\frac{(5+5j)\sqrt{2}\angle 0°}{5+5j-5j}=2\angle 45°A$$

$\dot{U}_{s1}$ 单独作用时，在支路上产生的电流分量为

$$\dot{I}_1=\frac{100\angle -135°}{5-5j+5j}=20\angle -135°A$$

根据叠加原理可以得出

$$\dot{I}''_1=\dot{I}'_1+\dot{I}''_1=2\angle 45°+20\angle -135°=18\angle -135°A$$

**【例 6.6】** 电路如图 6.10 所示，已知 $\dot{U}_1=230\angle 0°V$，$\dot{U}_2=227\angle 0°V$，$Z_1=0.1+0.5j\Omega$，$Z_2=0.1+0.5j\Omega$，$Z_3=5+5j\Omega$，试用节点电压法计算 $\dot{I}_3$。

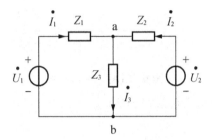

图 6.10 例 6.6 图

**解：** 选择 b 为参考节点，列出节点电压方程如下

$$(Z_1+Z_2+Z_3)\dot{U}_{ab}=\frac{U_1}{Z_1}+\frac{U_2}{Z_2}$$

代入数据求得

$$\dot{U}_{ab}=221.291\angle -1.1°V$$

$$\dot{I}_3=\frac{\dot{U}_{ab}}{Z_3}=31.3\angle -46.1°A$$

**【例 6.7】** 应用戴维南定理计算【例 6.6】中 $\dot{I}_3$。

**解：** 先计算开路电压，如图 6.11(a)所示。

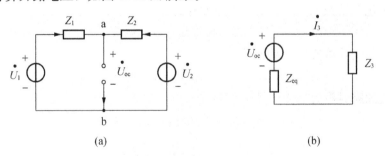

(a)                              (b)

图 6.11 例 6.7 图

$$\dot{U}_{oc}=\frac{\dot{U}_1-\dot{U}_2}{Z_1+Z_2}\times Z_2+\dot{U}_2=228.85\angle 0°V$$

然后将等效阻抗计算如下

$$Z_{eq}=\frac{Z_1\times Z_2}{Z_1+Z_2}=0.05+0.25j\,\Omega$$

作出戴维南等效电路如图 6.11(b)所示,计算出电流如下

$$\dot{I}_3=\frac{\dot{U}_{oc}}{Z_3+Z_{eq}}=31.3\angle-46.1°\mathrm{A}$$

【例 6.8】 电路如图 6.12(a)所示,试用网孔电流法求 $i_1$、$i_2$。

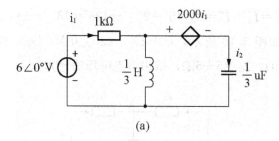

(a)

**图 6.12(a)** 例 6.8 图

**解**:作出电路相量模型如图 6.12(b)所示。

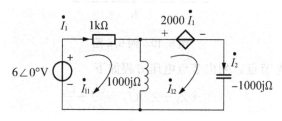

**图 6.12(b)** 例 6.8 图

由网孔法可列出方程如下

$$\begin{cases}(1000+1000j)\dot{I}_{l1}-1000j\dot{I}_{l2}=6\angle0°\\ -1000j\dot{I}_{l1}=-2000\dot{I}_1\\ \dot{I}_1=\dot{I}_{l1}\end{cases}$$

注意网孔 2 中包含受控源,第 3 个方程为增补的方程;可以解得

$$\dot{I}_{l1}=0 \qquad \dot{I}_{l2}=0.006\angle90°\mathrm{A}$$

根据支路电流与网孔电流的关系可得

$$\dot{I}_1=0 \qquad \dot{I}_2=0.006\angle90°\mathrm{A}$$

最后写出电流的瞬时值表达式如下

$$i_1=0, \quad i_2=0.006\sqrt{2}\cos(3000t+90°)\mathrm{A}$$

## 6.2　正弦电流电路的功率

正弦电流电路由于包含储能元件电感和电容元件,并且传输的信号又是正弦波,所以其功率和能量的分析计算比直流电路复杂,必须引入新的概念来说明问题。

### 6.2.1　二端网络的瞬时功率和平均功率以及功率因数

图 6.13 所示的二端网络 N，电压电流取关联参考方向，根据第 1 章二端元件或二端网络功率的计算公式，可得瞬时功率为

$$p(t)=u(t)i(t)$$

表示一端口吸收的功率，如果 $p(t)>0$ 则吸收正功率，端口实际吸收功率；如果 $p(t)<0$ 则吸收负功率，端口实际发出功率。设正弦电流和正弦电压的瞬时值表达式分别为

$$u(t)=\sqrt{2}U\cos(\omega t+\varphi)$$

$$i(t)=\sqrt{2}I\cos\omega t$$

$\varphi$ 为端口电压与端口电流的相位差角，则端口瞬时功率为

$$p(t)=u(t)i(t)=2UI\cos\omega t\times\cos(\omega t+\varphi)$$
$$=UI[\cos(2\omega t+\varphi)+\cos\varphi] \tag{6-2}$$

结果的第一项为频率是 $2\omega$ 的正弦量，第二项为恒定分量；图 6.14 是该端口电压、电流、功率瞬时值的波形图，可以清楚地看出：功率瞬时值有时为正，表明端口此阶段从外部电源或外部电路吸收功率，有时为负，表明此阶段向外部电路发出功率。瞬时功率是随时间不断变化的物理量，它的大小不便测量，并且实际的物理意义也不大；通常引用瞬时功率在一个周期的平均值即平均功率来衡量端口吸收或发出功率的大小。因为上式第一项的正弦量的平均值等于零，所以平均功率就是第二项，即为

$$P=UI\cos\varphi \tag{6-3}$$

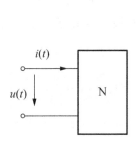

图 6.13　二端网络 N

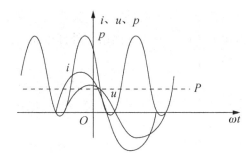

图 6.14　电压、电流、功率瞬时值

式(6-3)说明，二端网络的平均功率不仅与端口电压有效值和端口电流有效值的乘积有关，还与电压与电流相位差角的余弦即 $\cos\varphi$ 有关，将 $\cos\varphi$ 称为功率因数 $\lambda$

$$\lambda=\cos\varphi$$

如果端口为包含独立电源的有源一端口网络，则用式(6-3)计算端口平均功率时 $\varphi$ 就是端口电压与端口电流的相位差角，此时 $P$ 有可能为正，也有可能为负。

如果端口为不包含独立电源的无源二端网络，则 $\varphi$ 电压与电流的相位差角是等于端口阻抗角 $\varphi_z$ 的，那么平均功率计算公式还可以写成

$$P=UI\cos\varphi_z$$

若该无源端口只包含 $R$、$L$、$C$ 元件，则 $|\varphi_z|\leqslant90°$，那么 $P$ 总大于零，端口总是吸收功

率；若该无源端口另外还包含受控源，则有可能出现$|\varphi_Z|\geqslant 90°$的情况，那么$P$就有可能小于零，说明端口可能向外部电路发出功率。

根据式(6-3)，可以计算出单个电阻、电感、电容的平均功率分别为

$$P_R=U_RI_R=I_R^2R=U_R^2/R$$
$$P_L=U_LI_L\cos 90°=0$$
$$P_C=U_CI_C\cos (-90°)=0$$

上式再次说明了电容元件、电感元件在电路中不消耗能量，为储能元件；消耗能量的是电阻元件。

### 6.2.2 无功功率和视在功率

对式(6-1)也可以用下面的分解方法

$$\begin{aligned}p(t)&=u(t)i(t)=2UI\cos \omega t\times\cos (\omega t+\varphi)\\&=UI\left[\cos (2\omega t+\varphi)+\cos \varphi\right]\\&=UI\cos \varphi\cos 2\omega t-UI\sin \varphi\sin \omega t+\cos \varphi\\&=UI\cos \varphi\left[1+\cos 2\omega t\right]-UI\sin \varphi\sin 2\omega t\end{aligned}$$

结果的第一项总是大于等于零(当N为无源且不包含受控源时，$\varphi\leqslant\pi/2$)，它表示二端网络所消耗的能量，是瞬时功率中的不可逆部分；第二项为正弦量，其幅值为$UI\sin \varphi$，其正半周网络吸收能量，负半周释放能量，释放的能量等于吸收的能量，所以这一部分功率的平均值等于零，它只表示网络与外部电源或外部电路进行的能量互换，这部分功率是瞬时功率中的可逆部分，并不消耗能量，这是由于网络包含储能元件的缘故。

工程中引用无功功率来表示网络与外部电路的能量互换，定义能量互换的规模(幅值)为无功功率，用$Q$表示

$$Q=UI\sin \varphi \tag{6-4}$$

无功功率与平均功率的计算公式都与端口电压有效值与端口电流有效值的乘积有关，引入视在功率的概率，用$S$表示

$$S=UI$$

视在功率常用来表示电气设备的容量。

必须说明，平均功率、无功功率、视在功率意义不同，单位不同：平均功率单位为"瓦"(W)，无功功率单位为"乏"(var)，视在功率单位为"伏安"(V·A)。

单个R、L、C元件的无功功率利用式(6-3)可以计算得出

$$Q_R=0 \quad Q_L=U_LI_L=I_L^2X_L=U_L^2/X_L$$
$$Q_C=-U_CI_C=-I_C/\omega C=-\omega CU_C^2$$

注意，电阻元件跟外部电路不存在能量互换，无功功率为零，电感的无功功率为正，电容的无功功率为负。

另外，对于无源一端口可以计算出其等效阻抗$Z=R+jX$，其等效电路如图6.15(a)所示，电压三角形和阻抗三角形相似如图6.15(b)、图6.15(c)所示

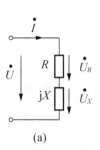 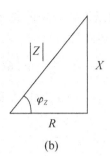 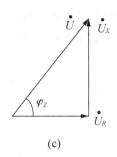

（a）　　　　　　　　　　（b）　　　　　　　　　　（c）

**图 6.15　无源一端口特性**

因为 $U_R = U\cos\varphi_Z$，所以端口平均功率还可以用下式计算

$$P = UI\cos\varphi_Z = I^2|Z|\cos\varphi = U_R I = I^2 R$$

上式说明，无源一端口吸收的平均功率即为电阻上所消耗的功率，所以也称为有功功率；同理，无功功率也可以用下面的公式计算

$$Q = UI\sin\varphi_Z = I^2|Z|\sin\varphi = U_X I = I^2 X = P\mathrm{tg}\varphi \tag{6-5}$$

**【例 6.9】**　电路如图 6.16 所示，试求电路消耗的功率以及功率因数。

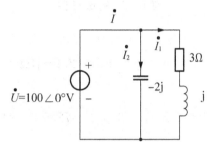

**图 6.16　例 6.9 图**

**解：** 因为电路消耗的功率即为电阻上消耗的功率，所以可以先计算电阻上电流的有效值如下

$$I_1 = \frac{U}{|Z_1|} = \frac{100}{\sqrt{3^2 + 1^2}} = 10\sqrt{10}\,(\mathrm{A})$$

则

$$P = I_1^2 R = (10\sqrt{10})^2 \times 3 = 3\,000\,(\mathrm{W})$$

$$I = \frac{U}{|Z|} = \frac{100}{\left|\dfrac{-2\mathrm{j}(3+\mathrm{j})}{3+\mathrm{j}-2\mathrm{j}}\right|} = \frac{100}{2} = 50\,(\mathrm{A})$$

$$S = UI = 100 \times 50 = 5\,000\,(\mathrm{V}\cdot\mathrm{A})$$

$$\lambda = \frac{P}{S} = \frac{3\,000}{5\,000} = 0.6$$

**【例 6.10】**　若电路的功率因数为 0.9（超前），有功功率为 50kW，试求电路的无功功率以及视在功率。

**解：** 电工技术中，因为一端口网络的功率因数等于 $\cos\varphi$，其无法体现电路的性质，所以另外加上"超前"或"滞后"加以说明，超前是指电流超前于电压，电路呈电容性；滞后则是指电流滞后于电压，电路呈电感性。

$$S = UI = \frac{P}{\cos \varphi} = \frac{50}{0.9} = 55.6 (\text{kV} \cdot \text{A})$$

本题电路呈电容性，电流超前于电压 $\varphi_{u-i} < 0$，所以无功功率为负，计算如下

$$\cos \varphi = 0.9$$

所以
$$\sin \varphi = -0.435$$

$$Q = UI \sin \varphi = -55.6 \times 0.435 = -24.2 (\text{kV} \cdot \text{A})$$

【例 6.11】 电路如图 6.17 所示，已知 $i_s = 30\sqrt{2} \cos (25\,000t) \text{mA}$，求电流源产生的有功功率、无功功率。

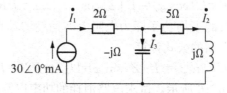

图 6.17 例 6.11 图

**解：** 先求等效阻抗如下

$$Z = \frac{-j(5+j)}{-j+5+j} + 2 = (2.2 - j)\Omega$$

则电流源两端电压相量为

$$\dot{U} = \dot{I}_1 Z = (2.2 - j) \times 30 \angle 0° = 72.5 \angle -24.44° \text{V}$$

则电源产生的有功功率为

$$P = UI \cos \varphi = 30 \times 72.5 \cos (-24.44) = 1.979 (\text{kW})$$

无功功率为

$$Q = UI \sin \varphi = 30 \times 72.5 \sin (-24.4) = -0.891 (\text{k var})$$

### 6.2.3 复功率

正弦电流电路功率种类多，为了用一个统一的公式来计算它们，引入了复功率，定义一端口网络吸收的复功率为

$$\tilde{S} = \dot{U}\dot{I}^*$$

设 $\dot{U} = U\angle\theta_u$，$\dot{I} = I\angle\theta_i$，电流相量的共轭复数 $\dot{I}^* = I\angle-\theta_i$，那么复功率

$$\tilde{S} = \dot{U}\dot{I}^* = UI\angle(\theta_u - \theta_i) = UI\cos(\theta_u - \theta_i) + jUI\sin(\theta_u - \theta_i) = P + jQ = S\angle(\theta_u - \theta_i)$$

即复功率的实部等于有功功率，虚部等于无功功率，模等于视在功率；单位亦为 V.A。

如果是无源一端口网络，其等效阻抗为 $Z$，则复功率还可以用下面的公式计算

$$\tilde{S} = \dot{U}\dot{I}^* = Z\dot{I}\dot{I}^* = I^2 Z$$

$$\tilde{S} = \dot{U}\dot{I}^* = \dot{U}(Y\dot{U})^* = U^2 Y^*$$

必须指出，正弦电流电路中总的有功功率等于各电阻元件消耗的有功功率之和，即

为复功率的实部，称为有功功率守恒；总的无功功率等于各动态元件的无功功率的代数和，即为复功率的虚部，称为无功功率守恒；当然复功率也守恒，但是视在功率并不守恒。

**【例 6.12】** 无源一端口网络端口电流为 12.5A 时，吸收的复功率为 $5\,000\angle45°\text{V}\cdot\text{A}$，试计算端口等效阻抗。

**解：** 根据：

$$\tilde{S}=I^2Z$$

$$Z=\frac{5000\angle45°}{12.5^2}=22.6+22.6\text{j}\,\Omega$$

**【例 6.13】** 计算图 6.16 电路中负载的复功率。

**解：** 根据【例 6.9】的结果，可以计算出无功功率为

$$Q=S\sin\varphi=-5\,000\times0.8=-4\,000\,(\text{var})$$

所以

$$\tilde{S}=3\,000-4\,000\text{j}=5\,000\angle-53.13°(\text{V}\cdot\text{A})$$

**【例 6.14】** 续【例 6.11】试计算图 6.18 电路中各支路的复功率，并说明功率守恒关系。

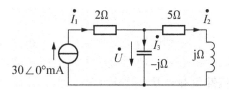

图 6.18 例 6.14 图

**解：** 先计算 $\dot{U}$ 以及 $\dot{I}_2$、$\dot{I}_3$。

$$\dot{U}=\dot{I}_1\times\frac{-\text{j}(5+\text{j})}{-\text{j}+5+\text{j}}=30.6\angle-78.69°\text{mV}$$

$$\dot{I}_2=\dot{I}_1\times\frac{-\text{j}}{-\text{j}+5+\text{j}}=6\angle-90°\text{mA}$$

$$\dot{I}_3=\dot{I}_1\times\frac{5+\text{j}}{-\text{j}+5+\text{j}}=30.6\angle11.31°\text{mA}$$

根据公式计算各支路的复功率如下

支路 1 发出的复功率

$$\tilde{S}_1=\dot{U}\dot{I}_1=30.6\angle-78.69°\times30\angle0°=180.04-900.17\text{j}$$

支路 2 吸收的复功率

$$\tilde{S}_2=\dot{U}\dot{I}_2=30.6\angle-78.69°\times6\angle90°=180.04+36.01\text{j}$$

支路 3 吸收的复功率

$$\tilde{S}_3=\dot{U}\dot{I}_3=30.6\angle-78.69°\times30.6\angle-11.31°=-936.36\text{j}$$

复功率实部为有功功率，验算上面三式支路 1 发出的有功功率等于支路 2 吸收的有功功率；虚部为无功功率，验算得知支路 1 发出的无功功率等于支路 2 和支路 3 吸收的无功功率之和，这说明电路有功功率、无功功率守恒，当然复功率也是守恒的。

## 6.3 功率因数的提高

设一台电源设备的视在功率即容量 S 为 3 000V·A，当所接负载的功率因数为 1 时，电源传输给负载的有功功率为

$$P = S\cos\varphi = 3\ 000 \times 1 = 3\ 000 \text{(W)}$$

此时电源的容量得到充分利用；而当所接负载的功率因数 λ 为 0.6 时，那么电源传输给负载的有功功率为

$$P = S\cos\varphi = 3\ 000 \times 0.6 = 1\ 800 \text{(W)}$$

这说明电源的容量没有得到充分利用，这是因为电源与负载之间存在着能量互换，能量互换的规模即为无功功率

$$Q = S\sin\varphi = 3\ 000 \times 0.8 = 2\ 400 \text{(var)}$$

以上说明负载功率因数低将浪费电源设备的资源，降低经济效益。另外一方面，当由电源设备向负载传输一定的有功功率时，根据下式

$$I = \frac{P}{U\cos\varphi}$$

可知，负载的功率因数越低，则线路上的电流越大，那么线路上的压降以及功率损耗都会增大，这也同样会降低经济效益；所以应该尽量提高负载的功率因数。

电网中大量负载为电感性负载，功率因数不高，如何才能提高功率因数，通常采用并联电容的方法。电路如图 6.19(a)所示，当电感性负载 RL 支路不并联电容时，线路电流等于支路电流。

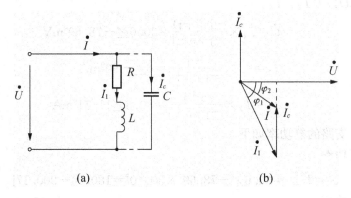

(a)                    (b)

**图 6.19　电感性负载电路**

$$\dot{I} = \dot{I}_1 = \frac{\dot{U}}{R + j\omega L} = \frac{U\angle 0°}{\sqrt{R^2 + (\omega L)^2} \angle \arctan \omega L/R}$$

$$= \frac{U\angle -\arctan \omega L/R}{\sqrt{R^2 + (\omega L)^2}} = \frac{U\angle -\varphi_1}{\sqrt{R^2 + (\omega L)^2}}$$

作出相量图如图 6.19(b)所示；并联电容后，RL 支路两端的电压 $\dot{U}$ 以及电流 $\dot{I}_1$ 都不变，所以其有功功率、无功功率、功率因数也不变，即并联电容与否并不影响原来电感性负载的工作；那么并联电容怎样能够提高电路的功率因数，可以计算出电容上的电流相量以及

线路上的电流相量分别为

$$\dot{I}_c = \frac{\dot{U}}{-\mathrm{j}/\omega C} = U\omega C \angle 90°$$

$$\dot{I} = \dot{I}_1 + \dot{I}_c$$

作出其相量可以看出，并联电容后总电路的电压与总电流之间的相位差角减少，即 $\varphi_2 < \varphi_1$，所以说总电路的功率因数比原来电感性负载功率因数提高，而且从电流三角形可以得出线路上的电流有效值也小于原来电感性负载上电流的有效值，所以线路上的功率损耗降低了。总电路功率因数提高，线路电流减少，所以电源供给总电路的无功功率减少，而原来电感性负载的无功功率并不变，因此，另外一部分电感性负载需要的无功功率由并联的电容提供，也就是说，电感性负载一方面与电源进行能量互换，另一方面与电容进行能量互换。如果要将功率因数从 $\cos \varphi_1$ 提高到 $\cos \varphi_2$，要并联多大的电容。注意，总电路的有功功率 $P$ 不变，根据电流三角形可得

$$I_1 \sin \varphi_1 - I \sin \varphi_2 = \omega UC$$

$$I_1 = \frac{P}{U\cos \varphi_1} \qquad I = \frac{P}{U\cos \varphi_2}$$

由上面 3 个式子可以算得

$$C = \frac{P}{\omega U^2}(\tan \varphi_1 - \tan \varphi_2) \qquad\qquad (6-6)$$

从相量图可以发现，并联的电容增大则 $\varphi_2$ 减少，功率因数提高得越高，但图示情况下总电路还是呈电感性；继续增大电容，当 $\varphi_2 = 0$ 时，功率因数达到最高 1，此时总电路呈电阻性；进一步增大电容，将使总电路变成电容性，功率因数又将下降；因为并联电容增大耗费亦增大，所以一般只将电路补偿呈电感性，不必一定要将功率因数提高到 1。

**【例 6.15】** 已知电源电压有效值为 220V，频率为 50Hz，负载有功功率为 10kW、功率因数为 0.6 滞后，要将功率因数提高到 0.866，求并联电容的大小。

**解：** $\cos \varphi_1 = 0.6 \Rightarrow \varphi_1 = 53.1°$，$\cos \varphi_2 = 0.866 \Rightarrow \varphi_2 = 30°$
根据式（6-4）

$$C = \frac{P}{\omega U^2}(\tan\varphi_1 - \tan\varphi_1) = \frac{10\,000}{314 \times 220^2}(\tan 53.1° - \tan 30°)$$

$$= 497 \mathrm{uF}$$

## 6.4 最大功率传输定理

实际工程应用中，经常要研究当负载取何值时从电源获得的有功功率最大，即最大功率传输问题，在分析直流电路时曾介绍过最大功率传输定理；因为正弦稳态电路中参数为阻抗、物理量为正弦量，所以最大功率传输定理形式有所不同。

电路如图 6.20 所示，电源内阻抗 $Z_0 = R_0 + \mathrm{j}X_0$，负载阻抗为 $Z_L = R_L + \mathrm{j}X_L$，负载上获得的有功功率为

$$P = I^2 R_L = \frac{U^2}{(R_0 + R_L)^2 + (X_0 + X_L)^2}R_L$$

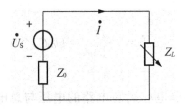

图 6.20　最大功率传输定理

设负载阻抗实部 $R_L$、虚部 $X_L$ 可以分别独立变化；先令 $R_L$ 不变，分析上式可得当 $X_L = -X_0$ 时，有功功率最大为

$$P = \frac{U^2}{(R_0 + R_L)^2} R_L$$

然后再分析如果 $R_L$ 可变，那么根据上式可得当 $R_L = R_0$ 时，有功功率最大；所以说，当负载阻抗等于内阻抗的共轭复数时，即

$$Z_L = R_L + jX_L = R_0 - jX_L = Z_0^*$$

负载上获得的有功功率达到最大，最大的有功功率为

$$P_{\max} = \frac{U^2}{4R_0}$$

**【例 6.16】**　电路如图 6.21(a)所示，求负载阻抗取何值时获得最大有功功率，最大有功功率为多少。

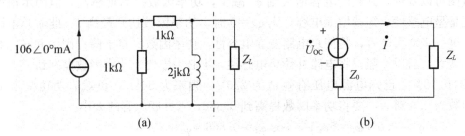

(a)　　　　　　　　　　　　　　　　(b)

图 6.21　例 6.16 图

**解：**根据戴维南定理，虚线以左的有源二端网络可以等效为一个电压源串联内阻抗如图 6.21(b)所示，电压源电压即开路电压以及等效阻抗分别计算如下

$$\dot{U}_{oc} = \frac{2j}{2+2j} \times 106 \angle 0° = 74.96 \angle 45° \text{V}$$

$$Z_{eq} = \frac{2 \times 2j}{2+2j} = \sqrt{2} \angle 45° \text{k}\Omega$$

所以当负载阻抗

$$Z_L = \sqrt{2} \angle -45° \text{k}\Omega$$

时，获得最大有功功率为

$$P_{\max} = \frac{U^2}{4R_0} = \frac{74.96^2}{4 \times 1} = 1.404 \text{W}$$

## 6.5　正弦电流电路的谐振

通常正弦电流电路中的总电压与总电流不同相，但当电路参数满足一定条件时，这时电压与电流将同相，电路即发生了谐振。谐振既有有利的一面，也有有害的一面，应该正确认识这种客观现象。根据电路结构的不同，谐振可以分为串联谐振、并联谐振两种，下面从谐振条件、谐振频率、谐振特征等几个方面来介绍。

### 6.5.1　串联谐振

图 6.22(a)所示的 RLC 串联电路中，端口的等效阻抗为

$$Z(j\omega) = R + j(\omega L - 1/\omega C)$$

阻抗角即为端口电压与端口电流之间的相位差角，计算如下

$$\varphi_Z = \arctan \frac{\omega L - 1/\omega C}{R}$$

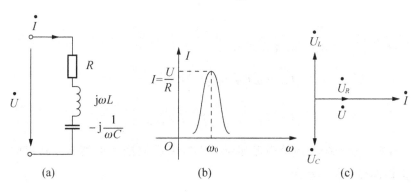

**图 6.22　RLC 串联谐振**

分析得出当阻抗的虚部即电抗分量等于零时，电压与电流将同相，电路发生谐振，因为电路结构为串联电路，所以称为串联谐振，其谐振条件为

$$Lm\left[Z(j\omega)\right] = 0$$

即

$$\omega L - 1/\omega C = 0$$

谐振频率为

$$\omega = \frac{1}{\sqrt{LC}} \quad \text{或} \quad f = \frac{1}{2\pi\sqrt{LC}}$$

上式说明当电路工作频率 $\omega$ 一定时，只需调整电路参数 $L$ 或 $C$ 使之满足上式；电路将发生谐振；或当电路参数 $L$、$C$ 一定时，也可以通过调节电源频率 $\omega$ 使之满足上式，电路也将发生谐振。

下面从阻抗模、端口电流有效值、动态元件上的电压相量、电路的功率等几个方面来说明串联谐振的特征。

### 1. 阻抗模

因为端口阻抗模 $|Z|=\sqrt{R^2+(\omega L-1/\omega C)^2}$，谐振时 $\omega L-1/\omega C=0$，所以阻抗模达到最小为

$$|Z|=R$$

### 2. 端口电流有效值

端口电流有效值 $I=U/|Z|$，则达到最大为

$$I=U/R$$

称为谐振电流，图 6.22(b)为端口电流随电源频率变化的曲线，称为谐振曲线。

### 3. 动态元件的电压有效值

电路发生谐振时，$Z(\mathrm{j}\omega)=R$ 电路呈电阻性，端口电流相量为

$$\dot{I}=\frac{\dot{U}}{R}$$

那么电感电压相量、电容电容相量分别为

$$
\begin{cases}
\dot{U}_L=\mathrm{j}\omega L\,\dot{I}=\mathrm{j}\omega L\,\dfrac{\dot{U}}{R} \\[2mm]
\dot{U}_C=(-\mathrm{j}/\omega C)\dot{I}=(-\mathrm{j}/\omega C)\dfrac{\dot{U}}{R}
\end{cases}
\tag{6-7}
$$

作出图 6.22(c)所示相量图，电感电压相量与电容电压相量大小相等方向相反，两相量之和等于零，根据回路 KVL 方程

$$\dot{U}=\dot{U}_R+\dot{U}_L+\dot{U}_C=\dot{U}_R$$

所以，谐振时电源电压全部降落在电阻上。根据式(6-5)，电感电压有效值等于电容电压有效值为

$$U_L=U_C=I\omega L=I/\omega C=\frac{U\omega L}{R}=\frac{U}{R\omega C}$$

当满足 $\omega L\gg R$ 时，电感电压有效值(电容电压有效值)将远大于电源电压有效值，所以将串联谐振也称为电压谐振；并且定义电感电压有效值(电容电压有效值)与电源电压有效值之比为电路的品质因数，用 $Q$ 表示

$$Q=\frac{U_L}{R}=\frac{U_C}{R}=\frac{\omega L}{R}=\frac{1}{\omega RC}=\frac{1}{R}\sqrt{\frac{L}{C}}$$

实际工程应用中，例如，无线电通信中要利用串联谐振时在电感、电压上产生的较高电压进行通信；另外一些场合电感、电压上的高电压却将可能击穿电气设备绝缘层，因此要尽量避免谐振。

### 4. 电路的功率

电路发生谐振时，电路呈电阻性，功率因数达到最大为 1，电路的有功功率最大，无

功功率为零，即电路与电源之间不存在能量互换，能量互换只发生在电感元件与电容元件之间，两者之间无功功率实现完全补偿。

**【例6.17】**　RLC 串联电路，电源频率为 $500\,\mathrm{Hz}$ 时电路发生谐振，谐振时电流 $I$ 为 $0.2\mathrm{A}$，容抗为 $-314\Omega$，电路 $Q$ 值为 20，试求该电路的 $R$ 和 $L$。

**解：** 谐振时电容电压有效值为

$$U_c = I/\omega C = 0.2 \times 314 = 62.8(\mathrm{V})$$

电源电压有效值为

$$U = U_c/Q = 62.8/20 = 3.14(\mathrm{V})$$

电路电阻、电感分别为

$$R = U/I = 3.14/0.2 = 15.7(\Omega)$$

$$X_c = -\frac{1}{\omega C} = -314\Omega \Rightarrow C = 1.01\mathrm{uF}$$

$$L = \frac{1}{\omega^2 C} = \frac{1}{(2\pi f)^2 C} = 0.1\mathrm{H}$$

### 6.5.2　并联谐振

工程上常采用线圈与电容的并联电路如图 6.23(a) 所示，电路的等效导纳为

$$Y(\mathrm{j}\omega) = \frac{1}{R+\mathrm{j}\omega L} + \mathrm{j}\omega C = \frac{R-\mathrm{j}\omega L}{R^2+(\omega L)^2} + \mathrm{j}\omega C = \frac{R}{R^2+(\omega L)^2} + \mathrm{j}\left(\omega C - \frac{\omega L}{R^2+(\omega L)^2}\right)$$

当导纳等于零时，端口电压与电流同相，电路发生并联谐振，所以谐振条件为

$$Lm[Y(\mathrm{j}\omega)] = 0$$

一般要求线圈的电阻 $R$ 很小，要满足 $R \ll \omega L$，所以可以推出谐振频率为

$$\omega C - \frac{\omega L}{(\omega L)^2} \approx 0 \Rightarrow \omega \approx \frac{1}{\sqrt{LC}}$$

下面从导纳模、端口电流有效值、动态元件上的电流相量等几个方面来说明并联谐振的特征。

#### 1. 导纳模

因为谐振时导纳为零，所以导纳模达到最小为

$$|Y| = \frac{R}{R^2+(\omega L)^2} \approx \frac{R}{\omega^2 L^2} = \frac{R}{(1/LC)L^2} = \frac{RC}{L}$$

必须说明，结论是近似的，是在假设满足 $R \ll \omega L$ 的条件下推导出来的；实际上，当改变电源频率发生谐振时，导纳模并不是最小的，但在改变电容发生谐振时，导纳模是最小的。

#### 2. 端口电流有效值

当外加电压一定的电压源供电时，端口电流有效值 $I$ 为

$$I = U|Y| = URC/L$$

达到最小。

3. 动态元件上的电流有效值

根据 6.3 节的分析方法,可以作出图 6.23(b)所示的相量图,电感支路和电容元件上电流的有效值分别为

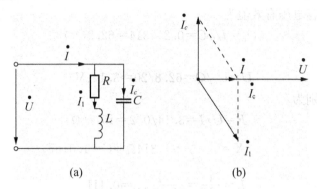

(a)　　　　　　　　(b)

图 6.23　电感支路和电容

$$I_1 = \frac{U}{\sqrt{R^2+(\omega L)^2}} \approx \frac{U}{\omega L}, \quad I_C = U\omega C$$

根据谐振频率可得谐振时两条并联支路上电流有效值相等为

$$I_1 = I_C = \frac{U}{\omega L}$$

再推算它们和总电流有效值的关系如下

$$I = U|Y| = U\frac{1}{\dfrac{L}{RC}} \approx U\frac{1}{\dfrac{(\omega L)^2}{R}}$$

当 $R \ll \omega L$ 时,有

$$\omega L \ll \frac{(\omega L)^2}{R}$$

所以可得

$$I_1 = I_C \gg I$$

即并联谐振时,并联支路上的电流近似相等,其大于总的电流,所以也称并联谐振为电流谐振。同样,定义谐振时并联支路上的电流有效值与总电流有效值之比为电路的品质因数

$$Q = \frac{I_1}{I} = \frac{I_C}{I} = \frac{\omega L}{R} = \frac{1}{\omega CR}$$

【例 6.18】　在图 6.24(a)电路中,调整电容 $C$ 值使 $I$ 最小,并且测得如下一组数据:$I_1=10A$,$I_2=6A$,$U_Z=113V$,$P=1140W$,已知 $R_1=5\Omega$,试计算阻抗 $Z$。

解:因为调整电容值使总电流达到最小,所以电路发生了并联谐振,根据图 6.24(b)所示的相量图可以计算出总电流为

$$I = \sqrt{I_1^2 - I_2^2} = 8A$$

根据已知的 $Z$ 两端电压有效值可以计算出阻抗模为

$$|Z| = \frac{U_Z}{I} = 14.1\Omega$$

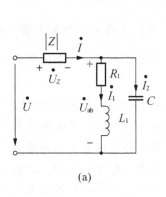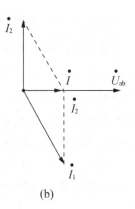

$$(a) \qquad\qquad\qquad (b)$$

图6.24 例6.18图

电路的有功功率即为电路中所有电阻元件所消耗的功率，本题即为 $R_1$ 以及 $Z$ 的电阻分量上所消耗的功率

$$P=I_1^2 R_1 + I^2 R \Rightarrow 1140 = 100 \times 5 + 64 \times R \Rightarrow R=10\,\Omega$$

$$|Z| = \sqrt{R^2 + X^2} \Rightarrow X = \pm\sqrt{14.1^2 - 10^2} = \pm 10(\Omega)$$

所以 $\qquad\qquad\qquad\qquad Z = 10 \pm 10\mathrm{j}\,\Omega$

## 6.6 小 结

采用相量法，将分析直流电阻电路的方法、原理、定律、定理应用于正弦电流电路的电压和电流的分析与计算；在此基础上进一步分析正弦电流电路的各种功率和能量，平均功率不仅与电压和电流有效值的乘积有关，还与电路的功率因数有关；电路功率因数低将导致经济效益差，通过并联电容的方法可以提高总电路的功率因数，降低电源与电感性负载的无功功率即能量互换，从而提高电源的利用率。相量图能够直观反映出同一个电路中各正弦量之间的大小和相位关系，是分析正弦电流电路的重要辅助工具。当负载阻抗与正弦电压源内阻抗实现共轭匹配时，负载能得到最大有功功率。当正弦电流电路电压与电流同相时，电路出现谐振现象，根据电路结构不同分为串联谐振和并联谐振两种，电路谐振时可能出现过电压或过电流现象，应该根据具体情况加以利用或避免。

## 阅 读 材 料

### 百年标记的尼亚加拉水电站

如果大家曾到过美国尼亚加拉大瀑布(Niagara Falls)，相信大家都会为这幅壮丽的奇观而发出由衷的赞叹。数以万吨的河水从四方八面汇流，以山崩地裂之势倾泻下来，河水猛然冲击的隆隆声响，令人生畏。在这条川流不息的河流里，蕴藏着意想不到的丰富资源。

1897 年，举世知名的尼亚加拉水电站中，第一座 10 万匹马力的发电站建成，成为

35km 外的纽约州水牛城(The City of Buffalo)的主要供电来源。其后 10 多座大大小小的发电站相继建成，每日所生产的电力足以供应美国纽约州和加拿大安大略省总需求的 $\frac{1}{4}$。至今，这项建成足足超过 100 年的电力建设仍然运作如常，从未间断地产出天然能源，可谓是人类近百年科学史上的一大奇迹。

这项科学上的百年奇迹，就是天才科学家特斯拉在 30 多岁时的一项设计，当中共运用了他 9 项专利发明，包括特斯拉所发明的交流电发电机和交流电输电技术。

其实在当时的工商业、公共设置和家用电器，都使用着费用高昂的直流电。因为在电路上的损耗，使用直流电时必须每隔一千米便建设一套发电机组。所以在建造尼亚加拉水电站时，如将电力以直流电方式传送，输电至 35km 以外的纽约州水牛城是不可能的。所以美国人采用了特斯拉发明的交流电供、输电技术，用高压电来实现了远距离供电。这项划时代的发明，不仅解决了尼亚加拉水电站作远距离供电的难题，而且带给人们一个既方便又便宜的用电环境。

后来，人们在尼亚加拉瀑布的公园中树立了特斯拉的铜像，以纪念他在尼亚加拉水电站上的贡献。

# 习　题

一、填空题

1. 能量转换过程中不可逆的功率部分为（　　）功功率，可逆部分为（　　）功功率；不可逆部分的功率意味着（　　），可逆部分的功率则意味着只（　　）不（　　）。

2. 电压有效值、电流有效值与（　　）的乘积构成有功功率用 $P$ 表示，单位为（　　）；电压有效值、电流有效值与（　　）的乘积构成无功功率用 $Q$ 表示，单位为（　　）。

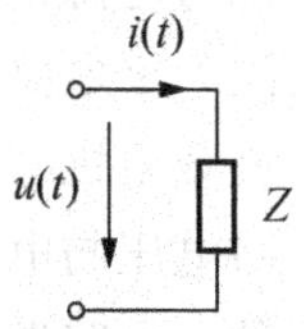

3. 图 6.25 中，$u(t) = 10\sin(400\pi t + 60°)$V，$i(t) = -0.707\cos(400\pi t - 150°)$A，电路呈（　　），阻抗模为（　　）。

4. 按照各个正弦量的大小关系、相位关系用初始位置时的有向线段画出的若干个相量的图形，称为（　　）。

图 6.25　题 3 图

5. RLC串联电路中，复数阻抗虚部大于零，电路呈（　　）；虚部小于零，电路呈（　　）；虚部等于零，电路呈（　　），此时电路总电压和总电流相位关系（　　），称电路发生（　　）。

6. RLC并联电路中，复数导纳虚部大于零，电路呈（　　）；虚部小于零，电路呈（　　）；虚部等于零，电路呈（　　），此时电路总电压和总电流相位关系（　　），称电路发生（　　）。

7. 单一电阻元件的正弦交流中，复数阻抗为（　　）；单一电感元件的正弦交流中，复数阻抗为（　　）；单一电容元件的正弦交流中，复数阻抗为（　　）。

8. 单一电阻元件的正弦交流中，复数导纳为（　　）；单一电感元件的正弦交流中，复数导纳为（　　）；单一电容元件的正弦交流中，复数导纳为（　　）。

9. 正弦电流电路负载 $Z_L$ 从给定电源 $\dot{U}_S$、$R_S + jX_S$ 获得最大功率的条件（　　），最大功率为（　　）。

10. 用电压相量 $\dot{U}$、电流相量 $\dot{I}$ 计算复功率公式为（　　　），其实部为（　　　）功率，虚部为（　　　）功率，模为（　　　）功率。

11. 电感元件 L 上的电压为 $u=U_{\mathrm{m}}\cos(\omega t+90°)\mathrm{V}$，则平均功率为（　　　），无功功率为（　　　）。

12. 某 RLC 串联电路端口外加电压源供电，改变频率使端口处于谐振状态，（　　　）最大，（　　　）最小，功率因数（　　　）。

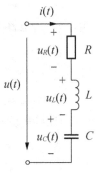

图 6.26　选择题 2 图

二、选择题

1. 已知端口电压 $u=20\cos(100t)\mathrm{V}$，端口电流 $i=4\cos(100t+90°)$ A，则端口呈（　　　）。

    A. 电阻性　　　　　　　　　B. 电感性

    C. 电容性　　　　　　　　　D. 电阻电感性

2. 图 6.26 电路中 $U$ 等于（　　　）。

    A. $U=U_R+U_L+U_C$　　　　　　　B. $U=U_R+U_L-U_C$

    C. $U=\sqrt{U_R^2+(U_L-U_C)^2}$　　D. $U=\sqrt{U_R^2+(U_L+U_C)^2}$

3. 电路如图 6.27 所示，电流源电流 $\dot{I}$ 与各支路电流的关系（　　　）。

    A. $\dot{I}=I_1+I_2+I_3$　　　　　　　B. $\dot{I}=\dot{I}_1+\dot{I}_2+\dot{I}_3$

    C. $\dot{I}=\dot{I}_1+\dot{I}_2-\dot{I}_3$　　　　　　D. $\dot{I}=I_1+I_2-I_3$

4. 图 6.28 电路中，$\dot{I}$ 与 $\dot{U}$ 关系式为（　　　）。

    A. $\dot{I}=\dfrac{\dot{U}}{R+\omega L}$　　　　　　　　B. $\dot{I}=\dfrac{\dot{U}}{R+j\omega L}$

    C. $\dot{I}=\dfrac{U}{R+j\omega L}$　　　　　　　D. $\dot{I}=\dfrac{\dot{U}}{\sqrt{R^2+(\omega L)^2}}$

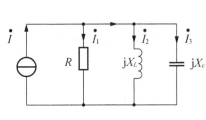

图 6.27　选择题 3 图　　　　　　图 6.28　选择题 4 图

5. 图 6.28 中，已知 $u=20\sin(2t+30°)\mathrm{V}$，$R=2\Omega$，$L=1\mathrm{H}$，则电压 $\dot{U}$ 与电流 $\dot{I}$ 的相位关系（　　　）。

    A. $\dot{U}$ 超前于 $\dot{I}$ 90°　　　　　　　B. $\dot{U}$ 超前于 $\dot{I}$ 45°

    C. $\dot{U}$ 滞后于 $\dot{I}$ 90°　　　　　　　D. $\dot{U}$ 滞后于 $\dot{I}$ 45°

6. 某无源二端网络等效导纳为 $Y=(5-j10)\mathrm{S}$，$\omega=2\mathrm{rad/s}$，可以用一个电阻元件和一

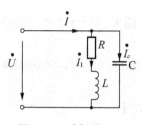

个动态元件的并联组合来等效，此动态元件的参数为（　　）。

A. 2F　　　　　　B. 5H

C. 0.05F　　　　D. 0.05H

7. 图 6.29 中，电路中，并联电容后电流 $\dot{I}$ 的变化（　　）。

A. 不变　　　　　　B. 增大

C. 减少　　　　　　D. 不能确定

图 6.29　选择题 7 图

8. 根据概念判断下列哪类电路有可能发生谐振？（　　）

A. RL 电路　　　　　　　　B. RC 电路

C. RLC 电路　　　　　　　D. 纯电阻电路

9. RLC串联电路平均功率的计算公式（　　）。

A. $P=UI$　　　　　　　　B. $P=\dot{U}\dot{I}$

C. $P=UI\cos\varphi$　　　　　D. $P=UI\sin\varphi$

10. 图 6.30 正弦交流电路中，已知 $\dot{I}_s=2\angle0°\text{A}$，则电路复功率(功率复量) $\tilde{S}$ 等于（　　）。

A. $(20+\text{j}20)\text{VA}$　　　　　B. $(20-\text{j}20)\text{VA}$

C. $(10+\text{j}10)\text{VA}$　　　　　D. $(10-\text{j}10)\text{VA}$

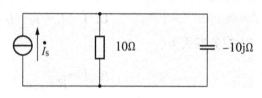

图 6.30　选择题 10 图

## 三、计算题

1. 图 6.31 正弦电流电路中，已知 $R=\omega L=16\ \Omega$，$\dfrac{1}{\omega C}=14\ \Omega$，求复阻抗 $Z$ 和复导纳 $Y$。

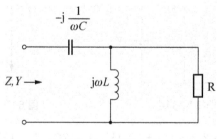

图 6.31　习题 1 图

2. 图 6.32 正弦电流电路中，已知 $\omega=1\text{rad/s}$，求(复)阻抗 $Z_{ab}$。

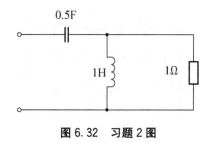

**图 6.32 习题 2 图**

3 求图 6.33 无源二端网络的等效阻抗。

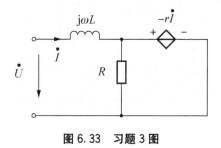

**图 6.33 习题 3 图**

4. 图 6.34 正弦交流电路的相量模型中，求 $\dot{I}_1$、$\dot{I}_2$。

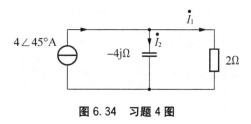

**图 6.34 习题 4 图**

5. 正弦交流电路如图 6.35 所示，试用叠加定理求电流 $\dot{I}$。

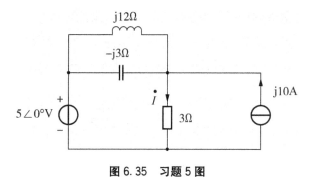

**图 6.35 习题 5 图**

6. 图 6.36 电路中，已知：直流电压源 $U_{S1}=10\text{V}$，正弦电压源 $u_{S2}=5\cos 10^3 t\text{V}$，求图中电容电压 $u_C(t)$。

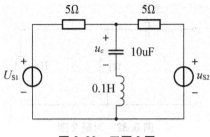

图 6.36　习题 6 图

7. 求图 6.37 有源二端电路的戴维南等效相量模型。

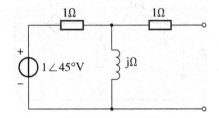

图 6.37　习题 7 图

8. 求图 6.38 有源二端网络的戴维南等效相量模型。

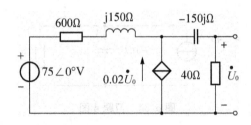

图 6.38　习题 8 图

9. 图 6.39 正弦交流电路中，已知 $\dot{U}_S=10\angle0°V$，求图中电压 $\dot{U}$。

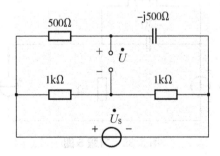

图 6.39　习题 9 图

10. 电路如图 6.40 所示，求 $i_1(t)$、$i_2(t)$。

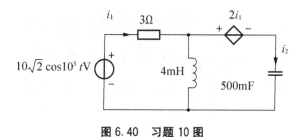

图 6.40 习题 10 图

11. 用网孔法求图 6.41 电路的电流 $\dot{I}$。

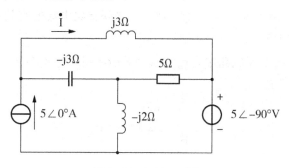

图 6.41 习题 11 图

12. 求图 6.42 中电流 $\dot{I}$ 和 $\dot{U}_{Z1}$。

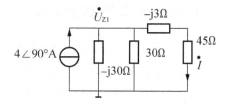

图 6.42 习题 12 图

13. 图 6.43 所示正弦电路中，已知电流表 A1 读数为 1A，试求电流表 A 和电压表 V 的读数。

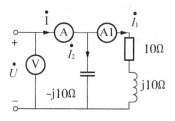

图 6.43 习题 13 图

14. 图 6.44 正弦交流电路中，已知电流表 $A_1$ 的读数为 0.1A，表 $A_2$ 的读数为 0.4A，表 A 的读数为 0.5A，求表 $A_3$ 的读数以及表 $A_4$ 的读数。

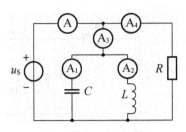

图 6.44 习题 14 图

15. 在 $R$、$L$、$C$ 并联的正弦交流电路中，当频率为 $f_1$ 时，三并联支路电流的有效值 $I_R$、$I_L$、$I_C$ 均为 1A，则当频率 $f_2=2f_1$ 时，三并联支路电流的有效值 $I_R$、$I_L$、$I_C$ 分别为多少？总电流的有效值呢？

16. 在图 6.45 正弦交流电路中，已知 $u_S=20\cos(10^4t-45°)\text{V}$，$u_2=10\sqrt{2}\cos 10^4t\ \text{V}$，则未知元件及其参数如何？

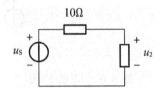

图 6.45 习题 16 图

17. 列写图 6.46 电路的网孔电流方程和节点电压方程。

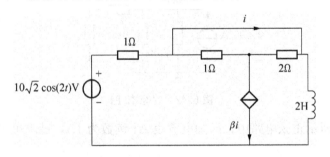

图 6.46 习题 17 图

18. 正弦电流电路如图 6.47 所示，已知 $i_s=30\sqrt{2}\cos(100t)\text{mA}$，求电路中负载的平均功率、无功功率和视在功率。

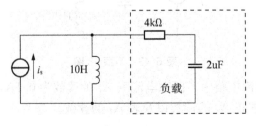

图 6.47 习题 18 图

19. 在图 6.48 电路中，已知 $I_s=10A$，$\omega=1\,000\text{rad/s}$，$R_1=10\Omega$，$j\omega L=25j\Omega$，$R_2=5\Omega$，$-j\dfrac{1}{\omega C}=-15j\Omega$，求各支路吸收的复功率和电路的功率因数。

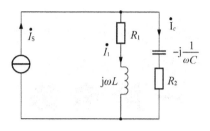

图 6.48　习题 19 图

20. 图 6.49 电路中，已知 $R=2\Omega$，$\omega L=3\Omega$，$\omega C=2S$，$\dot{U}_C=10\angle45°V$，求各元件的电压、电流和电源发出的复功率。

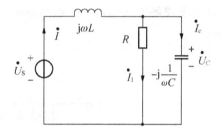

图 6.49　习题 20 图

# 第 **7** 章

# 一 阶 电 路

　　本章介绍的是一阶电路在换路后所发生物理过程的基本规律及其分析方法，讨论了简单动态电路的过渡过程。对一阶电路的时间常数概念以及零输入响应，零状态响应，全响应，稳态变量和暂态变量等概念不仅要深刻理解，而且要熟练掌握其计算方法，既要透彻理解它们的变化规律及特点，也要理解阶跃响应和冲激响应两个基本概念。能熟练运用三要素法分析一阶电路的各种响应。

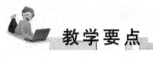 **教学要点**

| 知 识 要 点 | 掌 握 程 度 |
|---|---|
| 动态电路的方程及其初始条件 | (1) 理解动态电路的概念<br>(2) 掌握动态电路初始值的确定方法 |
| 一阶电路的零输入响应 | (1) 理解一阶电路的零输入响应的概念<br>(2) 熟练地掌握一阶 RC、RL 电路的零输入响应定量分析方法 |
| 一阶电路的零状态响应 | (1) 理解一阶电路的零状态响应的概念<br>(2) 熟练地掌握一阶 RC、RL 电路的零状态响应定量分析方法 |
| 一阶电路的全响应 | (1) 理解一阶电路的全响应的概念<br>(2) 熟练地利用三要素法来解决一阶 RC、RL 电路的全响应问题 |
| 一阶电路的阶跃响应 | (1) 理解单位阶跃函数、单位阶跃响应的概念<br>(2) 熟练掌握一阶单位阶跃响应的定量分析方法 |
| 一阶电路的冲激响应 | (1) 理解单位冲激函数、单位冲激响应的概念<br>(2) 熟练地掌握一阶 RC、RL 电路的冲激响应定量分析方法 |

 引例：生活中的一阶电路

### 一阶电路在冰箱保护器延时电路中的应用

　　用电冰箱在断电后 5min 内又复通电时，压缩机会因系统内压力过大而出现启动困难，严重时会烧毁压缩机，影响电冰箱的使用寿命。电冰箱延时保护器能在停电后又恢复供电时自动延时 5～8min，再接通电源以达到保护压缩机的目的。

电路工作原理如图 7.0(a)所示。

电源电路由电源变压器 T、整流二极管 VD1 和滤波电容器 C1 组成。

指示电路由限流电阻器 R1、R3、二极管 VD3、电源指示发光二极管 VL1 和延时通电指示发光二极管 VL2 组成。

电冰箱延时控制电路由 RP、电容器 C2、稳压二极管 VS、晶体管 V1、V2、二极管 VD2、电阻器和继电器 K 组成，构成一阶 RC 动态电路的零状态响应。

接通电源时，交流 220V 电压经 T 降压、VD1 整流及 C1 滤波产生＋12V 电压后，分为两路：一路供给延时控制电路；一路经 R1 限流后将 VL1 点亮；另一路经 RP 对 C2 充电。延时 5～8min 左右，当 C2 两端电压达到 VS 的稳压值时，VS 击穿导通，使 V1 和 V2 饱和导通，K 通电吸合，其常开触头接通，使电冰箱通电工作，VL2 也点亮。调整 RP 的阻值，可改变延时通电的时间。

延时控制电路的原理如图 7.0(b)所示，即为一阶 RC 动态电路的零状态响应：$u_C = U_S(1 - e^{-\frac{t}{\tau}})$

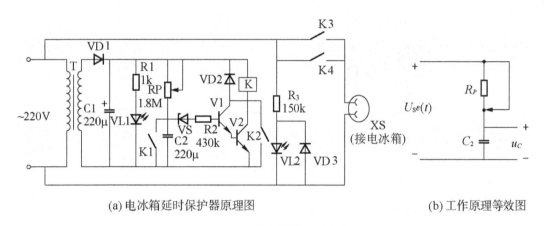

(a) 电冰箱延时保护器原理图          (b) 工作原理等效图

**图 7.0  冰箱保护器延时电路**

## 7.1  动态电路的方程及其初始条件

在日常生活中需要闪光灯的场合非常多。照相机在光线比较暗的条件下照相，需要用闪光灯照亮场景一定时间，将影像记录在胶卷或存储设备上。一般来说，照相机闪光灯电路需要重新充电后才能再照下一张照片。还有些场合使用按一定时间间隔自动闪光的闪光灯作为危险警告，例如，高的天线塔、建筑工地和安全地带等。

本章主要介绍怎样分析以上所涉及的电路。

### 7.1.1 动态电路的过渡过程

含有动态元件电容和电感的电路称动态电路。由于动态元件是储能元件，而这些元件的电压和电流的约束关系是通过导数(或积分)表达的。根据 KCL、KVL 和支路方程式(VAR)所建立的电路方程是以电流、电压为变量的微分方程或微分－积分方程。因此动态电路的特点是：当电路状态发生改变时(换路)需要经历一个变化过程才能达到新的稳定状态。这个变化过程称为电路的过渡过程。

下面介绍电阻电路、电容电路在换路时的表现。

#### 1. 电阻电路

图 7.1(a)所示的电阻电路在 $t=0$ 时合上开关，电路中的参数发生了变化。电流 $i$ 随时间的变化情况如图 7.1(b)所示，显然电流从 $t<0$ 时的稳定状态直接进入 $t>0$ 后的稳定状态。说明纯电阻电路在换路时没有过渡期。

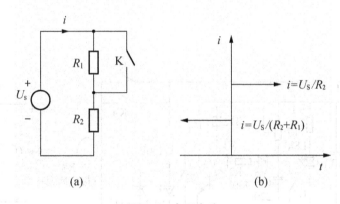

图 7.1　电阻电路

#### 2. 电容电路

图 7.2(a)所示的电容和电阻组成的电路在开关未动作前，电路处于稳定状态，电流 $i$ 和电容电压 $u_C$ 满足：$i=0$，$u_C=0$。

$t=0$ 时合上开关，电容充电，接通电源后很长时间，电容充电完毕，电路达到新的稳定状态，电流 $i$ 和电容电压 $u_C$ 满足：$i=0$，$u_C=U_s$，如图 7.2(b)和图 7.2(c)所示。显然从 $t<0$ 时的稳定状态不是直接进入 $t>0$ 后新的稳定状态。说明含电容的电路在换路时需要一个过渡期。

综上所述，动态电路的特征：当电路的结构或元件的参数发生改变时(如电源或无源元件的断开或接入，信号的突然注入等)，可能使电路改变原来的工作状态，而转变到另一个工作状态。

上述电路结构或参数变化引起的电路变化统称为"换路"，并认为换路是在 $t=0$ 时刻进行的。为了叙述方便，把换路前的最终时刻记为 $t=0_-$，把换路后的最初时刻记为 $t=$

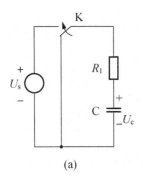
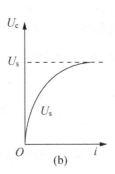
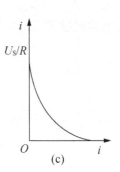

**图 7.2 电容电路**

$0_+$，换路经历的时间为 $0_-$ 到 $0_+$。

电路中过渡过程的时间，长的可达到数十分钟，短的仅几毫秒，甚至几微秒。但在过渡过程中会产生许多稳态电路所没有的各种电磁现象，它具有许多利弊，在具体的应用中可均衡其利弊。如电子技术中利用电容器充放电可以实现脉冲的产生和变换，换句话说，许多电子设备、自动控制技术、电子计算机就是工作在过渡过程中。在电力工程中，过渡过程也是大量存在的，过渡过程产生的过电流或过电压有可能损坏开关或其他电器设备。

### 7.1.2 动态电路初始值的计算

分析动态电路的过渡过程方法之一是经典法，它是一种在时域内分析的方法：根据 KCL、KVL 和 VAR 建立描述电路的以时间为自变量的线性常微分方程，然后求解常微分方程，从而得到所求变量(电流或电压)的方法。

用经典法求解常微分方程时，必须根据电路的初始条件确定解答中的积分常数，即确定电路独立初始条件：$u_C(0_+)$ 和 $i_L(0_+)$ 的初始值。

对于线性电容，在任意时刻 $t$ 时，它的电荷、电压与电流的关系为

$$\begin{cases} q_C(t) = q_C(t_0) + \int_{t_0}^{t} i_C(\xi)\mathrm{d}\xi \\ u_C(t) = u_C(t_0) + \dfrac{1}{C}\int_{t_0}^{t} i_C(\xi)\mathrm{d}\xi \end{cases}$$

取 $t_0 = 0_-$，$t = 0_+$，则

$$\begin{cases} q_C(0_+) = q_C(0_-) + \int_{0_-}^{0_+} i_C(\xi)\mathrm{d}\xi \\ u_C(0_+) = u_C(0_-) + \dfrac{1}{c}\int_{0_-}^{0_+} i_C(\xi)\mathrm{d}\xi \end{cases} \tag{7-1}$$

若 $i_C \leqslant M$(有限)，则 $\int_{0_-}^{0_+} i_C(\xi)\mathrm{d}\xi = 0$，且

$$\begin{cases} q_C(0_+) = q_C(0_-) \\ u_C(0_+) = u_C(0_-) \end{cases} \tag{7-2}$$

由上述分析可知，若 $t = 0_-$ 时，$q_C(0_-) = q_0$，$u_C(0_-) = U_0$，则有 $q_C(0_+) = q_0$，$u_C(0_+) = U_0$，即换路瞬间，电容相当于电压值为 $U_0$ 的电压源；②若 $t = 0_-$ 时，有 $q_C(0_+)$

$=0$，$u_C(0_+)=0$，即换路瞬间，电容相当于短路。

线性电感的磁通链与电流的关系为

$$\begin{cases} \psi_L(t) = \psi_L(t_0) + \int_{t_0}^t u_L(\xi)\mathrm{d}\xi \\ i_L(t) = i_L(t_0) + \dfrac{1}{L}\int_{t_0}^t u_L(\xi)\mathrm{d}\xi \end{cases}$$

取 $t_0=0_-$，$t=0_+$，则

$$\begin{cases} \psi_L(0_+) = \psi_L(0_-) + \int_{0_-}^{0_+} u_L(\xi)\mathrm{d}\xi \\ i_L(0_+) = i_L(0_-) + \dfrac{1}{L}\int_{0_-}^{0_+} u_L(\xi)\mathrm{d}\xi \end{cases} \tag{7-3}$$

若 $u_L \leqslant M$(有限)，则 $\int_{0_-}^{0_+} u_L(\xi)\mathrm{d}\xi = 0$，且

$$\begin{cases} \psi_L(0_+)=\psi_L(0_-) \\ i_L(0_+)=i_L(0_-) \end{cases} \tag{7-4}$$

可见，若 $t=0_-$ 时，$\psi_L(0_-)=\psi_0$，$i_L(0_-)=I_0$，则有 $\psi_L(0_+)=\psi_0$，$i_L(0_+)=I_0$，故换路瞬间，电感相当于电流值为 $I_0$ 的电流源；②若 $t=0_-$ 时，$\psi_L(0_-)=0$，$i_L(0_-)=0$，则应有 $\psi_L(0_+)=0$，$i_L(0_+)=0$，则换路瞬间，电感相当于开路。

### 7.1.3  动态电路初始值的确定方法

(1) 取独立电源 $t=0_+$ 时的值。

(2) 把电容用 $u_S=u_C(0_+)$ 的电压源代替，把电感用 $i_S=i_L(0_+)$ 电流源代替。

(3) 画出 $t=0_+$ 时的等效计算电路。

(4) 列方程求解电阻电路可得其他初始值。

【例7.1】  图7.3所示电路中，直流电压源的电压为 $U_0$。当电路中的电压和电流恒定不变时打开开关S。试求 $u_C(0_+)$、$i_L(0_+)$、$i_C(0_+)$、$u_L(0_+)$ 和 $u_{R2}(0_+)$。

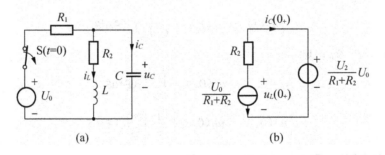

图7.3  例7.1的图

**解：**可以根据 $t=0_-$ 时刻的电路状态计算 $u_C(0_-)$ 和 $u_L(0_-)$。由于开关打开前，电路中的电压和电流已恒定不变，故有

$$\left(\frac{\mathrm{d}u_C}{\mathrm{d}t}\right)_0 = 0 \quad \left(\frac{\mathrm{d}i_L}{\mathrm{d}t}\right)_0 = 0$$

所以电容电流和电感电压均为零$\left(i_C=C\dfrac{\mathrm{d}u_C}{\mathrm{d}t}\right)$，$\left(u_L=L\dfrac{\mathrm{d}i_L}{\mathrm{d}t}\right)$，即此时刻的电容量相当于开路，电感相当于短路。所以

$$u_C(0_-)=\frac{U_0R_2}{R_1+R_2}$$

$$i_L(0_-)=\frac{U_0}{R_1+R_2}$$

该电路在换路时，$i_L$ 和 $u_C$ 都不会跃变，所以有 $u_C(0_+)=u_C(0_-)$，$i_L(0_+)=i_L(0_-)$。为了求得 $t=0_+$ 时刻的其他初始值，可以把已知的 $u_C(0_+)$ 和 $i_L(0_+)$ 分别以电压源和电流源替代，得到 $t=0_+$ 时的等效电路如图 7.3(b)所示。可以求出

$$i_C(0_+)=\frac{-U_0}{R_1+R_2}=-i_L(0_+)$$

$$u_{R_2}(0_+)=-R_2i_L(0_+)=-\frac{U_0R_2}{R_1+R_2}$$

$$u_L(0_+)=0$$

## 7.2 一阶电路的零输入响应

零输入响应(zero-input respone)就是动态电路在无外加激励时，由电路中储能元件的初始储能释放所引起的响应(此时电路的输入为零)。

### 7.2.1 一阶 RC 电路的零输入响应

电路如图 7.4(a)所示，在 $t=0$ 时刻之前 $S_1$ 闭合、$S_2$ 断开，直流电压源 $U_S$ 对 $C$ 充电已久，设 $U_S=U_0$；当 $t=0$ 时刻 $S_2$ 闭合、$S_1$ 断开实现换路(开关瞬时动作)，由于电容元件是储能元件，$t=0$ 时刻 $C$ 虽然与直流电压源脱离，但同时连接 $R$ 与 $R$ 构成回路，在电容支路中无冲激电流，故其中存储的电场能量不能跃变，所以 $u_C(0_+)=u_C(0_-)=U_0$。$t=0$ 以后的电路如图 7.4(b)所示，$S_2$ 闭合、$S_1$ 断开，$C$ 对外放电。

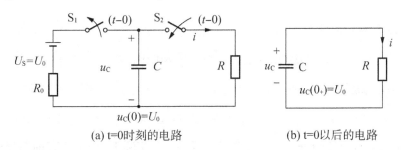

(a) t=0时刻的电路　　　　　(b) t=0以后的电路

**图 7.4 一阶 RC 电路的零输入响应**

求解由电容原始状态引起的电路中电压、电流的变化规律，就是求解图 7.4(b)电路的零输入响应。为定量分析该电路的零输入响应，可先按图中标示的电压、电流参考方向建立电路方程。

根据 KVL，有

$$u_C-u_R=u_C-Ri=0 \tag{7-5}$$

将电容元件电压-电流关系式 $i = C\dfrac{\mathrm{d}u_C}{\mathrm{d}t}$ 代入上式，并结合初始条件得到电路的微分方程组

$$\begin{cases} RC\dfrac{\mathrm{d}u_C}{\mathrm{d}t} + u_C = 0 & t \geqslant 0 \qquad (1) \\[2mm] u_C(0) = U_0 & \qquad\qquad (2) \end{cases}$$

其中式(1)的特征方程为

$$RCs + 1 = 0 \qquad\qquad (7-6)$$

特征根为

$$s = -\dfrac{1}{RC} \qquad\qquad (7-7)$$

故(1)的通解为

$$u_{CP} = Ae^{st} = Ae^{-\frac{t}{RC}} \qquad\qquad (7-8)$$

再根据电路的初始条件确定通解中的待定系数 $A$。在式(7-8)中令 $t = 0_+$，并将电压初始值 $u_C(0_+) = u_C(0_-) = U_0$ 代入，得到

$$A = U_0 \qquad\qquad (7-9)$$

所以，零输入响应电容电压为

$$u_C(t) = U_0 e^{-\frac{t}{RC}} \qquad t \geqslant 0 \qquad\qquad (7-10)$$

由式(7-9)可求得零输入响应回路电流

$$i = -C\dfrac{\mathrm{d}u_C}{\mathrm{d}t} = \dfrac{u_C}{R} = \dfrac{U_0}{R}e^{-\frac{t}{RC}} \qquad t \geqslant 0 \qquad\qquad (7-11)$$

由于 $R > 0$，$C > 0$，所以 $u_C$ 是以 $U_0$ 为起始值随时间作指数衰减的，当 $t = +\infty$ 时，$u_C(+\infty) = 0$。$u_C$ 衰减的快慢取决于 $RC$，当 $t_1 = RC$ 时

$$u_C(t_1) = U_0 e^{-\frac{RC}{RC}} = \dfrac{U_0}{e} \approx 0.368U_0$$

此时的回路电流为

$$i(t_1) = 0.368\dfrac{U_0}{R}$$

当 $t_2 = 4RC$ 时

$$u_C(t_1) = U_0 e^{-\frac{4RC}{RC}} = \dfrac{U_0}{e^4} \approx 0.0183U_0$$

此时的回路电流为

$$i(t_4) = 0.0183\dfrac{U_0}{R}$$

从理论上讲，$u_C(t)$ 在 $t \to +\infty$ 时才能衰减至 0。但实际上当 $t = 4RC$ 时就已经下降到初始值的 1.83%，所以在 $t = 4RC$ 后就可认为过渡过程结束。可见，$RC$ 是决定衰减快慢的一个常数，称为时间常数，用 $\tau$ 表示

$$\tau = RC \qquad\qquad (7-12)$$

其中，$\tau$ 是一个具有时间的量纲，其单位是秒。

根据式(7-10)、式(7-11)可画出零输入响应电压 $u_C$ 和回路电流 $i$ 随时间变化的波形如图 7.5 所示。

由图 7.5 所示的变化规律可见，$u_C$ 是连续变化的，从 $u_C(0_+)=U_0$ 开始，按指数规律衰减。而放电电流在换路瞬间有一跃变，$i(0_-)=0$，而 $i(0_+)=U_0/R$，如果 $R$ 很小，则开始放电瞬间，将形成冲击电流，电阻 $R$ 起限流作用，放电电流在 $R$ 上产生的电压 $u_R=Ri$，波形与 $i$ 相同，是一个尖脉冲波形。

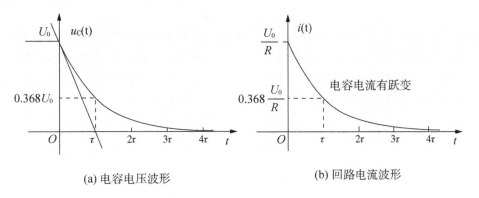

(a) 电容电压波形　　　　(b) 回路电流波形

**图 7.5　一阶 RC 电路的零输入响应波形**

### 7.2.2　一阶 RL 电路的零输入响应

图 7.6 所示为一阶 RL 零输入响应电路，电路在 $t=0$ 时发生换路(开关由 1 打到 2)，换路前电路处于稳定状态，电感电流原始值为 $i_L(0_-)=I_0$，换路后的 $t=0_+$，根据换路定律可得 $i_L(0_+)=i_L(0_-)=I_0$。之后，沿 $RL$ 回路储存在电感中的磁场能量将逐渐转换成热能而损耗。

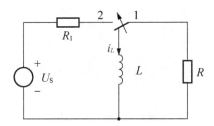

**图 7.6　RL 电路的零输入响应**

换路后，电路微分方程为

$$i_L R + u_L = 0$$
$$u_L = L\frac{di_L}{dt} \tag{7-13}$$

化简可得

$$\frac{L}{R}\frac{di_L}{dt} + i_L = 0$$

上式为一阶常系数线性齐次微分方程。其通解为

$$i_L = k e^{\frac{-Rt}{L}} \tag{7-14}$$

代入初始条件 $i_L(0_+)=i_L(0_-)=I_0$ 得

$$k = I_0$$

所以 $i_L(t) = I_0 e^{\frac{-R}{L}t}$

$$u_L = L\frac{di_L}{dt} = -I_0 R e^{\frac{-R}{L}t} \tag{7-15}$$

$\tau = L/R$ 为时间常数，其单位为秒（S），该电路的 $\tau$ 与 $L$ 成正比，与 $R$ 成反比。

$$u_R = u_L = -I_0 R e^{\frac{-R}{L}t}$$

由式（7-14）、式（7-15）可知，RL 一阶电路的零输入响应均按同样指数规律变化，具有相同的时间常数，它们的变化曲线如图 7.7 所示。可以看出 $\tau$ 越大，则电流衰减得越慢，反之越快。这是因为对一定的初始电流，$L$ 越大表明电感中存储的磁能越多，而 $R$ 越小表示电阻消耗的磁能越少，释放磁能时间越长，过渡时间越长。

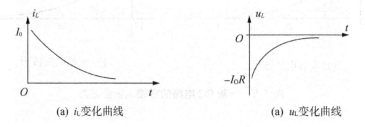

(a) $i_L$ 变化曲线          (a) $u_L$ 变化曲线

图 7.7　RL 一阶电路响应

**【例 7.2】**　若 $t=0$ 时开关 K 合上，求 $i$。

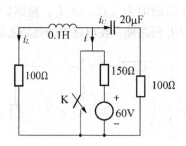

图 7.8　例 7.2 的图

**解：**（1）求独立初始值

$$i_L(0_-) = \frac{60}{150+100} = 0.24(\text{A})$$

$$u_C(0_-) = -150i_L + 60 = -150 \times 0.24 + 60 = 24(\text{V})$$

根据换路定律得

$$i_L(0_+) = i_L(0_-) = 0.24\text{A}$$

$$u_C(0_+) = u_C(0_+) = 24\text{V}$$

换路后，电路组成为两个独立的一阶电路，即 RL 电路和 RC 电路，如图 7.9 所示。

（2）求时间常数。

RL 电路的时间常数为

$$\tau_L = \frac{L}{R} = \frac{0.1}{100} = 1 \times 10^{-3}(\text{s})$$

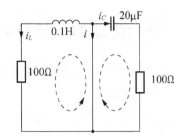

图 7.9　RL 及 RC 电路

RC 电路的时间常数为

$$\tau_C = RC = 100 \times 20 \times 10^{-6} = 2 \times 10^{-3}\,\mathrm{s}$$

（3）求两个一阶电路的零输入响应

$$i_L(t) = i_L(0_+)\mathrm{e}^{\frac{-t}{\tau}} = 0.24\mathrm{e}^{-1000t}\,\mathrm{A}$$

$$u_C(t) = u_C(0_+)\mathrm{e}^{\frac{-t}{\tau}} = 24\mathrm{e}^{-500t}\,\mathrm{V}$$

所以　　　　　$i_C = C\dfrac{\mathrm{d}u}{\mathrm{d}t} = 20 \times 10^{-6} \times 24 \times (-500)\mathrm{e}^{-500t} = -0.24\mathrm{e}^{-500t}\,\mathrm{A}$

由 KCL，得：　　　　　$i = -(i_L + i_C) = 0.24(\mathrm{e}^{-500t} + \mathrm{e}^{-1000t})\,\mathrm{A}$

【例 7.3】　在图 7.10 所示电路中，当 $t \geqslant 0$ 开关由 1 变到 2，求此时的 $u_C$ 和 $i$。

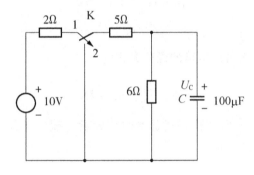

图 7.10　例 7.3 的图

**解：**由题意可求出

$$u_C(0_-) = \frac{10 \times 6}{2 + 5 + 6} = 4.615(\mathrm{V})$$

根据换路定律得

$$u_C(0_+) = u_C(0_-) = 4.615\mathrm{V}$$

时间常数为

$$\tau = R_{eq}C = (5 \parallel 6) \times 100 \times 10^{-6} = 2.727 \times 10^{-4}(\mathrm{s})$$

该电路为零输入的响应过程，$t \geqslant 0$ 时，有

$$u_C = u_C(0_+)\mathrm{e}^{-\frac{t}{\tau}} = 4.615\mathrm{e}^{-3666.667t}\,\mathrm{V}$$

## 7.3　一阶电路的零状态响应

若电路原始状态为零，仅由独立电源作为激励所引起的响应称为零状态响应。本节讨论由恒定电源产生的一阶电路的零状态响应。

### 7.3.1　一阶 RC 电路的零状态响应

RC 电路的零状态响应过程就是通常所说的 RC 电路的充电过程。

图 7.11 所示为一阶 RC 串联电路，开关 K 闭合前电路已处于零初始状态，$u_C(0_-)=0$。在 $t=0$ 时开关闭合，直流电压源 $U_S$ 接入电路。由 KVL 有

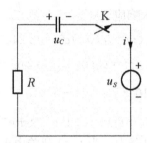

图 7.11　RC 充电电路

$$iR+u_C=U_S$$

因 $i=C\dfrac{\mathrm{d}u}{\mathrm{d}t}$，代入上式可得电路的微分方程为

$$RC\frac{\mathrm{d}u_C}{\mathrm{d}t}+u_C=U_S \tag{7-16}$$

这是一个一阶线性非齐次方程，其解由两个分量组成：非齐次方程的特解 $u_{ch}$ 和对应的齐次方程的通解 $u_{cp}$ 之和，即

$$u_C=u_{ch}+u_{cp}$$

则可求得其特解为

$$u_{ch}=U_S$$

由相应的齐次方程

$$RC\frac{\mathrm{d}u_C}{\mathrm{d}t}+u_C=0$$

可求得其通解为

$$u_{cp}=k\mathrm{e}^{-\frac{t}{\tau}}$$

式中：$\tau=RC$，称为该电路的时间常数，因此

$$u_C=U_S+k\mathrm{e}^{-\frac{t}{\tau}}$$

代入初始值，可得

$$k=-U_S$$

故

$$u_C = U_S - U_S e^{-\frac{t}{\tau}} = U_S(1 - e^{-\frac{t}{\tau}}) \tag{7-17}$$

于是有

$$i = C\frac{\mathrm{d}u_C}{\mathrm{d}t} = \frac{U_S}{R}e^{-\frac{t}{\tau}} \tag{7-18}$$

$u_C$ 和 $i$ 随时间的变化曲线如图 7.12 所示。

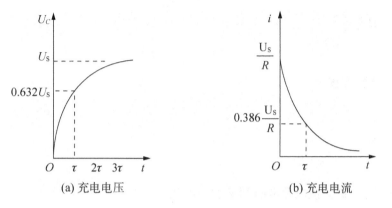

(a) 充电电压        (b) 充电电流

**图 7.12　RC 充电曲线**

由图 7.12 可看出，$u_C$ 和 $i$ 都是以指数的形式最终趋向于稳定值 $U_S$ 和 0 的。在换路最初，电容电压为零，可视为短路；当 $t=\infty$，电路进入直流稳态，此时电容电流为零，可视为开路。显然，过渡过程时间仍决定于 $\tau$。

整个过程中，电阻消耗的电能为

$$W_R = \int_0^{\infty} i^2 R\mathrm{d}t = \int_0^{\infty} (U_S/R)^2 e^{-\frac{2t}{RC}}R\mathrm{d}t = \frac{1}{2}CU_S^2$$

可见，在整个充电过程中，电阻消耗的电能等于电容最终储能，是电源所供电能的 50%。

### 7.3.2　一阶 RL 电路的零状态响应

图 7.13 所示为一阶 RL 串联电路，开关 K 闭合前电感 L 中的电流为零，$i_L(0_-)=0$。在 $t=0$ 时开关闭合，直流电压源 $U_S$ 接入电路。由 KVL 有

$$i_L R + u_L = U_S$$

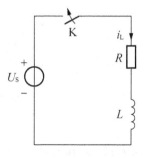

**图 7.13　RL 电路的零状态响应**

因 $u_L = L\dfrac{\mathrm{d}i_L}{\mathrm{d}t}$，代入上式并化简得

$$\frac{L}{R}\frac{\mathrm{d}i_L}{\mathrm{d}t} + i_L = \frac{U_S}{R}$$

其解由两个分量组成：非齐次方程的特解 $i_{ch}$ 和对应的齐次方程的通解 $i_{cp}$ 之和，即

$$i_L = i_{ch} + i_{cp}$$

则可求得其特解为

$$i_{ch} = \frac{U_S}{R}$$

由相应的齐次方程

$$\frac{L}{R}\frac{\mathrm{d}i_L}{\mathrm{d}t} + i_L = 0$$

可求得其通解为

$$i_{cp} = k\mathrm{e}^{-\frac{t}{\tau}}$$

式中：$\tau = \dfrac{L}{R}$，称为该电路的时间常数，因此

$$i_L = \frac{U_S}{R} + k\mathrm{e}^{-\frac{t}{\tau}}$$

由换路定律可知，$i_L(0_+) = i_L(0_-) = 0$，代入上式，可得

$$k = -\frac{U_S}{R}$$

故

$$i_L = \frac{U_S}{R}(1 - \mathrm{e}^{-\frac{t}{\tau}}) \tag{7-19}$$

于是有

$$u_L = L\frac{\mathrm{d}i_L}{\mathrm{d}t} = U_S\mathrm{e}^{-\frac{t}{\tau}} \tag{7-20}$$

$u_L$ 和 $i_L$ 随时间的变化曲线如图 7.14 所示。

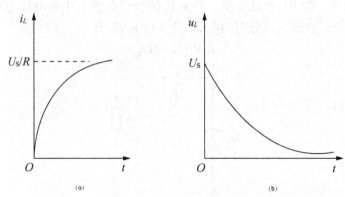

图 7.14  $u_L$ 和 $i_L$ 变化曲线

【例 7.4】  图 7.15 电路中，开关 S 在 $t=0$ 时打开。(1)列出以 $u_C$ 为变量的微分方

程；(2)求 $u_C$ 和电流源发出的功率。

**解：**(1)根据 KCL、KVL 有

$$5(2-i_C)=5i_C+u_C$$

将 $i_C=C\dfrac{\mathrm{d}u_C}{\mathrm{d}t}$ 代入上式，得

$$10C\frac{\mathrm{d}u_C}{\mathrm{d}t}+u_C=10$$

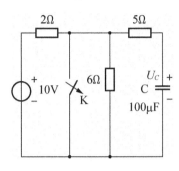

图 7.15　例 7.4 的图

代入已知数据得

$$10^{-3}\frac{\mathrm{d}u_C}{\mathrm{d}t}+u_C=10$$

(2) 解上述微分方程，得

$$u_C=10+A\mathrm{e}^{-10^3 t}$$

将 $u_C(0_+)=u_C(0_-)=0$ 代入上式，得

$$A=-10$$

则

$$u_C=10(1-\mathrm{e}^{-10^3 t})\mathrm{V}$$

$$i_C=C\frac{\mathrm{d}u_C}{\mathrm{d}t}=100\times10^{-6}\times10\times10^3\,\mathrm{e}^{-10^3 t}=\mathrm{e}^{-10^3 t}\mathrm{A}$$

电流源发出的功率为

$$p_\mathrm{s}=2(5i_C+u_C)=(20-10\mathrm{e}^{-10^3 t})\mathrm{W}$$

## 7.4　一阶电路的全响应

　　若电路既有电源，又有原始储能，则电路中响应称为全响应，全响应由电源和原始储能共同产生。求解全响应的问题仍然需要解非齐次方程微分方程。7.3 节所述求解一阶电路零状态响应的方法(经典法)同样适用于求解电路的全响应，只不过初始条件不同而已，下面以 RC 串联电路与直流电压激励接通为例来讨论全响应的计算问题。

### 7.4.1　一阶 RC 电路的全响应

　　图 7.16 所示的 RC 电路，在开关 K 闭合之前电容已充电，其电压为 $u_C(0_-)=U_0$，开

关闭合后,直流电压源 $U_S$ 接入电路,根据 KVL 有

$$RC\frac{\mathrm{d}u}{\mathrm{d}t}+u_C=U_S \qquad (7-21)$$

根据换路定律可知初始条件为

$$u_C(0_+)=u_C(0_-)=U_0$$

方程的通解为

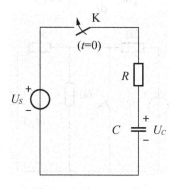

**图 7.16  RC 电路的全响应**

$$u_C(t)=u_{\mathrm{ch}}+u_{\mathrm{cp}}$$

由 7.3 节所学的知识可知,换路后电路达到稳定状态时电容电压即为上述非齐次方程的特解

$$u_{\mathrm{ch}}=U_S$$

而非齐次方程的通解其形式为

$$u_{\mathrm{cp}}=k\mathrm{e}^{-\frac{t}{\tau}}$$

式中:$\tau=RC$ 为电路的时间常数,所以有

$$u_C(t)=u_{\mathrm{ch}}+u_{\mathrm{cp}}=k\mathrm{e}^{-\frac{t}{\tau}}+U_S$$

将上式代入初始条件便可求得待定常数 $k$

$$k=U_0-U_S$$

故方程(7-20)在 $t\geqslant 0$ 时的解为

$$u_C(t)=(U_0-U_S)\mathrm{e}^{-\frac{t}{Rc}}+U_S=U_0\mathrm{e}^{-\frac{t}{Rc}}+U_S(1-\mathrm{e}^{-\frac{t}{Rc}}) \qquad (7-22)$$

K 闭合流过回路的电流为

$$i(t)=c\frac{\mathrm{d}u_C}{\mathrm{d}t}=\frac{(U_S-U_0)}{R}\mathrm{e}^{-\frac{t}{Rc}}=\frac{-U_0}{R}\mathrm{e}^{-\frac{t}{Rc}}+\frac{U_S}{R}\mathrm{e}^{-\frac{t}{Rc}} \qquad (7-23)$$

### 7.4.2  三要素法求解一阶电路全响应

从式(7-22)可看出,全响应等于零输入响应与零状态响应的叠加,这也是线性电路叠加性质的体现。

若电路中含有多个独立电源和多个储能元件,则电路中任一电流或电压响应等于各独立源以及各储能元件原始状态单独作用时该响应的叠加。因此,在一般情况下,一阶电路的全响应可表示为

全响应＝零输入响应＋零状态响应

从式(7-21)的中间等式可看出，$u_C(t)$是由自由分量 $u_{ch}=(U_0-U_S)e^{-\frac{t}{Rc}}$（又称暂态分量，它随时间的增长按指数规律逐渐衰减至 0）和强制分量 $u_{Cp}=U_S$（又称稳态分量，它等于外施直流电压）之和，所以全响应又可表示为

全响应＝（暂态分量）＋（稳态分量）

无论是把全响应看成是零输入响应和零状态响应叠加还是把它看成是暂态分量和稳态分量之和，都是为了分析方便人为所做的分解。只不过，前者着眼的是电路的因果关系，而后者着眼的是电路的工作状态，而电路真实显现出来的只是全响应，其电压 $u_C(t)$ 与电流 $i(t)$ 随时间 $t$ 的变化曲线如图 7.17 所示。

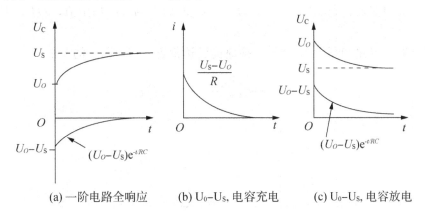

(a) 一阶电路全响应　　　(b) $U_0$-$U_S$, 电容充电　　　(c) $U_0$-$U_S$, 电容放电

**图 7.17　电压 $u_C(t)$ 与电流 $i(t)$ 随时间 $t$ 的变化曲线**

从上面的讨论可以看出，全响应由初始值、稳态值（稳态分量）和时间常数这 3 个要素决定。在直流电流激励下，若设某一阶电路在 $t=0$ 时换路，换路后电路中电源为恒定值（或无电源），$x$ 是该电路中的任一电流或电压变量，有

$$x(t)=x(\infty)+[x(0_+)-x(\infty)]e^{-t/\tau} \quad (t\geqslant0) \tag{7-24}$$

式中：$x(\infty)$ 是 $x$ 的稳态值；$x(0_+)$ 是 $x$ 的初值；$\tau$ 是电路的时间常数。

式(7-24)为在恒定直流源激励下计算一阶电路中任意变量全响应的通式，称为三要素公式。不论一阶电路的形式如何，只要知道电路的 $x(0_+)$、$x(\infty)$ 和 $\tau$ 这 3 个要素就可直接写出电路动态过程中的电流或电压，这种方法称为一阶电路的三要素法。

三要素法只适用于仅含一个储能元件或经简化后只有一个独立储能元件的一阶线性电路，对二阶及以上的电路不适用。

现以直流源输入为例将确定三要素的方法归纳如下。

*1. 初始值 $x(0_+)$ 的确定*

由 $t=0_-$ 电路求得 $u_C(0_-)$ 或 $i_L(0_-)$，由换路定律确定 $u_C(0_+)$ 或 $i_L(0_+)$，由 $t=0_+$ 等效电路求得 $x(0_+)$。

*2. 稳态值 $x(\infty)$ 的确定*

对于直流源输入，当电路达到稳态时，电容相当于开路，可用开路替代；电感相当于

短路，可用短路替代，电路的其他部分保持不变，这样便能得到 t＝∞时的等效电路。由该稳态电路便能求得 $x(\infty)$。

**3. 时间常数 $\tau$ 的确定**

对 RC 电路，$\tau=RC$；对 RL 电路，$\tau=L/R$。$R$ 是从电容或电感两端看进去的戴维南等效电阻。

如果一阶电路是受正弦电源激励，由于相应电路方程的特解 $x'(t)$ 是时间的正弦函数，则上述三要素公式应写为

$$x(t)=x'(t)+[x(0_+)-x'(0_+)]e^{-t/\tau} \qquad (t\geqslant0) \qquad (7-25)$$

式中：$x'(t)$ 为电路的稳态响应；$x'(0_+)$ 是 $t=0_+$ 时稳态响应的初始值；$x(0_+)$ 与 $\tau$ 的含义与前述相同。

**【例 7.5】** 电路如图 7.18 所示，换路前已达稳态，求换路后的 $i$ 和 $u$。

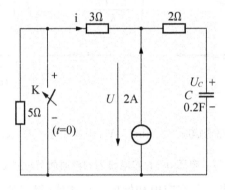

图 7.18　例 7.5 的图

**解法 1：分解分析法**

$$u_C(0_-)=2\times(5+3)=16(\mathrm{V})$$

换路后电路如图 7.19 所示

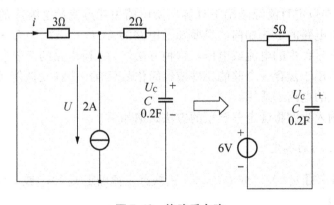

图 7.19　换路后电路

$$u_C(0_+)=u_C(0_-)=16(\mathrm{V})$$

$$u_C(\infty)=6\mathrm{V}$$

所以
$$u_C(t) = 6 + 10e^{-t} \quad (t \geqslant 0)$$

回到换路后的原电路，并将电容用电压源置换，如图7.20所示。

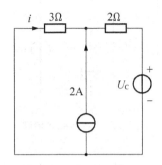

**图7.20　置换后电路**

用回路法求解
$$5i + 2 \times 2 = -u_C(t)$$

求得
$$i(t) = (-u_C - 4)/5 = -2 - 2e^{-t}A \quad (t \geqslant 0)$$
$$u(t) = -3 \times i = 6 + 6e^{-t}V(t \geqslant 0)$$

**解法2：三要素法**

换路后电路如图7.21(a)所示，$t = 0_+$等效电路如图7.21(b)所示。
$$u_C(0_-) = 2 \times (5 + 3) = 16(V)$$

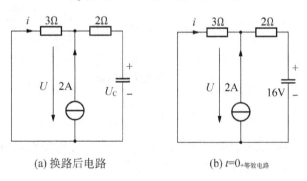

(a) 换路后电路　　　　　(b) $t = 0_+$等效电路

**图7.21　换路后及 t = 0₊ 等效电路**

求得
$$R = 5\Omega, \quad \tau = RC = 1s$$
$$i(0_+) = -4A, \quad u(0_+) = 12V$$

$t = \infty$等效电路为

求得
$$i(\infty) = -2A, \quad u(\infty) = 6V$$

由三要素公式可得
$$i(t) = -2 + (-4 + 2)e^{-t} = -2 - 2e^{-t}A \quad (t \geqslant 0)$$
$$u(t) = 6 + (12 - 6)e^{-t} = 6 + 6e^{-t}V \quad (t \geqslant 0)$$

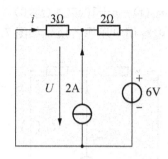

图 7.22  $t=\infty$ 等效电路

## 7.5  一阶电路的阶跃响应

电路对于单位阶跃函数输入的零状态响应称为单位阶跃响应。其求解方法与一般零状态响应的求解方法相同。

单位阶跃函数是一种奇异函数，如图 7.23 (a)所示，可定义为

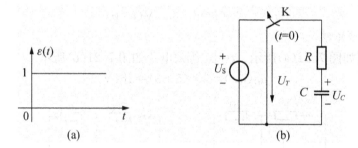

图 7.23  单位阶跃函数

$$\varepsilon(t)=\begin{cases} 0 & t<0 \\ 1 & t>0 \end{cases} \qquad (7-26)$$

此函数在$(0_-,0_+)$时域内发生了单位阶跃，$t=0$处为间断点，可以认为$\varepsilon(0_-)=0$，$\varepsilon(0_+)=1$，则在$t=0$点的左极限为 0，右极限为 1。

单位阶跃函数可以用来描述图 7.23(b)所示开关动作，它表示在$t=0$时把电路接到单位直流电压。阶跃函数可以作为开关的数学模型，所以有时也称为开关函数。

定义任一时刻$t_0$起始的阶跃函数为

$$\varepsilon(t-t_0)=\begin{cases} 0 & t<0 \\ 1 & t>t_0 \end{cases} \qquad (7-27)$$

$\varepsilon(t-t_0)$可看成是把$\varepsilon(t)$在时间轴上向右移动$t_0$后的结果，如图 7.24 所示，所以它是延迟的单位阶跃函数。

例如，把电路在$t=t_0$时接通到一个电流为 5A 的直流电流源，则此外施电流就可写为$5\varepsilon(t-t_0)$A。

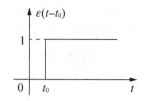

**图 7.24　延迟的单位阶跃函数**

单位阶跃函数还可用来"起始"任意一个时间函数 $f(t)$。设 $f(t)$ 是对所有 $t$ 都有定义的一个任意函数，如果要在 $t_0$ 时刻"起始"它，则

$$f(t)\varepsilon(t-t_0)=\begin{cases} 0 & t<0 \\ f(t) & t>t_0 \end{cases} \qquad (7-28)$$

其波形如图 7.25 所示。

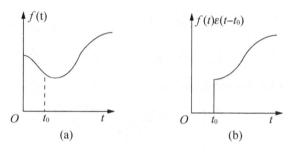

**图 7.25　单位阶跃函数的"起始"作用**

对于一个图 7.26(a)所示的幅值为 $A$ 的矩形脉冲，可以把它看作由两个阶跃函数组成的，如图 7.26(b)所示，即

$$f(t)=A\varepsilon(t-t_1)-A\varepsilon(t-t_2) \qquad (7-29)$$

当电路的激励为单位阶跃 $\varepsilon(t)$V$\varepsilon(t)$A 时，相当于将电路在 $t=0$ 时接通电压值为 1V 的直流电压源或电流值为 1A 的直流电流源。因此单位阶跃响应与直流激励的响应相同。表示单位阶跃响应。如果该电路的恒定激励为 $us(t)=U_0\varepsilon(t)$（或 $is(t)=I_0\varepsilon(t)$），则电路的零状态响应为 $U_0 s(t)$（或 $I_0 s(t)$）。

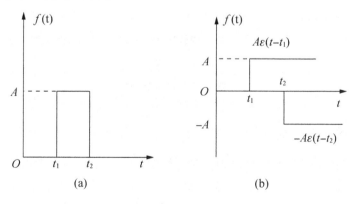

**图 7.26　矩形脉冲波的分解**

【例 7.6】　图 7.27 所示电路，开关 S 合在位置 1 时电路已达稳定状态。$t=0$ 时，开关由位置 1 合向位置 2，在 $t=\tau=RC$ 时又由位置 2 合向位置 1，求 $t \geqslant 0$ 时的电容电压 $u_C(t)$。

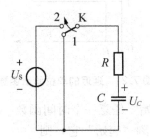

图 7.27　例 7.6 的图

**解：** 此题可用两种方法解决。

(1) 将电路的工作过程分段求解。

在 $0 \leqslant t \leqslant \tau$ 区间为 RC 电路的零状态响应

$$u_C(0_+)=u_C(0_-)=0$$

$$u_C(t)=U_S(1-e^{\frac{t}{\tau}})，\quad \tau=RC$$

在 $\tau \leqslant t \leqslant \infty$ 区间为 RC 电路的零输入响应

$$u(\tau)=U_S(1-e^{-\frac{t}{\tau}})=0.632U_S$$

$$u_C(t)=0.632U_S e^{-\frac{t-\tau}{\tau}}$$

(2) 用阶跃函数表示激励，求阶跃响应。

根据开关的动作，电路的激励 $U_S(t)$ 可以用图 7.28(a) 的矩形脉冲表示，按图 7.28(b) 可写为

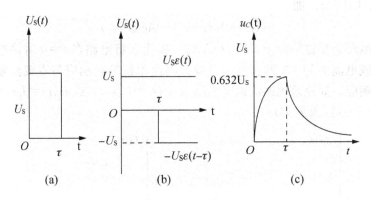

(a)　　　　　　(b)　　　　　　(c)

图 7.28　矩形脉冲

$$u_S(t)=U_S\varepsilon(t)-U_S\varepsilon(t-\tau)$$

RC 电路的单位阶跃响应为

$$s(t)=(1-e^{-\frac{t}{\tau}})\varepsilon(t)$$

故

$$u_C(t)=U_S(1-e^{-\frac{t}{\tau}})\varepsilon(t)-U_S[1-e^{\frac{-(t-\tau)}{\tau}}]\varepsilon(t-\tau)$$

其中第一项为阶跃响应，第二项为延迟的阶跃响应。$u_C(t)$ 的波形如图 7.28(c) 所示。

## 7.6　一阶电路的冲激响应

在实际电路切换过程中，可能会出现一种特殊形式的脉冲，其在极短的时间内表示为非常大的电流或电压。为了形象描述这种脉冲，引入了另一种奇异函数——单位冲激函数$\delta(t)$，其数学定义如下：

$$\begin{cases} \int_{-\infty}^{\infty} \delta(t)\,\mathrm{d}t = 1 \\ \delta(t) = 0 \quad (\text{当 } t \neq 0) \end{cases} \tag{7-30}$$

单位冲激函数又称$\delta$函数，如图7.29(a)所示，图7.29(b)表示强度为$K$的冲激函数。由图7.29可见，它在$t \neq 0$处为零，但在$t = 0$处为奇异的。

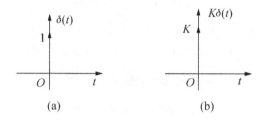

**图7.29　冲激函数**

单位冲激函数$\delta(t)$可以看成是单位脉冲函数的极限情况。图7.30(a)为一个单位矩形脉冲函数$p_0(t)$的波形。它的高为$\dfrac{1}{\Delta}$，宽为$\Delta$，在保持矩形面积$\Delta \cdot \dfrac{1}{\Delta} = 1$不变的情况下，它的宽度越来越窄时，它的高度越来越大。当脉冲宽度$\Delta \to 0$时，脉冲高度$\dfrac{1}{\Delta} \to \infty$，在此极限情况下，可以得到一个宽度趋于零，幅度趋于无限大的面积仍为1的脉冲，这就是单位冲激$\delta(t)$，可记为

$$\lim_{\Delta \to 0} p(t) = \delta(t) \tag{7-31}$$

单位冲激函数的波形如图7.30(b)所示，有时在箭头旁边注明"1"。强度为$K$的冲激函数如图7.30(c)所示，此时箭头旁边应注明$K$。

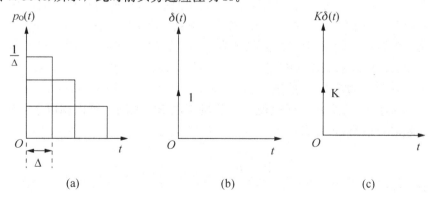

**图7.30　冲激函数的波形**

同在时间上延迟出现的单位阶跃函数一样，可以把发生在 $t=t_0$ 时的单位冲激函数写为 $\delta(t-t_0)$，还可以用 $K\delta(t-t_0)$ 表示一个强度为 $K$，发生在 $t_0$ 时刻的冲激函数。

冲激函数有如下两个主要性质。

(1) 单位冲激函数 $\delta(t)$ 对时间的积分等于单位阶跃函数 $\varepsilon(t)$，即

$$\int_{-\infty}^{\infty} \delta(\xi)\mathrm{d}\xi = \varepsilon(t)$$

反之，阶跃函数 $\varepsilon(t)$ 对时间的一阶导数等于冲激函数 $\delta(t)$，即

$$\frac{\mathrm{d}\varepsilon(t)}{\mathrm{d}t} = \delta(t) \tag{7-32}$$

(2) 单位冲激函数的"筛分性质"。

由于当 $t \neq 0$ 时，$\delta(t)=0$，所以对任意 $t=0$ 时连续函数 $f(t)$，将有

$$f(t)\delta(t) = f(0)\delta(t)$$

因此

$$\int_{-\infty}^{\infty} f(t)\delta(t)\mathrm{d}t = f(0)\int_{-\infty}^{\infty} \delta(t)\mathrm{d}t = f(0)$$

同理，对于任意一个在 $t=t_0$ 时连续的函数 $f(t)$，有

$$\int_{-\infty}^{\infty} f(t)\delta(t-t_0)\mathrm{d}t = f(t_0) \tag{7-33}$$

这就是说，冲激函数有把一个函数在某一时刻的值"筛"出来的本领，所以称为"筛分"性质，又称取样性质。

当把一个单位冲激电流 $\delta_i(t)$（其单位为 A）加到初始电压为零且 $C=1\mathrm{F}$ 的电容，电容电压 $u_C$ 为

$$u_C = \frac{1}{C}\int_{0_-}^{0_+} \delta_I(t)\mathrm{d}t = \frac{1}{C} = 1\mathrm{V}$$

这相当于单位冲激电流瞬时把电荷转移到电容上，使电容电压从零跃变到 1V。

同理，如果把 1 个单位冲激电压 $\delta_u(t)$（用 V 表示）加到初始电流为零且 $L=1\mathrm{H}$ 的电感上，则电感电流

$$i_L = \frac{1}{L}\int_{0_-}^{0_+} \delta_u(t)\mathrm{d}t = \frac{1}{L} = 1\mathrm{A}$$

所以单位冲激电压瞬时在电感内建立了 1A 的电流，即电感电流从零值跃变 1 A。

当冲激函数作用于零状态的一阶 RC 或 RL 电路，在 $t=0_-$ 到 $0_+$ 的区间它使电容电压或电感电流发生跃变。$t \geqslant 0_+$ 时，冲激函数为零，但 $u_c(0_+)$ 或 $i_L(0_+)$ 不为零，电路中将产生相当于初始状态引起的零输入响应。所以，一阶电路冲激响应的求解，在于计算在冲激函数作用下的 $u_c(0_+)$ 或 $i_L(0_+)$ 的值。

图 7.31(a) 为一个在单位冲激电流 $\delta(t)$ 激励下的 RC 电路。可以用以下方法求得该电路的零状态响应。根据 KCL 有

$$C\frac{\mathrm{d}u_C}{\mathrm{d}t} + \frac{u_C}{R} = \delta_I(t), \quad t \geqslant 0_-$$

而 $u_c(0_-)=0$。

为了求 $u_C(0_+)$ 的值，把上式在 $0_-$ 与 $0_+$ 时间间隔内积分，得

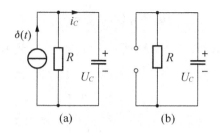

图 7.31　RC 电路的冲激响应

$$\int_{0_-}^{0_+} C\frac{\mathrm{d}u_C}{\mathrm{d}t}\mathrm{d}t + \int_{0_-}^{0_+} C\frac{u_C}{R}\mathrm{d}t = \int_{0_-}^{0_+}\delta_I(t)\mathrm{d}t$$

上式左方第二个积分仅在 $u_C$ 为冲激函数时才不为零。但是如果 $u_C$ 是冲激函数，则 $i_R$ 亦为冲激函数 $\left(i_R=\dfrac{u_C}{R}\right)$，而 $i_C=C\dfrac{\mathrm{d}u_C}{\mathrm{d}t}$ 将为冲激函数的一阶导数；这样就不能满足 KCL，即上式将不能成立，因此 $u_C$ 不可能是冲激函数。于是方程左方的第二个积分应为零，从而得

$$C[u_C(0_+)-u_C(0_-)]=1 \qquad\qquad (7-34)$$

或

$$u_C(0_+)=\frac{1}{C}$$

当 $t\geqslant 0_+$ 时，冲激电流源相当于开路，所以可以用图 7.31（b）求得 $t\geqslant 0_+$ 时的电容电压为

$$u_C=u_C(0_+)\mathrm{e}^{-\frac{t}{\tau}}=\frac{1}{C}\mathrm{e}^{-\frac{t}{\tau}} \qquad\qquad (7-35)$$

式中：$\tau=RC$，为给定 RC 电路的时间常数。

用相同的分析方法，可求得图 7.32 所示 RL 电路在单位冲激电压 $\delta_U(t)$ 激励下的零状态响应 $i_L$ 为

$$i_L=\frac{1}{L}\mathrm{e}^{-\frac{t}{\tau}} \qquad\qquad (7-36)$$

式中：$\tau=\dfrac{L}{R}$ 为时间常数。

电感电流发生了跃变，而电压 $u_L$ 为

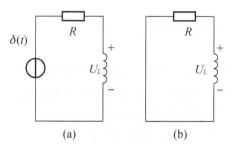

图 7.32　RL 电路的冲激响应

$$u_L = \delta_u(t) - \frac{R}{L}e^{-\frac{t}{\tau}}$$

$i_L$、$u_L$ 的波形如图 7.33(a)、7.33(b)所示，注意 $t=0_-$ 到 $0_+$ 的冲激和跃变情况。

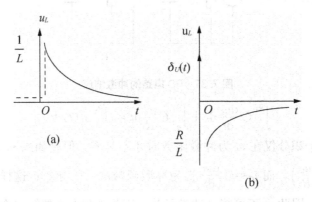

图 7.33  $i_L$、$u_L$ 的波形

由于阶跃函数和冲激函数之间满足式(7-32)的关系，因此，线性电路中阶跃响应与冲激响应之间也具有一个重要关系。如果以 $s(t)$ 表示某一电路的阶跃响应，而 $h(t)$ 为同一电路的冲激响应，则两者之间存在下列数学关系

$$h(t) = \frac{ds(t)}{dt}$$

$$s(t) = \int h(t)dt$$

下面证明这一般关系。

按冲激函数的定义，有

$$\int_{-\infty}^{t} \delta(\xi)d\xi = \varepsilon(t)$$

$$\delta(t) = \frac{d\varepsilon(t)}{dt}$$

对于一个线性电路，描述电路性状的微分方程为线性常系数方程。对于这种电路，如设激励为 $e(t)$ 时的响应为 $r(t)$，则当所加激励换为 $e(t)$ 的导数或积分时，所得响应必相应地为 $r(t)$ 的导数或积分。冲激激励是阶跃激励的一阶导数，因此冲激响应可以按阶跃响应的一阶导数求得。

图 7.31、图 7.32 所示电路，如按阶跃响应的一阶导数求冲激响应，可得到与上述相同的结果。

由于电容和电感互为对偶元素，因此，在单位阶跃或单位冲激电压激励下的 RC 串联电路与在单位阶跃或单位冲激电流激励下的 RL 并联电路互为对偶。只要求出前者的响应，后者的响应可根据对偶原理求得，反之亦然。

【例 7.7】  求图 7.34 电路的单位冲激响应 $u_C(t)$。

**解：** 根据题意可得

$$u_S = \delta(t), \quad u_C(0_-) = 0$$

（1）对应的 KVL 方程：

$$R_1 i + u_C = u_S$$

解得

$$u_C(0_+) = \frac{1}{R_1 C} = 0.25 \text{V}$$

（2）时间常数：

$$\tau = R_{总} C = (2 /\!/ 1) \times 2 = \frac{4}{3} \text{s}$$

所以

$$u_C(t) = 0.25 \mathrm{e}^{-\frac{3}{4}t} \text{V}$$

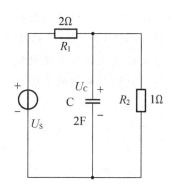

图 7.34　例 7.7 的图

## 7.7　小　　结

电阻电路和动态电路都受到 KCL 和 KVL 的约束，一阶电路是由一个独立储能元件构成的电路，其描述方法为一阶线性常系数微分方程。研究动态电路的经典方法为求解微分方程法，主要包括三步：①确定电路的初始值；②列写描述电路的微分方程；③求解微分方程。

（1）零输入响应是指无电源激励，输入信号为零，仅由初始储能引起的响应，其实质是电容元件放电的过程，即 $f(t) = f(0_+) \mathrm{e}^{-\frac{t}{\tau}}$。

（2）零状态响应是指换路前初始储能为零，仅由外加激励引起的响应，其实质是电源给电容元件充电的过程，即 $f(t) = f(\infty)(1 - \mathrm{e}^{-\frac{t}{\tau}})$

（3）全响应是指电源激励和初始储能共同作用的结果，其实质是零输入响应和零状态响应的叠加。

$$f(t) = \underbrace{f(0_+) \mathrm{e}^{-\frac{t}{\tau}}}_{\text{零输入响应}} + \underbrace{f(\infty)(1 - \mathrm{e}^{-\frac{t}{\tau}})}_{\text{零状态响应}}$$

一阶电路的三要素是初始值 $f(0+)$，稳态值 $f(\infty)$ 和时间常数 $\tau$，由三要素法可以很方便地写出一阶电路的瞬态过程的表达式 $f(t) = f(\infty) + [f(0_+) - f(\infty)] \mathrm{e}^{-\frac{t}{\tau}}$。

（4）电路对于单位阶跃函数 $\varepsilon(t)$ 输入的零状态响应称为单位阶跃响应。其求解方法与一般零状态响应的求解方法相同。

(5) 电路对于单位冲激函数 $\delta(t)$ 输入的零状态响应称为单位阶跃响应。其求解方法与一般零状态响应的求解方法相同。

# 阅读材料

## 一阶电路在军用 PEMFC 氢能发电机参数确定中的应用

PEMFC(质子交换膜燃料电池)氢能发电完全摒弃了基于卡诺循环的热机工作原理,采用电化学工作方式发电,具有低温工作、无排烟、热辐射小、无震动、噪音低、便于维护、高效率、无污染等优点。因此,PEMFC 氢能发电技术在国防军事和民用各领域都有极其重要而广阔的应用前景。质子交换膜燃料电池发电技术目前正处于基础研究开发逐渐走向实用化的阶段。对基于质子交换膜燃料电池的氢能发电机的等效电路研究是氢能发电机后续应用研究的基础。

由于氢能发电机负载增加时的动态特性比较复杂,即电压在降低的过程中会首先陡降至一最低点,然后再逐渐上升达到最后的稳定值。作为军用备用电源,PEMFC 氢能发电机的静态输出特性是我们关注的重点。当前,对其分析首选过空载电压点的拟合方法。具体做法是:用一个一阶线性 RL 电路来等效氢能发电机负载增加的情况,而用一个一阶线性 RC 电路来等效氢能发电机负载减少的情况。如负载增加时其输出动态曲线如图 7.35 所示,设跳变前的输出电压为 $u(0_-)$,跳变过程开始瞬间的初始电压为 $u(0_+)$,跳变过程结束后的输出电压为 $u(+\infty)$。时间常数 $\tau$ 定义为跳变过程中电压变化到总变化量的 $1-e^{-1}=63.2\%$ 时所用的时间。这样就可把氢能发电机转换成一个一阶 RL 电路来进行分析,如图 7.36 所示。

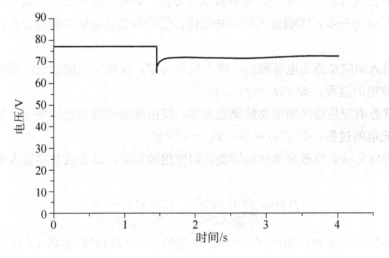

**图 7.35 PEMFC 氢能发电机的静态输出特性**

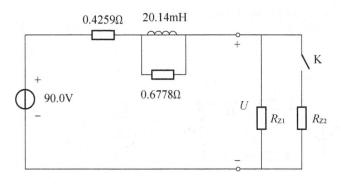

**图7.36　PEMFC氢能发电机模拟电路**

# 习　题

一、填空题

1. 零输入响应是指(　　)，其实质是(　　)，即 $f(t)=f(0_+)\mathrm{e}^{-\frac{t}{\tau}}$。

2. 零状态响应是指(　　)，其实质是(　　)，即 $f(t)=f(\infty)(1-\mathrm{e}^{-\frac{t}{\tau}})$。

3. 全响应是指(　　)。

4. 一阶电路的三要素法是指通过确定(　　)、(　　)和(　　)这3个要素来求解一阶电路全响应的方法。

5. 冲激函数有把一个函数在某一时刻的值"筛"出来的本领，这一性质称为(　　)。

6. 10Ω电阻和0.2F电容并联电路的时间常数为(　　)。

7. 图7.37所示电路在开关断开时的电容电压 $u_\mathrm{c}(0_+)$ 等于(　　)。

8. 图7.38所示电路在开关断开后电路的时间常数等于(　　)。

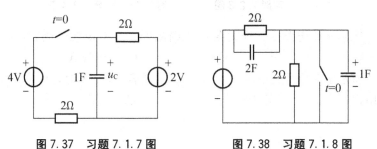

**图7.37　习题7.1.7图　　　　图7.38　习题7.1.8图**

9. 1Ω电阻和2H电感并联一阶电路中，电感电压零输入响应为(　　)。

10. 一阶电路电容电压的完全响应为 $u_C(t)=8-3\mathrm{e}^{-10t}$ V，则电容电压的零输入响应为(　　)。

二、选择题

1. 图7.39所示一阶电路，求时间常数 $\tau$ 为(　　)。

A. 0.5 s　　　　　　　　　　　　B. 0.4 s

C. 0.2 s　　　　　　　　　　　　D. 0.1 s

2. 图 7.40 所示电路的开关闭合后，电感电流 $i(t)$ 等于（  ）。

A. $5e^{-2t}$ A

B. $5e^{-0.5t}$ A

C. $5(1-e^{-2t})$ A

D. $5(1-e^{-0.5t})$ A

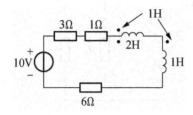

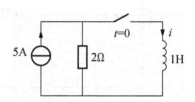

图 7.39　习题 7.2.1 图　　　　　图 7.40　习题 7.2.2 图

3. 图 7.41 所示一阶电路中，开关在 $t=0$ 时打开，求 $i_L(\infty)=$（  ）。

A. 3 A　　　　　B. 0 A　　　　　C. 4 A　　　　　D. 2 A

4. 图 7.42 所示动态电路中，开关在 $t=0$ 时由 a 打向 b，$t>0$ 后，电路的时间常数 $\tau=$（  ）。

A. $R(C_1+C_2)$

B. $\dfrac{RC_1C_2}{C_1+C_2}$

C. $\tau_1=RC_1$，$\tau_2=RC_2$

D. $RC_1C_2$

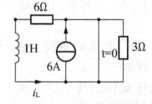

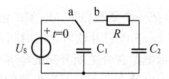

图 7.41　习题 7.2.3 图　　　　图 7.42　习题 7.2.4 图

5. 图 7.43 所示一阶电路中，开关在 $t=0$ 时断开，$t>0$ 电感电流 $i_L(t)=$（  ）。

A. $2e-2t$ A　　　B. $2e-0.5t$ A　　　C. $3e-2t$ A　　　D. $3e-0.5t$ A

6. 图 7.44 所示电路原稳定，在 $t=0$ 时，开关闭合，$t=2s$ 时，电容上电压是（  ）。

A. 3.15V　　　　　B. 10V　　　　　C. 7.2V　　　　　D. 6.3V

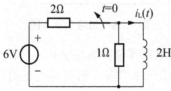

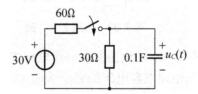

图 7.43　习题 7.2.5 图　　　　图 7.44　习题 7.2.6 图

7. 图 7.45 所示电路，$t=0$ 时，开关 S 闭合，$t=1s$ 时，$i(t)=63mA$，所加电压源电压 $u$ 是（  ）。

A. 1V　　　　　B. 2V　　　　　C. 5V　　　　　D. 10V

8. 图 7.46 所示电路，$t=0$ 时，开关闭合，求 $t=2$s 时，电阻上的 $u_C(t)=$（    ）。

    A. 10V              B. 3.68V              C. 1.84V              D. 7.34V

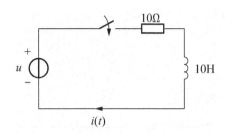 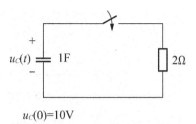

图 7.45　习题 7.2.7 图              图 7.46　习题 7.2.8 图

9. 图 7.47 所示电路的冲激响应电流 $i_L(t)$（    ）。

    A. $2e^{-2t}\varepsilon(t)$A                         B. $\delta(t)+e^{-2t}\varepsilon(t)$A

    C. $\varepsilon(t)$A                               D. $\delta(t)+e^{-0.5t}\varepsilon(t)$A

10. 电压波形如图 7.47 所示，现用单位阶跃函数 $\varepsilon(t)$ 表示，则 $u(t)=$（    ）V。

    A. $\varepsilon(t)+2\varepsilon(t-1)$                  B. $\varepsilon(t)+\varepsilon(t+1)-2\varepsilon(t+2)$

    C. $\varepsilon(t)+\varepsilon(t-1)-2\varepsilon(t-2)$       D. $\varepsilon(t)+\varepsilon(t+1)$

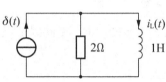 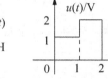

图 7.47　习题 7.2.9 图            图.48　习题 7.2.10 图

**三、计算题**

1. 电路如图 7.49(a)、图 7.49(b) 所示，电路开关 S 在 $t=0$ 时动作，试求电路在 $t=0_+$ 时刻电压、电流的初始值。

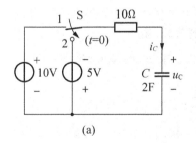 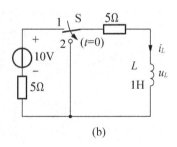

(a)                                          (b)

图 7.49　习题 7.3.1 图

2. 电路如图 7.50 所示，求开关打开后各电压、电流的初始值（换路前电路已处于稳态）。

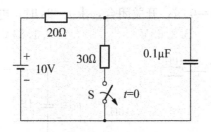

图 7.50　习题 7.3.2 图

3. 电路如图 7.51 所示，求开关闭合后，各电压、电流的初始值，已知开关闭合前，电路已处于稳态。

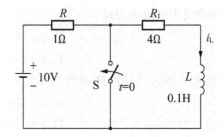

图 7.51　习题 7.3.3 图

4. 电路如图 7.52 所示，$t=0$ 时，开关 S 由 a 投向 b，在此以前电容电压为 $U_0$，试求 $t \geqslant 0$ 时，电容电压及电流。

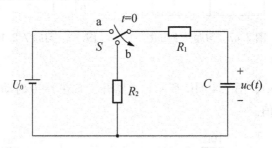

图 7.52　习题 7.3.4 图

5. 电路如图 7.53 所示，$t=0$ 时打开开关 S，求 $u_{ab}(t)$，$t \geqslant 0$。

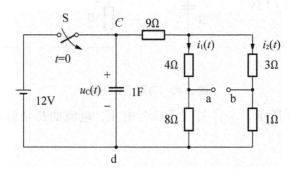

图 7.53　习题 7.3.5 图

6. 图 7.54 所示电路原已稳定，$t=0$ 闭合开关，求 $t>0$ 的电容电压 $u_C(t)$。

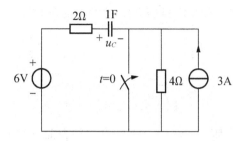

图 7.54 习题 7.3.6 图

7. 电路如图 7.55 所示，$t=0$ 时，恒定电压 $U_s=12\text{V}$ 加于 RC 电路，已知 $u_C(0)=4\text{V}$，$R=1\Omega$，$C=5\text{F}$，求 $t\geqslant0$ 的 $u_C(t)$ 及 $i_C(t)$。

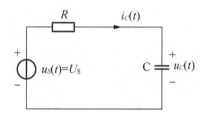

图 7.55 习题 7.3.7 图

8. 电路如图 7.56 所示，$t<0$ 时，电路已达稳定。$t=0$ 时，开关 S 闭合。$t=1\text{s}$ 时，开关 S 断开，求 $u_C(t)$（$t>0$）。

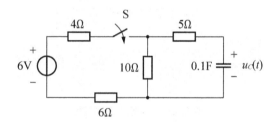

图 7.56 习题 7.3.8 图

9. 一阶电路如图 7.57 所示，$t=0$ 开关断开，断开前电路为稳态，求 $t\geqslant0$ 电感电流 $i_L(t)$，并画出波形。

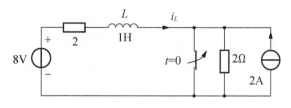

图 7.57 习题 7.3.9 图

10. 一阶电路如图 7.58 所示，$t=0$ 开关断开，断开前电路为稳态，求 $t\geqslant0$ 电容电压 $u_C(t)$，并画出波形。

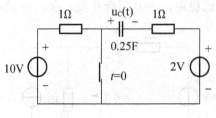

图 7.58　习题 7.3.10

11. 一阶电路如图 7.59 所示，$t=0$ 开关闭合，闭合前电路为稳态，求 $t \geqslant 0$ 电流 $i_L(t)$、$i_C(t)$、$i(t)$。

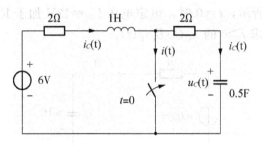

图 7.59　习题 7.3.11 图

12. 电路如图 7.60 所示，$t=0$ 时，开关 S 由 a 投向 b，并设在 $t=0$ 时，开关与 a 端相接为时已久，试求 $t \geqslant 0$ 时，电容电压及电流，并计算在整个充电过程中电阻消耗的能量。

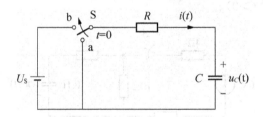

图 7.60　习题 7.3.12 图

13. 电路如图 7.61 所示，$t=0$ 时，开关 S 闭合，求 $i_L(t)$，$i(t)$。

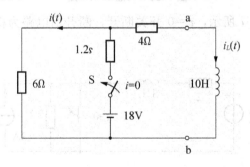

图 7.61　习题 7.3.13 图

14. ①若已知 $i(0)=-5A$，$i(\infty)=10A$，$\tau=2s$，试绘出电流 $i(t)$ 按指数规律变化的波形图，并写出 $i(t)$ 的表达式；②若已知 $i(0)=5A$，$i(\infty)=-10A$，$\tau=3s$，重复①中所求。

15. 图 7.62(a) 所示电路中的电压 $u(t)$ 的波形如图 7.62(b)所示，试求电流 $i(t)$。

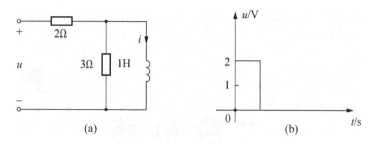

(a)                    (b)

**图 7.62 习题 7.3.15 图**

16. 电路如图 7.63 所示，$i_L(0_-)=0$，$R_1=60\Omega$，$R_2=40\Omega$，$L=100\text{mH}$，试求冲激响应 $i_L$，$u_L$。

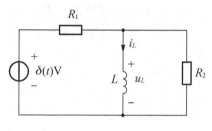

**图 7.63 习题 7.3.16 图**

# 第 **8** 章

# 二阶电路

一阶电路只含有一个储能元件(电感或电容)，而用二阶线性常微分方程描述的电路称为二阶电路，二阶电路中至少含有两个储能元件——当然含有两个储能元件的电路并不一定为二阶电路，比如两个电容(电感)串(并)联情况。在了解二阶电路基本概念的基础上，通过对二阶电路的零输入响应、零状态响应、阶跃响应、冲激响应等典型电路的学习，使学生掌握二阶电路的分析方法。

## 教学要点

| 知 识 要 点 | 掌 握 程 度 |
| --- | --- |
| 二阶电路的零输入响应 | (1) 了解二阶电路的定义，会从电路结构直观判断二阶电路<br>(2) 会列写简单二阶电路的微分方程<br>(3) 理解二阶电路零输入响应的定义与求解方法<br>(4) 深刻理解和掌握二阶电路零输入响应的 3 种性质与电路参数的关系<br>(5) 深刻掌握利用二阶非齐次方程求解二阶电路的零输入响应的方法 |
| 二阶电路的零状态响应和阶跃响应 | (1) 理解二阶电路零输入响应的定义与求解方法<br>(2) 深刻掌握利用二阶非齐次方程求解二阶电路的零输入响应的方法 |
| 二阶电路的冲激响应 | (1) 理解二阶电路零输入响应的定义与求解方法<br>(2) 深刻掌握利用二阶非齐次方程求解二阶电路的零输入响应的方法 |

引例：实际工程中的二阶电路

在实际工程中，经常会遇到一些随时间不成直线变化的变量，为此就需要用曲线进行模拟运算，之后才能得到误差值与设计技术要求相符的设计，这就少不了二阶电路，如热电偶的温度计算，摩擦力的计算，电容、电感上电压的计算，交流电压、电流的计算，对非直线误差的补偿，充放电的设计，电机的启动停止，显示屏的点亮与关闭，信号的处理等。

若电机负载比较小(如选用绕制线圈电机)，启动时立即给电机加额定电压，电机会将绕制线圈的导线(一般是很细的漆包线，直径只有几丝或十几丝)弄断，如果加入二阶控制电压慢启动电机，即可达到预期的目的。又如大型显示屏，其点亮时电流会很大，对电源的输出要求会很高，当然造价也会加大，如果采用缓冲加电的二阶电源控制系统(图8.0(a))，结果大不一样(图8.0(b))。

(a) 二阶电源控制内部结构

(b) 显示屏

**图8.0 二阶电源控制系统**

## 8.1 二阶电路的零输入响应

凡用二阶微分方程描述的电路，称为二阶电路。二阶电路中含有两个独立的储能元件。本节以 RLC 串联电路为例，讨论二阶电路的零输入响应。

图 8.1 为 RLC 串联的零输入响应电路。开关 S 闭合前，电容已经充电，且电容的电压 $u_C = U_0$，电感中储存有电场能，且初始电流为 $I_0$。当 $t=0$ 时，开关 S 闭合，电容将通过 $R_L$ 放电，其中一部分被电阻消耗，另一部分被电感以磁场能的形式储存，之后磁场能又通过 R 转换成电场能，如此反复。

由图 8.1 所示参考方向，据 KVL 列写描述电路的微分方程

$$-u_C + u_R + u_L = 0$$

且有 $i_C = -C \dfrac{\mathrm{d}u_C}{\mathrm{d}t}$，$u_R = Ri = -RC \dfrac{\mathrm{d}u_C}{\mathrm{d}t}$，$u_L = L \dfrac{\mathrm{d}i}{\mathrm{d}t} = -LC \dfrac{\mathrm{d}^2 u_C}{\mathrm{d}t^2}$。将其代入上式得

$$LC \frac{\mathrm{d}^2 u_C}{\mathrm{d}t^2} + RC \frac{\mathrm{d}u_C}{\mathrm{d}t} + u_C = 0 \qquad (8-1)$$

**图8.1 RLC串联电路的零输入响应**

式(8-1)是 RLC 串联电路放电过程以 $u_C$ 为变量的线性常系数二阶齐次微分方程。

如果以电流 $i$ 作为变量，则 RLC 串联电路的微分方程为

$$LC \frac{\mathrm{d}^2 i}{\mathrm{d}t^2} + RC \frac{\mathrm{d}i}{\mathrm{d}t} + i = 0$$

在此，仅以 $u_C$ 为变量进行分析，令 $u_C = Ae^{pt}$，并代入式（8-1），得到其对应的特征方程

$$LCp^2 + RCp + 1 = 0$$

求解上式，得到特征根为

$$P_1 = -\frac{R}{2L} + \sqrt{\left(\frac{R}{2L}\right)^2 - \frac{1}{LC}}$$

$$P_2 = -\frac{R}{2L} - \sqrt{\left(\frac{R}{2L}\right)^2 - \frac{1}{LC}} \qquad (8-2)$$

因此，电容电压 $u_C$ 用两特征根表示如下：

$$u_C = A_1 e^{p_1 t} + A_2 e^{p_2 t} \qquad (8-3)$$

从式（8-3）可以看出，特征根 $p_1$、$p_2$ 仅与电路的参数和结构有关，而与激励和初始储能无关。$p_1$、$p_2$ 又称为固有频率，固有频率与电路的自然响应函数有关。

根据换路定律，可以确定方程（8-3）的初始条件为 $u_C(0_+) = u_C(0_-) = U_0$，$i(0_+) = i(0_-) = I_0$，又因为 $i_C = -C\dfrac{\mathrm{d}u_C}{\mathrm{d}t}$，所以有 $\dfrac{\mathrm{d}u_C}{\mathrm{d}t} = -\dfrac{I_0}{C}$。将初始条件和式（8-3）联立可得

$$\left. \begin{array}{l} A_1 + A_2 = U_0 \\[2mm] A_1 p_1 + A_2 p_2 = -\dfrac{I_0}{C} \end{array} \right\} \qquad (8-4)$$

首先讨论已充电的电容向电阻电感放电的性质，即 $U_0 \neq 0$ 且 $I_0 = 0$。由式（8-4）可得

$$\left\{ \begin{array}{l} A_1 = \dfrac{p_2 U_0}{p_2 - p_1} \\[4mm] A_2 = -\dfrac{p_1 U_0}{p_2 - p_1} \end{array} \right.$$

将 $A_1$、$A_2$ 的表达式代入式（8-3）即可得到 RLC 串联电路的零输入响应，但特征根 $p_1$、$p_2$ 与电路的参数 $R$、$L$、$C$ 有关，根据二次方程根的判别式可知 $p_1$、$p_2$ 只有 3 种可能情况：$R > 2\sqrt{\dfrac{L}{C}}$、$R < 2\sqrt{\dfrac{L}{C}}$ 和 $R = 2\sqrt{\dfrac{L}{C}}$ 这时，电路的响应将各不相同。下面对这 3 种情况分别讨论。

（1）当 $R > 2\sqrt{\dfrac{L}{C}}$，电路中的电流和电压波形如图 8.2 所示，过渡过程是非周期情况，也称为过阻尼情况。过阻尼状态下，电容电压 $u_C$ 单调衰减而最终趋于零，一直处于放电状态；放电电流 $i_C$ 则从零逐渐增大，达到最大值后又逐渐减小到零，没有正、负交替状况，因此响应是非振荡的。此时特征方程有两个不相等的负实根。通解 $u_C$ 的一般形式为

$$u_C = \frac{U_0}{p_2 - p_1}(p_2 e^{p_1 t} - p_1 e^{p_2 t}) \qquad (8-5)$$

根据电压电流的关系，可以求出电路的其他响应为

$$i = -C\frac{\mathrm{d}u_C}{\mathrm{d}t} = -\frac{CU_0 p_1 p_2}{p_2 - p_1}(e^{p_1 t} - e^{p_2 t})$$

$$= -\frac{U_0}{L(p_2 - p_1)}(e^{p_1 t} - e^{p_2 t}) \qquad (8-6)$$

$$u_L = L\frac{\mathrm{d}i}{\mathrm{d}t} = -\frac{U_0}{p_2 - p_1}(p_1\mathrm{e}^{p_1 t} - p_2\mathrm{e}^{p_2 t}) \qquad (8-7)$$

式中：$p_1 p_2 = \dfrac{1}{LC}$。

由于 $p_1 > p_2$，因此 $t > 0$ 时，$\mathrm{e}^{-p_1 t} > \mathrm{e}^{p_2 t}$，且 $\dfrac{p_2}{p_2 - p_1} > \dfrac{p_1}{p_2 - p_1} > 0$。所以 $t > 0$ 时 $u_C$ 一直为正。从式(8-6)可以看出，当 $t > 0$ 时，$i$ 也一直为正，但是进一步分析可知，当 $t = 0$ 时，$i(0_+) = 0$，当 $t \to \infty$ 时，$i(\infty) = 0$，这表明 $i(t)$ 将出现极值，这个极值可以通过求一阶导数得到，即

$$p_1\mathrm{e}^{p_1 t} - p_2\mathrm{e}^{p_2 t} = 0$$

故

$$t_{\max} = \frac{1}{p_2 - p_1}\ln\frac{p_2}{p_1}$$

其中 $t_{\max}$ 为电流达到最大的时刻。$u_C$、$i$、$u_L$ 三者关系如图 8.2 所示。

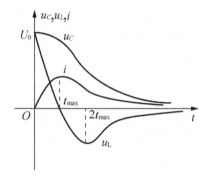

**图 8.2  过阻尼放电过程中 $u_C$、$i$、$u_L$ 的波形**

图 8.2 描绘了 $u_C$、$i$、$u_L$ 随时间变化的曲线，$u_C$、$i$ 在电容放电过程中始终不改变方向，而且 $u_C \geqslant 0$，$i \geqslant 0$，表明电容在整个过程中一直在释放储存的电能，称之为非振荡放电或过阻尼放电。当 $t < t_{\max}$ 时电感吸收能量，建立磁场；$t > t_{\max}$ 时，电感释放能量，磁场衰减，趋向消失。当 $t = t_{\max}$ 时，电感电压 $u_L$ 为零。

(2) 当 $R < 2\sqrt{\dfrac{L}{C}}$，过渡过程是欠阻尼情况，是周期性振荡情况。特征根 $p_1$、$p_2$ 是一对共轭复数，即

$$\left.\begin{array}{l}p_1 = -\dfrac{k}{2L} + \mathrm{j}\sqrt{\dfrac{1}{LC} - \left(\dfrac{R}{LC}\right)^2} = -\alpha + \mathrm{j}\omega \\[3mm] p_2 = -\dfrac{k}{2L} - \mathrm{j}\sqrt{\dfrac{1}{LC} - \left(\dfrac{R}{LC}\right)^2} = -\alpha - \mathrm{j}\omega\end{array}\right\} \qquad (8-8)$$

式中：$\alpha = \dfrac{R}{LC}$ 为振荡电路的衰减系数；$\omega = \sqrt{\dfrac{1}{LC} - \left(\dfrac{R}{2L}\right)^2}$ 为振荡电路的衰减角频率；

$\omega_0 = \dfrac{1}{\sqrt{LC}}$ 为无阻尼自由振荡角频率，或浮振角频率。

显然有 $\omega_0^2 = \alpha^2 + \omega^2$，令 $\theta = \arctan\left(\dfrac{\omega}{\alpha}\right)$，则有 $\alpha = \omega_0 \cos\theta$，$\omega = \omega_0 \sin\theta$，如图 8.3 所示。

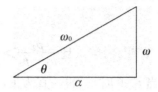

图 8.3 $\alpha$、$\theta$、$\omega$、$\omega_0$ 之间的关系

根据欧拉公式

$$\left.\begin{array}{l} e^{j\theta} = \cos\theta + j\sin\theta \\ e^{-j\theta} = \cos\theta - j\sin\theta \end{array}\right\}$$

可得

$$p_1 = -\omega_0\, e^{-j\theta}, \quad p_2 = -\omega_0\, e^{j\theta}$$

所以有

$$
\begin{aligned}
u_C &= \frac{U_0}{p_2 - p_1}\left(p_2 e^{p_1 t} - p_1 e^{p_2 t}\right) \\
&= \frac{U_0}{-j2\omega}\left[-\omega_0 e^{j\theta} e^{(-\alpha+j\omega)t} + \omega_0 e^{j\theta} e^{(-\alpha-j\omega)t}\right] \\
&= \frac{U_0 \omega_0}{\omega} e^{-\alpha t}\left[\frac{e^{j(\omega t+\theta)} - e^{-j(\omega t+\theta)}}{j2}\right] \\
&= \frac{U_0 \omega_0}{\omega} e^{-\alpha t}\sin(\omega t + \theta)
\end{aligned}
\tag{8-9}
$$

根据式(8-6)、式(8-7)可知

$$i = \frac{U_0}{\omega L} e^{-\alpha t}\sin(\omega t) \tag{8-10}$$

$$u_L = -\frac{U_0 \omega_0}{\omega} e^{-\alpha t}\sin(\omega t - \theta) \tag{8-11}$$

从上述情况分析可以看出，$u_C$、$i$、$u_L$ 的波形呈振荡衰减状态。在衰减过程中，两种储能元件相互交换能量，见表 8-1。$u_C$、$i$、$u_L$ 的波形如图 8.4 所示。

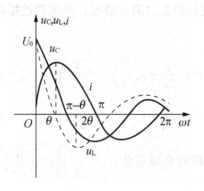

图 8.4 欠阻尼情况下 $u_C$、$i$、$u_L$ 的波形

表 8 - 1

|  | $0 < \omega t < \theta$ | $0 < \omega t < \pi - \theta$ | $\pi - \theta < \omega t < \pi$ |
|---|---|---|---|
| 电容 | 释放 | 释放 | 吸收 |
| 电感 | 吸收 | 释放 | 释放 |
| 电阻 | 消耗 | 消耗 | 消耗 |

从欠阻尼情况下 $u_C$、$i$、$u_L$ 的表达式还能得到以下结论。

① $\omega t = k\pi$，$k = 0$，1，2，3，… 为电流 $i$ 的过零点，即 $u_C$ 的极值点。

② $\omega t = k\pi + \theta$，$k = 0$，1，2，3，… 为电感电压 $u_L$ 的过零点，即电流 $i$ 的极值点。

③ $\omega t = k\pi - \theta$，$k = 0$，1，2，3，… 为电容电压 $u_C$ 的过零点。

在上述阻尼的情况中，有一种特殊情况，$k = 0$，此时 $p_1$、$p_2$ 为一对共轭虚数，

$$p_1 = j\omega_0 \qquad p_2 = -j\omega_0$$

代入到式(8 - 9)、式(8 - 10)、式(8 - 11)可得

$$u_C = U_0 \sin\left(\omega_0 t + \frac{\pi}{2}\right) \tag{8 - 12}$$

$$i = U_0 \sqrt{\frac{C}{L}} \sin(\omega_0 t) \tag{8 - 13}$$

$$u_L = U_0 \sin\left(\omega_0 t + \frac{\pi}{2}\right) \tag{8 - 14}$$

由此可见，$u_C$、$i$、$u_L$ 各量都是正弦函数，随时间的推移其振幅并不衰减。其波形如图 8.5 所示。

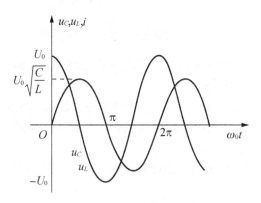

图 8.5 LC 零输入电路无阻尼时 $u_C$、$i$、$u_L$ 波形

在欠阻尼状态下，随着电容器的放电，电容电压逐渐下降，电流的绝对值逐渐增大，电场放出的能量一部分转化为磁场能量，另一部分转化为热能消耗于电阻上；在电容放电结束时，电流并不为零，仍按原方向继续流动，但绝对值在逐渐减小。当电流衰减为零时，电容器上又反向充电到一定电压，这时又开始放电，送出反方向的电流。此后，电压、电流的变化与前一阶段相似，只是方向与前阶段相反。由此周而复始地进行充放电，就形成了电压、电流的周期性交变，这种现象称为电磁振荡。在振荡过程中，由于电阻的存在，要不断地消耗能量，所以电压和电流的振幅逐渐减小，直至为零，即电路中的原始

能量全部消耗在电阻上后，振荡被终止。这种振荡称为减幅振荡。

减幅振荡现象属于一种基本的电磁现象，在电子技术中得到广泛应用。例如，外差式收音机、电视机等，只是在实际电路中，为了使减幅振荡成为不减幅的振荡，一般常采用另外的晶体管或其他电路来补偿电阻上的损耗。

(3) $R=2\sqrt{\dfrac{L}{C}}$，临界阻尼情况。

在此条件下，特征方程具有重根，即

$$p_1=p_2=-\frac{R}{2L}=-\alpha$$

全微分方程(8-1)的通解为

$$u_C=(A_1+A_2 t)\mathrm{e}^{-\alpha t}$$

根据初始条件可得

$$A_1=U_0$$
$$A_2=\alpha U_0$$

所以，很容易得到

$$u_C=U_0(1+\alpha t)\mathrm{e}^{-\alpha t} \tag{8-15}$$

$$i=-C\frac{\mathrm{d}u_C}{\mathrm{d}t}=\frac{U_0}{L}t\ \mathrm{e}^{-\alpha t} \tag{8-16}$$

$$u_L=L\frac{\mathrm{d}i}{\mathrm{d}t}=U_0\mathrm{e}^{-\alpha t}(1-\alpha t) \tag{8-17}$$

显然，$u_C$、$i$、$u_L$ 不作振荡变化，随着时间的推移逐渐衰减，其衰减过程的波形与非振荡过程类似。此种状态是振荡过程与非振荡过程的分界线，所以将 $R=2\sqrt{\dfrac{L}{C}}$ 的过程称为临界非振荡过程，其电阻也被称为临界电阻。若电阻小于此值的电路为欠阻尼电路，电阻大于此值的电路为过阻尼电路。

以上讨论的情况仅适用于 RLC 串联电路的零输入状态，在恒定输入下的全响应与零输入响应类似，仍按以上 3 种情况判断电路是否产生振荡。显然，一个电路是否振荡是由电路元件的参数所决定的。

**【例 8.1】** 图 8.6 所示电路在 $t<0$ 时处于稳态，$t=0$ 时打开开关，求电容电压 $u_C$。

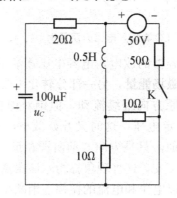

图 8.6 例 8.1 的电路图

**解**：求解分三步：

(1) 首先确定电路的初始值。

由 $t<0$ 时稳态电路，即把电感短路，电容断路，

得初值为：$u_C(0_-)=25\text{V}$，$i_L(0_-)=5\text{A}$

(2) 开关打开，电路为 RLC 串联零输入响应问题，以电容电压为变量的微分方程为

$$LC\frac{\mathrm{d}^2 u_C}{\mathrm{d}t^2}+RC\frac{\mathrm{d}u_C}{\mathrm{d}t}+u_C=0$$

代入参数得特征方程为：$50P^2+2500P+106=0$

解得特征根：$P=-25\pm\text{j}139$

由于特征根为一对共轭复根，所以电路处于振荡放电过程，解的形式为

$$u_C=Ae^{-25t}\sin(139t+\theta)$$

(3) 确定常数，根据初始条件 $u_C(0_+)=25\text{V}$，$\left.\dfrac{\mathrm{d}u_C}{\mathrm{d}t}\right|_{t=0_+}=-\dfrac{5}{C}$

得 $A=356$，$\theta=176°$ 即：$u_C=356e^{-25t}\sin(139t+176°)\text{V}$

## 8.2 二阶电路的零状态响应和阶跃响应

二阶电路的初始储能为零，仅由外施激励引起的响应称为二阶电路的零状态响应。二阶电路在阶跃激励下的零状态响应称为二阶电路的阶跃响应。零状态响应和阶跃响应的求解方法相同。现以图 8.7 所示 RLC 串联电路为例说明求解方法。

图 8.7 所示电路处在零状态的情况下，由单位阶跃电压源激励，因为有限量值电压源的激励，所以电容电压在 $t=0$ 时为连续量，$u_C(0_+)=u_C(0_-)=0$，此时电感电流也为连续量 $i_L(0_+)=i_L(0_-)=0$，且它们的一阶初始值为 $\left.\dfrac{\mathrm{d}u_C}{\mathrm{d}t}\right|_{t=0_+}=0$，$\left.\dfrac{\mathrm{d}i_L}{\mathrm{d}t}\right|_{t=0_+}=\dfrac{1}{L}$。

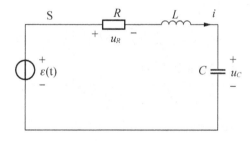

**图 8.7　RLC 串联电路的零状态响应**

$t>0$ 后，根据 KVL 和元件的 VCR 得以电容电压为变量的电路微分方程

$$LC\frac{\mathrm{d}^2 u_C}{\mathrm{d}t^2}+RC\frac{\mathrm{d}u_C}{\mathrm{d}t}+u_C=1 \tag{8-18}$$

这是二阶常系数非齐次微分方程，其解由两部分组成，一部分为非齐次方程的特解 $u_C'$，另一部分为对应齐次方程的通解 $u_C''$，即 $u_C=u_C'+u_C''$。方程的通解求法与求零输入响应相同，特解则是求电路的稳态值，再根据初始条件确定积分常数，从而得到全解。

如果二阶电路具有初始储能，又接入外施激励，则电路的响应称为全响应。全响应是

零输入响应和零状态响应的叠加，可以通过求解二阶非齐次方程方法求得全响应。

**【例8.2】** 电路如图8.8所示，已知 $u_C(0_-)=0$，$i_L(0_+)=0.5\text{A}$，$t=0$ 时开关 S 闭合，求开关闭合后电感中的电流 $i_L(t)$。

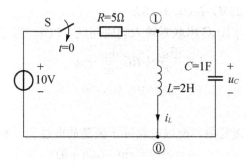

**图8.8  例8.2的图**

**解**：开关 S 闭合前，电感中的电流 $i_L(0_-)=0.5\text{A}$，具有初始储能；开关 S 闭合后，直流激励源作用于电路，故为二阶电路的全响应。

（1）列出开关闭合后的电路微分方程，列节点① KVL 方程有

$$\frac{10-L\dfrac{\mathrm{d}i_L}{\mathrm{d}t}}{R}=i_L+LC\frac{\mathrm{d}^2 i_L}{\mathrm{d}t^2}$$

即

$$RLC\frac{\mathrm{d}^2 i_L}{\mathrm{d}t^2}+L\frac{\mathrm{d}i_L}{\mathrm{d}t}+Ri_L=10$$

将参数代入得

$$\frac{\mathrm{d}^2 i_L}{\mathrm{d}t^2}+\frac{1}{5}\frac{\mathrm{d}i_L}{\mathrm{d}t}+\frac{1}{2}Ri_L=1$$

设电路全响应为 $i_L'(t)=i_L'+i_L''$

（2）根据强制分量计算出特解为

$$i_L''=\frac{10}{5}=2\text{A}$$

（3）为确定通解，首先列出特征方程为

$$p^2+\frac{1}{5}p+\frac{1}{2}=0$$

特征根为

$$p_1=-0.1+\text{j}0.7$$
$$p_2=-0.1-\text{j}0.7$$

特征根 $p_1$、$p_2$ 是一对共轭复根，所以换路后暂态过程的性质为欠阻尼性质，即

$$i_L''=A\mathrm{e}^{-0.1t}\sin(0.7t+\theta)$$

（4）全响应为

$$i_L(t)=i_L'+i_L''$$
$$=2+A\mathrm{e}^{-0.1t}\sin(0.7t+\theta)$$

又因为初始条件为

$$i_L(0_+)=i_L(0_-)=0.5(A)$$

$$\frac{\mathrm{d}i_L}{\mathrm{d}t}\bigg|_{t=0+}=\frac{u_C(0_-)}{L}=0$$

所以有
$$\begin{cases} 2+A\sin\theta=0.5 \\ 0.7A\cos\theta-0.1A\sin\theta=0 \end{cases}$$

求解得
$$A=1.52$$
$$\theta=261.9°$$

所以电流 $i_L$ 的全响应为

$$i_L(t)=[2+1.52\mathrm{e}^{-0.1t}\sin(0.7t+261.9°)]A$$

## 8.3 二阶电路的冲激响应

处于零状态的二阶电路在单位冲激函数激励下的响应称为二阶电路的冲激响应。注意电路在冲激激励下初始值发生了跃变。现以图 8.9 所示 RLC 串联电路为例说明求解方法。

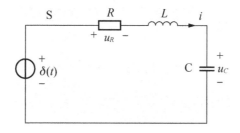

**图 8.9 RLC 串联电路的冲激响应**

图 8.9 中激励为冲激电压，因此 $t=0$ 时电路受冲激电压激励获得一定的能量。根据 KVL 和元件的 VCR 得 $t=0$ 时刻以电容电压为变量的电路微分方程为

$$LC\frac{\mathrm{d}^2u_C}{\mathrm{d}t^2}+RC\frac{\mathrm{d}u_C}{\mathrm{d}t}+u_C=\delta(t) \tag{8-19}$$

把上式在 $t=0_-$ 到 $0_+$ 区间积分并考虑冲激函数的性质，得

$$\int_{0_-}^{0+}LC\frac{\mathrm{d}^2u_C}{\mathrm{d}t^2}\mathrm{d}t+\int_{0_-}^{0+}RC\frac{\mathrm{d}u_C}{\mathrm{d}t}\mathrm{d}t+\int_{0_-}^{0+}u_C\mathrm{d}t=\int_{0_-}^{0+}\delta(t)=1$$

为保证上式成立，$u_C$ 不能跃变，因此，等式左边第二和第三项积分为零，式子变为

$$\int_{0_-}^{0+}LC\frac{\mathrm{d}^2u_C}{\mathrm{d}t^2}\mathrm{d}t=1，即：LC\frac{\mathrm{d}u_C}{\mathrm{d}t}(0^+)-LC\frac{\mathrm{d}u_C}{\mathrm{d}t}(0^-)=1$$

又因为：
$$\frac{\mathrm{d}u_C}{\mathrm{d}t}(0^-)=0$$

最后有：
$$LC\frac{\mathrm{d}u_C}{\mathrm{d}t}(0^+)=1 \tag{8-20}$$

或
$$\frac{\mathrm{d}u_C}{\mathrm{d}t}(0^+)=\frac{1}{LC} \tag{8-21}$$

该式的物理意义是冲激电压 $\delta(t)$ 在 $t=0_-$ 到 $0_+$ 间隔内使电感电流发生跃变，跃变电流为

$$i_L(0^+)=i_C(0^+)=\frac{1}{L}$$

这样，电感中储存了磁场能量，而冲激响应就是该磁场能量引起的变化过程。$t>0_+$ 后，冲激电压消失，电路转化为零输入响应问题。

$t>0_+$ 后的电路方程为：$\qquad LC\dfrac{\mathrm{d}^2u_C}{\mathrm{d}t^2}+RC\dfrac{\mathrm{d}u_C}{\mathrm{d}t}+u_C=0$

由前面二阶电路零输入响应的讨论可知，$t\geqslant0$ 时零输入为

$$u_C=A_1\mathrm{e}^{p_1t}+A_2\mathrm{e}^{p_2t}$$

代入初始条件 $u_C(0_+)=0$，$\dfrac{\mathrm{d}u_C}{\mathrm{d}t}(0^+)=\dfrac{1}{LC}$ 得

$$A_1=-A_2=\frac{\dfrac{1}{LC}}{p_2-p_1} \tag{8-22}$$

则

$$u_C=-\frac{1}{LC(p_2-p_1)}(\mathrm{e}^{p_1t}-\mathrm{e}^{p_2t}) \tag{8-23}$$

若 $R<2\sqrt{\dfrac{L}{C}}$，电路将振荡放电，则

$$u_C=\frac{1}{\omega LC}\mathrm{e}^{-\beta_1t}\sin(\omega t) \tag{8-24}$$

式中：$\beta=\dfrac{R}{2L}$；$\omega=\sqrt{\dfrac{1}{LC}-\left(\dfrac{R}{2L}\right)^2}$。

## 8.4 小　结

　　二阶电路是由两个独立储能元件组成的电路，是用二阶常微分方程所描述的电路，基本概念和求解方法与一阶电路类似。

　　二阶电路的性质取决于特征根，特征根取决于电路结构和参数，与激励和初值无关。

# 阅 读 材 料

### 交流耐压试验

　　交流耐压试验是判断电气设备绝缘强度的最有效和最直接的方法。它可以考验电气设备绝缘强度耐受长时间工频电压的作用和工频电压升高的能力，以保证电气设备的绝缘水平，从而作为决定电气设备能否出厂或能否投入运行的重要依据。

　　但有些电气设备，如输电线、大型发电机及高压气体绝缘组合器（GIS）等电容量很大的被试品的交流耐压试验，常常需要很大容量的试验设备和电源，一般现场不具备这些条件，对它们的耐压测试很不方便。如变压器等被试品，在交流耐压试验时的等效阻抗呈容性，其电容量越大试验回路的电流就得越大。所需的试验电源不仅要有较高的电压而且要有较大的容量，以满足工频耐压试验的需要。

利用可用电抗器与被试品(电容)来构成串联电路，调整电抗器的电感大小，使之发生串联谐振。根据串联谐振电路的特点，谐振时电感、电容上的电压是电源电压的 $Q$ 倍(品质因数 $Q$ 一般可达几十至100倍左右)。根据此特性，电气试验中常用串联谐振法对电气设备或产品进行耐压试验。

串联谐振交流耐压试验是利用试验电抗器的电感量和被试品的电容量发生谐振从而产生高电压和大电源的，整个过程中，电源所提供的仅仅是系统中的有用功耗，从而使得试验设备的体积和重量大大减小，可移动性增强，适宜现场试验。

# 习　题

一、填空题

1. 二阶电路中含有(　　)个独立的储能元件。

2. 4Ω电阻、1H电感和1F电容串联二阶电路的零输入响应属于(　　)。

3. $R=2\Omega$，$L=1H$，$C=1F$ 的串联二阶电路，零输入响应的类型是(　　)。

4. 二阶电路的零状态响应和阶跃响应的求解方法(　　)。

5. RLC并联正弦电流电路中，$I_R=3A$，$I_L=1A$，$I_C=5A$，则总电流为(　　)A。

二、选择题

1. 图 8.10 所示谐振电路的品质因数为(　　)。

   A. 0.01　　　　B. 1　　　　C. 10　　　　D. 100

2. 图 8.11 为 RLC 串联谐振电路，品质因数 $Q=$(　　)。

   A. 0.1　　　　B. 1　　　　C. 10　　　　D. 100

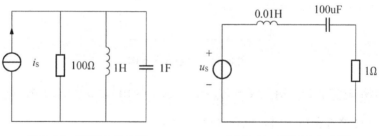

图 8.10　习题 8.2.1 图　　　　　图 8.11　习题 8.2.2 图

三、计算题

1. 电路如图 8.12 所示，求：初始值 $i_L(0^+)$ 及响应 $i_{L_1}(t)$、$i_{L_2}(t)$。

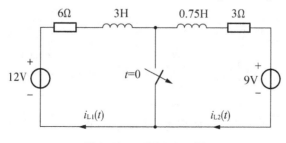

图 8.12　习题 8.3.1 图

2. 电路如图 8.13 所示，$t=0$ 时刻开关 K 打开，换路前电路处于稳态。试求换路后的初始值 $u_C(0_+)$、$i_L(0_+)$、$u_L(0_+)$、$i_R(0_+)$ 和 $i_C(0_+)$。

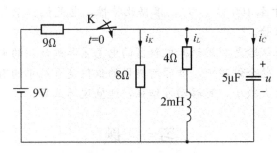

图 8.13  习题 8.3.2 图

3. RLC 串联电路中，$R=1\Omega$，$L=1$H，$C=1$F，$u_C(0)=1$V，$i_L(0)=1$A，求零输入响应 $u_C(t)$、$i_L(t)$。

4. LC 振荡回路中，$L=\dfrac{1}{16}$H，$C=4$F，$u_C(0)=1$V，$i_L(0)=1$A，求零输入响应 $u_C(t)$、$i_L(t)$。

5. 电路如图 8.14 所示，已知 $u_C(0_-)=1$V，$i_L(0_-)=1$A，试求 $t\geqslant 0$ 时的 $u_C(t)$ 和 $i_L(t)$ 的零输入响应，并画波形。

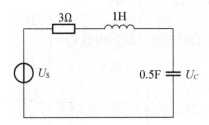

图 8.14  习题 8.3.5 图

6. RLC 并联电路，$L=6$H，$C=\dfrac{1}{18}$F，$i_L(0)=10$A，$u_C(0)=0$，求 $R$ 为 4、5$\Omega$、5.12$\Omega$ 和 6.369$\Omega$ 这 3 种情况时，电路的固有响应。

7. 电路如图 8.15 所示，$U_S=10$V，$C=1\mu$F，$R=4$k$\Omega$，$L=1$H，开关 S 原来闭合在触点 1 处，$t=0$ 时，开关 S 由触点 1 接至触点 2 处，求：(1)$u_C$、$u_R$、$i$ 和 $u_L$；(2)$i_{max}$。

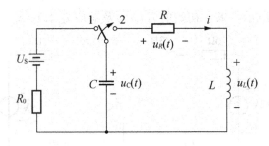

图 8.15  习题 8.3.7 图

# 第 **9** 章
# 含有耦合电感的电路

本章主要介绍耦合电感中的磁耦合现象、互感和耦合因数、耦合电感的同名端和耦合电感的磁通链方程、电压电流关系；并介绍含有耦合电感电路的分析计算、空心变压器和理想变压器概念。读者应重点掌握耦合电感中的 3 个关系：电磁关系、电压电流关系、功率关系。

## 教学要点

| 知 识 要 点 | 掌 握 程 度 |
| --- | --- |
| 磁耦合现象、互感、耦合因数和同名端 | (1) 理解磁耦合现象、互感、耦合因数概念<br>(2) 掌握同名端的确定方法 |
| 磁通链方程、电压电流关系 | (1) 了解磁通链的概念<br>(2) 熟练地掌握含有耦合电感电路的分析计算 |
| 空心变压器和理想变压器概念 | 理解空心变压器和理想变压器的概念<br>掌握含有理想变压器电路的分析计算 |

### 引例：变压器

电是现代工业企业广泛采用的能源，而发电厂往往远离用电地区，因而需要远距离输电。在传输的功率恒定时，传输电压越高，则所需的电流越小。而线损正比于电流的平方，所以用较高的输电电压可以获得较低的线路压降和线路损耗。而发电厂发出的是低压电，所以要用专门的设备将发电机端的电压升高以后再输送出去，这种专门的设备就是变压器。另一方面，在用电端又必须用降压变压器将高压降低到用户所需的电压，要经过一系列配电变压器将高压降低到合适的值以供使用。

由以上可知，变压器是一种通过改变电压而传输交流电能的静止感应电器。在电力系统中，变压器的地位十分重要，不仅所需数量多，而且性能要好，运行安全可靠。

变压器除了应用在电力系统中，还应用在需要特种电源的工矿企业中。例如：冶炼用的电炉变压器，电解或化工用的整流变压器，焊接用的电焊变压器，试验用的试验变压器，交通用的牵引变压器，以及补偿用的电抗器，保护用的消弧线圈，测量用的互感器

等。图 9.0(a)和图 9.0(b)分别表示 S9－(50－1600)/35 电力变压器和 S11 系列油浸式电力变压器实物图。

(a)　　　　　　　　　　　(b)

**图 9.0　电力变压器**

# 9.1　互　　感

一个线圈的电流变化，使得相邻线圈产生感应电动势，在闭合回路中将产生电流，电流之间的相互影响是靠磁场将其联系起来，这种现象称为磁耦合。图 9.1(a)为两个有耦合的载流线圈(即电感 $L_1$ 和 $L_2$)，载流线圈中的电流 $i_1$ 和 $i_2$ 称为施感电流，线圈的匝数分别为 $N_1$ 和 $N_2$。根据两个线圈的绕向、施感电流的参考方向和两线圈的相对位置，按右螺旋法则确定施感电流产生的磁通方向和彼此交链的情况。线圈 1 中的电流 $i_1$ 产生的磁通设为 $\Phi_{11}$，方向如图 9.1(a)所示，在穿越自身的线圈时，所产生的磁通链为 $\Psi_{11}$，此磁通链称为自感磁通链；$\Psi_{11}$ 中的一部分或全部通过线圈 2 时产生的磁通链设为 $\Psi_{21}$，称为互感磁通链；相似地，线圈 2 中的电流 $i_2$ 也产生自感磁通链 $\Psi_{22}$ 和互感磁通链 $\Psi_{12}$，这就是彼此耦合的情况。耦合线圈中的磁通链等于自感磁通链和互感磁通链两个部分的代数和，如果线圈 1 和 2 中的磁通链分别为 $\Psi_1$ 和 $\Psi_2$，互感磁通链分别为 $\Psi_{12}$ 和 $\Psi_{21}$，则有如下关系

$$\Psi_1 = \Psi_{11} \pm \Psi_{12}$$

$$\Psi_2 = \Psi_{21} \pm \Psi_{22}$$

式中：± 分别代表自感磁通和互感磁通的方向同向和反向。在各向同性的线性磁介质中，磁通链与产生它的施感电流成正比，对于自感磁通链

$$\Psi_{11} = L_1 i_1, \quad \Psi_{22} = L_2 i_2$$

(a)　　　　　　　　　　　(b)

**图 9.1　两线圈的互感**

同样互感磁通链

$$\Psi_{12}=M_{12}i_2, \quad \Psi_{21}=M_{21}i_1$$

式中：$M_{12}$ 和 $M_{21}$ 称为互感系数，简称互感。互感符号用 $\Psi$ 表示，单位为亨（H），本书中 $\Psi$ 恒取正值。可以证明，$M_{12}=M_{21}$，当只有两个线圈（电感）耦合时，可以略去 $\Psi$ 的下标，令 $M=M_{12}=M_{21}$。

因此两个耦合线圈的磁通链可表示为

$$\Psi_1=L_1i_1\pm Mi_2$$
$$\Psi_2=\pm Mi_1+L_2i_2 \tag{9-1}$$

式（9-1）说明，耦合线圈中的磁通链与施感电流呈线性关系，是所有施感电流独立产生的磁通链叠加的结果。$M$ 前的"$\pm$"号是说明磁耦合中，互感作用的加强或削弱。为了便于反映磁耦合中的"加强"或"削弱"作用，可用简化图形来表示。一般采用同名端标记方法。对两个有耦合的线圈取一个端子，并用相同的符号标记，如黑圆点或"$*$"号等，这一对端子称为"同名端"。当一对施感电流 $i_1$ 和 $i_2$ 从同名端流进（或流出）各自的线圈时，互感起加强作用。例如，图 9.1(a) 中端子 1、2 或 $1'$、$2'$ 为同名端，在图中是用黑圆点标出。如果电流 $i_1$ 从端子 1 流进，而电流 $i_2$ 从端子 2 流出，则互感将起削弱作用。两个有耦合的线圈的同名端可以根据它们的绕向和相对位置判别，对于不明绕向的线圈可以通过实验方法确定。引入同名端的概念后，两个耦合线圈可以用带有同名端标记的电感（元件）$L_1$ 和 $L_2$ 表示，如图 9.1(b) 所示，其中 $\Psi$ 表示互感。这样有

$$\Psi_1=L_1i_1+Mi_2$$
$$\Psi_2=Mi_1+L_2i_2$$

式中：含有 $M$ 的项之前取"$+$"号，表示"加强"。两个有耦合的电感可以看成是一个具有 4 个端子的电路元件。

当有两个以上的电感彼此之间存在耦合时，同名端应当一对一对地加以标记，每一对宜用不同的符号。如果每一电感都有电流时，则每一个电感中的磁通链将等于自感磁通链与所有互感磁通链的代数和。凡与自感磁通链同方向的互感磁通链（加强），求和时该项前面取"$+$"号，反之（削弱）则取"$-$"号。

现在考虑两线圈中的感应电压。设 $L_1$、$L_2$ 中电压和电流分别为 $u_1$、$i_1$ 和 $u_2$、$i_2$ 但都取关联参考方向，根据电感中感应电压与磁通量的关系，并联系式（9-1）可得两个耦合线圈中各自的感应电压

$$u_1=\frac{\mathrm{d}\Psi1}{\mathrm{d}t}=L_1\frac{\mathrm{d}i_1}{\mathrm{d}t}\pm M\frac{\mathrm{d}i_2}{\mathrm{d}t}=u_{11}\pm u_{12}$$

$$u_2=\frac{\mathrm{d}\Psi_2}{\mathrm{d}t}=L_2\frac{\mathrm{d}i_2}{\mathrm{d}t}\pm M\frac{\mathrm{d}i_1}{\mathrm{d}t}=u_{22}\pm u_{21} \tag{9-2}$$

互感电压 $u_{12}=M\dfrac{\mathrm{d}i_2}{\mathrm{d}t}$ 是 $i_2$ 在 $L_1$ 中产生的互感电压；互感电压 $u_{21}=M\dfrac{\mathrm{d}i_1}{\mathrm{d}t}$ 是 $i_1$ 在 $L_2$ 中产生的互感电压；耦合电感的电压是自感电压和互感电压的叠加；如果 $u_j$、$i_j$，$j=1$，2 为关联参考方向，则自感电压 $u_{jj}$ 取"$+$"，反之取"$-$"；如果互感电压"$+$"极性端与产生它的电流的流入端为一对同名端，互感电压取"$+$"，反之取"$-$"。对于图 9-1(b)，$u_1$（$u_{12}$ 同）的"$+$"极性在 $L_1$ 的"1"端，电流 $i_2$ 从"2"端流进 $L_2$，而这两个端子是同名端，故有 $u_{12}=M\dfrac{\mathrm{d}i_2}{\mathrm{d}t}$，同理 $u_{21}=M\dfrac{\mathrm{d}i_1}{\mathrm{d}t}$。

【例9.1】 根据图9.2中"同名端",写出感应电压表达式。

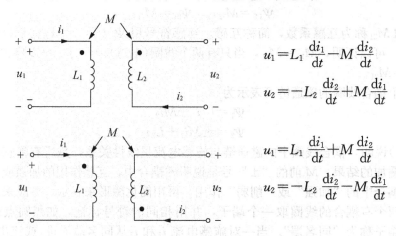

$$u_1 = L_1 \frac{\mathrm{d}i_1}{\mathrm{d}t} - M \frac{\mathrm{d}i_2}{\mathrm{d}t}$$

$$u_2 = -L_2 \frac{\mathrm{d}i_2}{\mathrm{d}t} + M \frac{\mathrm{d}i_1}{\mathrm{d}t}$$

$$u_1 = L_1 \frac{\mathrm{d}i_1}{\mathrm{d}t} + M \frac{\mathrm{d}i_2}{\mathrm{d}t}$$

$$u_2 = -L_2 \frac{\mathrm{d}i_2}{\mathrm{d}t} - M \frac{\mathrm{d}i_1}{\mathrm{d}t}$$

图9.2 例9.1图

【例9.2】 图9.1(b)中,$i_1 = 20$ A,$i_2 = 2\cos(5t)$A,$L_1 = 1$H,$L_2 = 2$H,$M = 0.5$H。求两耦合线圈中的磁通链。

**解:** 因为施感电流 $i_1$、$i_2$ 都是从标记的同名端流进线圈,互感起"加强"作用,各磁通链计算如下

$$\Psi_{11} = L_1 i_1 = 20 \text{ Wb}$$

$$\Psi_{22} = L_2 i_2 = 4\cos(5t) \text{ Wb}$$

$$\Psi_{12} = M i_2 = \cos(5t) \text{ Wb}$$

$$\Psi_{21} = M i_1 = 10 \text{ Wb}$$

用右螺旋法则确定磁通链的参考方向,得

$$\Psi_1 = L_1 i_1 + M i_2 = [20 + \cos(5t)] \text{ Wb}$$

$$\Psi_2 = M i_1 + L_2 i_2 = [10 + 4\cos(5t)] \text{ Wb}$$

【例9.3】 求例9.2中两耦合电感的端电压 $u_1$、$u_2$。

**解:** 按图9.1(b)和式(9-1),得

$$u_1 = L_1 \frac{\mathrm{d}i_1}{\mathrm{d}t} + M \frac{\mathrm{d}i_2}{\mathrm{d}t} = -5\sin(5t)\text{V}$$

$$u_2 = M \frac{\mathrm{d}i_1}{\mathrm{d}t} + L_2 \frac{\mathrm{d}i_2}{\mathrm{d}t} = -20\sin(15t)\text{V}$$

(9-3)

电压 $u_1$ 中只含有互感电压 $u_{12}$,电压 $u_2$ 中只含有自感电压 $u_{22}$,这说明不变化的电流 $i_1$(直流)虽产生自感和互感磁通链,但不产生自感和互感电压。

当施感电流为同频正弦量时,在正弦稳态情况下,电压、电流方程可用向量形式表示,则式(9-2)可表示为

$$\dot{U}_1 = \mathrm{j}\omega L_1 \dot{I}_1 \pm \mathrm{j}\omega M \dot{I}_2$$

$$\dot{U}_2 = \mathrm{j}\omega M \dot{I}_1 \pm \mathrm{j}\omega L_2 \dot{I}_2$$

如令 $Z_\mathrm{M} = \mathrm{j}\omega M$,$\omega M$ 称为互感抗。

为了定量地描述两个耦合线圈的耦合紧疏程度,在工程上把两线圈的互感磁通链与自

感磁通链的比值的几何平均值定为耦合因数，记为 $k$

$$k=\sqrt{\left|\frac{\psi_{12}}{\psi_{11}}\right|\cdot\left|\frac{\psi_{21}}{\psi_{22}}\right|}=\frac{M}{\sqrt{L_1L_2}}\leqslant 1$$

$k$ 的大小与两个线圈的结构、相对位置以及周围环境中的磁介质有关。当 $L_1$ 和 $L_2$ 一定时，改变或调整它们的相互位置有可能改变耦合因数的大小，即改变了互感 $M$ 的大小。

## 9.2 含有耦合电感电路的计算

含有耦合电感电路(简称互感电路)的正弦稳态分析可采用相量法。同时应注意耦合电感上的电压是包含互感电压的，在列写 KVL 方程时，要正确使用同名端计入互感电压；必要时可引用 CCVS 表示互感电压的作用。耦合电感支路的电压不仅与本支路电流有关，还与其他某些支路电流有关，列节点电压方程时会遇到困难，要另行处理。

### 9.2.1 电感的串联

电感串联可分为两种连接方式——反向串联和顺向串联，图 9.3(a)所示耦合电感电路是一种顺向串联电路，由于互感起"加强"作用，故称为顺向串联(另一种为反向串联，互感起"削弱"作用)，按图 9.3 参考方向，KVL 方程为

$$u_1=R_1i+\left(L_1\frac{\mathrm{d}i}{\mathrm{d}t}+M\frac{\mathrm{d}i}{\mathrm{d}t}\right)=R_1i+(L_1+M)\frac{\mathrm{d}i}{\mathrm{d}t}$$

$$u_2=R_2i+\left(L_2\frac{\mathrm{d}i}{\mathrm{d}t}+M\frac{\mathrm{d}i}{\mathrm{d}t}\right)=R_2i+(L_2+M)\frac{\mathrm{d}i}{\mathrm{d}t}$$

根据上述方程可以给出一个无互感等效电路，如图 9.3 (b)所示，有

$$u=u_1+u_2=(R_1+R_2)i+(L_1+L_2+2M)\frac{\mathrm{d}i}{\mathrm{d}t} \tag{9-4}$$

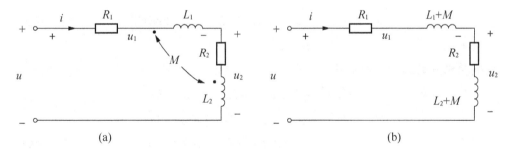

（a） （b）

**图 9.3 反向串联和顺向串联**

等效电路为电阻 $R_1$、$R_2$ 和电感 $L=(L_1+L_2+2M)$ 的串联电路。对正弦稳态电路，可采用相量形式表示为

$$\dot{U}_1=[R_1+j\omega(L_1+M)]\dot{I}$$

$$\dot{U}_2=[R_2+j\omega(L_2+M)]\dot{I}$$

$$\dot{U}=[R_1+R_2+j\omega(L_1+L_2+2M)]\dot{I}$$

电流 $\dot{I}$ 为

$$\dot{I}=\frac{\dot{U}}{(R_1+R_2)+j\omega((L_1+L_2+2M)}$$

每一条耦合电感支路的阻抗和电路的输入阻抗分别为

$$Z_1=R_1+j\omega(L_1+M)$$
$$Z_2=R_2+j\omega(L_2+M)$$
$$Z=Z_1+Z_2=(R_1+R_2)+j\omega(L_1+L_2+2M)$$

可以看出，顺向串联时，每一条耦合电感支路阻抗和输入阻抗都比无互感时的阻抗大（电抗变大），这是由于互感的加强作用。每一耦合电感支路的等效电感分别为$(L_1+M)$和$(L_2+M)$，整个电路仍呈感性。

图 9.4(a)是反向串联（反接，互感起"削弱"作用），同名端相接，易得

$$u_1=R_1i+\left(L_1\frac{di}{dt}-M\frac{di}{dt}\right)=R_1i+(L_1-M)\frac{di}{dt}$$

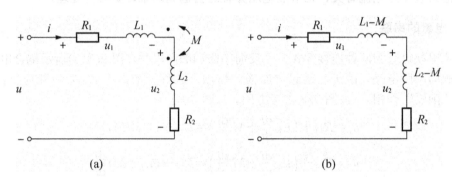

图 9.4　反向串联

$$u_2=R_2i+\left(L_2\frac{di}{dt}-M\frac{di}{dt}\right)=R_2i+(L_2-M)\frac{di}{dt}$$

$$u=u_1+u_2=(R_1+R_2)i+(L_1+L_2-2M)\frac{di}{dt}$$

等效电感　　　　　　　$$L_{EP}=L_1+L_2-2M$$

用向量形式表示为

$$\dot{U}_1=[R_1+j\omega(L_1-M)]\dot{I}=Z_1\dot{I}，Z_1=R_1+j\omega(L_1-M)$$
$$\dot{U}_2=[R_2+j\omega(L_2-M)]\dot{I}=Z_2\dot{I}，Z_2=R_2+j\omega(L_2-M)$$
$$\dot{U}=[R_1+R_2+j\omega(L_1+L_2-2M)]\dot{I}=Z\dot{I}，Z=(R_1+R_2)+j\omega(L_1+L_2-2M)$$
$$\dot{I}=\frac{\dot{U}}{Z}$$

**【例 9.4】** 反接耦合如图 9.4(a)所示，各电路参数如下 $U=50$V，$R_1=3\Omega$，$\omega L_1=7.5\Omega$，$R_2=5\Omega$，$\omega L_2=12.5\Omega$，$\omega M=8\Omega$，求耦合系数 $k$ 和各支路的复功率 $\overline{S_1}$和 $\overline{S_2}$。

**解：** ① $k\stackrel{\text{def}}{=}\frac{M}{\sqrt{L_1L_2}}=\frac{\omega M}{\sqrt{\omega L_1\omega L_2}}=\frac{8}{\sqrt{7.5\times12.5}}=0.826$

② $Z_1=R_1+j\omega(L_1-M)=3-j0.5=3.04\angle-9.46°\Omega$（容性）

$Z_2=R_2+j\omega(L_2-M)=5+j4.5=6.73\angle42°\Omega$（感性）

$$Z=Z_1+Z_2=8+j4=8.94\angle 26.57°\Omega$$

令 $\dot{U}=50\angle 0°\text{V}$，电流 $\dot{I}$ 为

$$\dot{I}=\frac{\dot{U}}{Z}=\frac{50\angle 0°}{8.94\angle 26.57°}=5.59\angle -26.57°\text{A}$$

所以

$$\overline{S_1}=I^2Z_1=(93.75-j15.63)\text{V}\cdot\text{A}$$

$$\overline{S_2}=I^2Z_2=(156.25+j140.63)\text{V}\cdot\text{A}$$

电源发出的复功率 $\overline{S}=\dot{U}\dot{I}=(250+j125)\text{V}\cdot\text{A}=\overline{S_1}+\overline{S_2}$

### 9.2.2　电感的并联

图 9.5(a)是耦合电感的一种并联电路——同侧并联(同名端连接在同一个节点上)。在正弦稳态情况下，对同侧并联电路有

$$\begin{cases}\dot{U}=(R_1+j\omega L_1)\dot{I}_1+j\omega M\dot{I}_2=Z_1\dot{I}_1+Z_M\dot{I}_2\\ \dot{U}=j\omega M\dot{I}_1+(R_2+j\omega L_2)\dot{I}_2=Z_M\dot{I}_1+Z_2\dot{I}_2\end{cases}$$ （原电路相量关系）

其中，　　　　　　　$Z_1=R_1+j\omega L_1,\ Z_2=R_2+j\omega L_2,\ Z_M=j\omega M$

所以　　$\dot{I}_1=\frac{Z_2-Z_M}{Z_1Z_2-Z_M^2}\dot{U}=\frac{1-Z_MY_2}{Z_1-Z_M^2Y_2}\dot{U},\ \dot{I}_2=\frac{Z_1-Z_M}{Z_1Z_2-Z_M^2}\dot{U}=\frac{1-Z_MY_1}{Z_2-Z_M^2Y_1}\dot{U}$

$$\dot{I}_3=\dot{I}_1+\dot{I}_2=\frac{Z_1+Z_2-2Z_M}{Z_1Z_2-Z_M^2}\dot{U}$$

式中：　　　　　　　$Y_1=\frac{1}{Z_1};\ Y_2=\frac{1}{Z_2}$

所以　　$\begin{cases}\dot{U}=j\omega M\dot{I}_3+[R_1+j\omega(L_1-M)]\dot{I}_1\\ \dot{U}=j\omega M\dot{I}_3+[R_2+j\omega(L_2-M)]\dot{I}_2\end{cases}$ （去耦等效电路相量关系）

$\Rightarrow L_1'=L_1-M,\ L_2'=L_2-M,\ L_3=M$ （同侧并联替代电感）

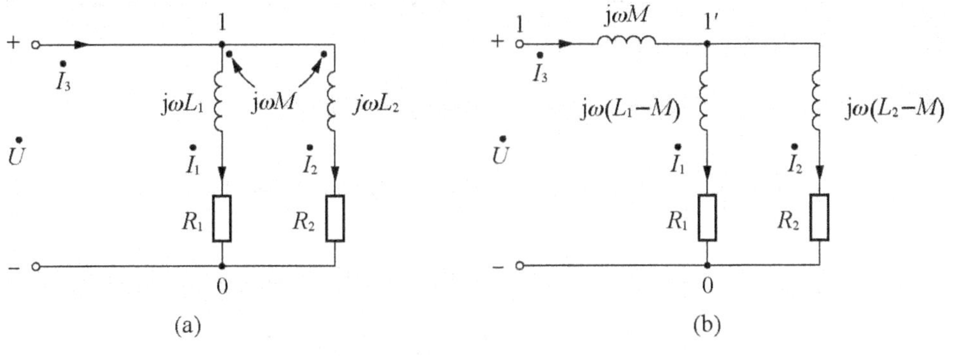

图 9.5　电感的并联

图 9.6(a)是耦合电感另一种并联电路——异侧并联(异名端连接在同一个节点上)。在正弦稳态情况下，对同侧并联电路有

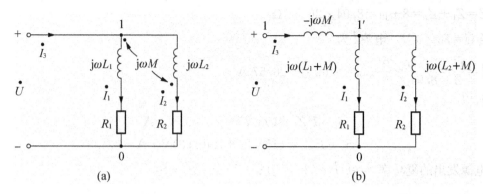

(a)　　　　　　　　　　　　　(b)

**图 9.6　异侧并联**

$$\begin{cases}\dot U=(R_1+j\omega L_1)\dot I_1-j\omega M\dot I_2=Z_1\dot I_1-Z_M\dot I_2\\\dot U=-j\omega M\dot I_1+(R_2+j\omega L_2)\dot I_2=-Z_M\dot I_1+Z_2\dot I_2\end{cases}\text{（原电路相量关系）}$$

其中，$\qquad Z_1=R_1+j\omega L_1,\ Z_2=R_2+j\omega L_2,\ Z_M=j\omega M$

所以$\qquad \dot I_1=\dfrac{Z_2+Z_M}{Z_1Z_2-Z_M^2}\dot U=\dfrac{1+Z_MY_2}{Z_1-Z_M^2Y_2}\dot U,\ \dot I_2=\dfrac{Z_1+Z_M}{Z_1Z_2-Z_M^2}\dot U=\dfrac{1+Z_MY_1}{Z_2-Z_M^2Y_1}\dot U$

$$\dot I_3=\dot I_1+\dot I_2=\dfrac{Z_1+Z_2+2Z_M}{Z_1Z_2-Z_M^2}\dot U$$

式中：$\qquad Y_1=\dfrac{1}{Z_1}\ ;\ Y_2=\dfrac{1}{Z_2}$

所以$\qquad\begin{cases}\dot U=-j\omega M\dot I_3+[R_1+j\omega(L_1+M)]\dot I_1\\\dot U=-j\omega M\dot I_3+[R_2+j\omega(L_2+M)]\dot I_2\end{cases}$（去耦等效电路相量关系）

$\Rightarrow L_1'=L_1+M,\ L_2'=L_2+M,\ L_3=-M$　（异侧并联替代电感）

**【例 9.5】**　图 9.5(a)同侧并联耦合电路中，设各电路参数如下 $U=50\text{V}$，$R_1=3\ \Omega$，$\omega L_1=7.5\ \Omega$，$R_2=5\ \Omega$，$\omega L_2=12.5\ \Omega$，$\omega M=8\ \Omega$，求支路 1、2 吸收的复功率 $\overline{S_1}$ 和 $\overline{S_2}$。

**解：**令 $\dot U=50\angle0°\text{V}$，按以上公式有

$$Y_2=\frac{1}{5+j12.5}=(0.028-j0.069)\text{S}$$

$$\dot I_1=\frac{Z_2-Z_M}{Z_1Z_2-Z_M}\dot U=\frac{1-Z_MY_2}{Z_1-Z_MY_2}\dot U=4.39\angle-59.33°\ \text{A}$$

$$\dot I_2=\frac{\dot U_1-Z_1\dot I_1}{j\omega M}=1.99\angle-101.1°\ \text{A}$$

$$\overline{S_1}=\dot U_1*=(111.97+j188.74)\text{V}\cdot\text{A}$$

$$\overline{S_2}=\dot U_2*=(-34.35+j93.5)\text{V}\cdot\text{A}$$

此外有公共端的耦合电感的 T 形等效电路，如图 9.7(a)所示和图 9.8(a)所示。

(1) 同名端相接。

$L_A=L_1-M,\ L_B=M,\ L_C=L_2-M$，其中图 9.7(b)为去耦合的等效电路。

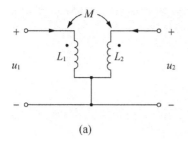

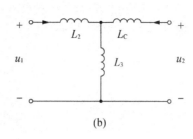

**图 9.7 同名端相接 T 形电路**

（2）异名端相接

$L_A = L_1 + M$，$L_B = -M$，$L_C = L_2 + M$，其中图 9.8(b)为去耦合的等效电路。

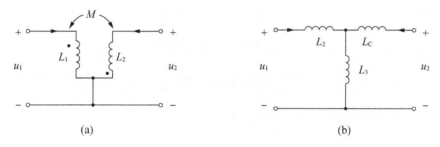

**图 9.8 异名端相接 T 形电路**

## 9.3 空心变压器

变压器由两个具有互感的线圈构成，一个线圈接向电源，另一线圈接向负载，变压器是利用互感来实现从一个电路向另一个电路传输能量或信号的器件。当变压器线圈的芯子为非铁磁材料时，称空心变压器。其电路模型和无互感的等效电路如图 9.9(a)、9.9(b)所示。在正弦稳态下，有

$$\begin{cases} (R_1 + j\omega L_1)\dot{I}_1 + j\omega M \dot{I}_2 = \dot{U}_1 \\ j\omega M \dot{I}_1 + (R_2 + j\omega L_2 + R_L + jX_L)\dot{I}_2 = 0 \end{cases} \Rightarrow \begin{cases} Z_{11}\dot{I}_1 + Z_M \dot{I}_2 = \dot{U}_1 \\ Z_M \dot{I}_1 + Z_{22}\dot{I}_2 = 0 \end{cases}$$

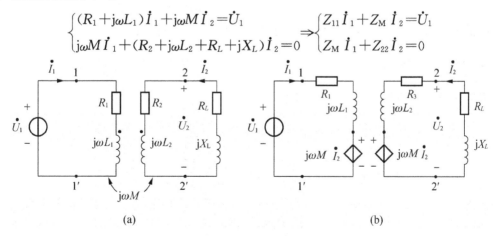

**图 9.9 空心变压器**

215

令 $Z_{11}=R_1+j\omega L_1$，称为原边回路阻抗，$Z_{22}=R_2+j\omega L_2+R_L+jX_L$，称为副边回路阻抗，$Z_M=j\omega M$，由上列方程可求得

$$\dot{I}_1=\frac{\dot{U}_1}{Z_{11}-Z_M^2 Y_{22}}=\frac{\dot{U}_1}{Z_{11}+(\omega M)^2 Y_{22}}$$

$$\dot{I}_2=\frac{-Z_M Y_{11}\dot{U}_1}{Z_{22}-Z_M^2 Y_{11}}=\frac{-j\omega MY_{11}\dot{U}_1}{Z_{22}+(\omega M)^2 Y_{11}}=\frac{-j\omega MY_{22}\dot{U}_1}{Z_{11}+(\omega M)^2 Y_{22}}=-j\omega MY_{22}\dot{I}_1$$

式中：$Y_{11}=\dfrac{1}{Z}$，$Y_{22}=\dfrac{1}{Z}$。上式中的分母 $Z_{11}+(\omega M)^2 Y_{22}$ 是原边的输入阻抗，其中 $(\omega M)^2 Y_{22}$ 称为引入阻抗，或反映阻抗，它是副边的回路阻抗通过互感反映到原边的等效阻抗。引入阻抗的性质与 $Z_{22}$ 相反，即感性（容性）变为容性（感性）。

1. 原边输入阻抗

原边等效电路如图 9.10 所示，原边输入阻抗可表示为

$$Z_I=\frac{\dot{U}_1}{\dot{I}_1}=Z_{11}+(\omega M)^2 Y_{22}$$

式中：$Y_{22}$ 是次级回路在初级回路中的反映阻抗。电流为

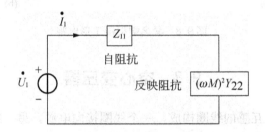

**图 9.10 原边等效**

$$\dot{I}_1=\frac{\dot{U}_1}{Z_{11}+(\omega M)^2 Y_{22}}\quad\begin{cases}\text{若次级断开，}\dot{I}_2=0,\ Z_I=Z_{11}\\\text{若无耦合，}M=0,\ Z_I=Z_{11}\end{cases}$$

这里引入阻抗的性质与 $Z_{22}$ 相反，即感性（容性）变容性（感性）。

2. 等效次级回路

等效次级回路如图 9.11 所示，易得

$$\dot{I}_2=-j\omega MY_{22}\dot{I}_1=\frac{-j\omega M\dot{I}_1}{Z_{22}}$$

或者

$$\dot{I}_2=\frac{-j\omega MY_{11}\dot{U}_1}{Z_{22}+(\omega M)^2 Y_{11}}=\frac{-j\omega MY_{11}\dot{U}_1}{Z_{EP}+(R_L+jX_L)}=\frac{\dot{U}_{OC}}{Z_{EP}+Z_L}$$

式中：$Z_{EP}=R_2+j\omega L_2+(\omega M)^2 Y_{11}$，$Y_{11}$ 是初级在次级的反映阻抗。次级开路电压为

$$\dot{U}_{OC}=-j\omega MY_{11}\dot{U}_1$$

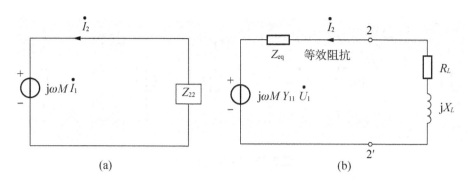

图 9.11 次级等效

【例 9.6】 电路如图 9.12 所示，已知 $L_1=3.6$H，$L_2=0.06$H，$M=0.465$H，$R_1=20\ \Omega$，$R_2=0.08\ \Omega$，$R_L=42\Omega$，正弦电压 $u_S=115\sqrt{2}\cos 314t$V，求初、次级电流 $\dot{I}_1$、$\dot{I}_2$。

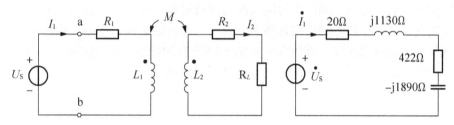

图 9.12 例 9.6 图

**解：** 利用反映阻抗求解

$$Z_{11}=R_1+j\omega L_1=20+j314\times 3.6=20+j1130\ \Omega,$$

$$Z_{22}=R_L+R_2+j\omega L_2=42.08+j314\times 0.06=42.08+j18.84=46.1\angle 24.1°\ \Omega$$

反映阻抗 $Z_{\text{ref}}=\dfrac{(\omega M)^2}{Z_{22}}=\dfrac{(314\times 0.465)^2}{46.1\angle 24.1°}=462.4\angle -24.1°=422-j189\ \Omega$

输入阻抗 $Z_{ab}=Z_{11}+Z_{\text{ref}}=20+j1130+422-j189=1040\angle 64.8°\ \Omega$

所以 $\dot{I}_1=\dfrac{\dot{U}_S}{Z_{ab}}=115\angle 0°/1040\angle 64.8°=110.6\angle -64.8°\ \text{mA}$

$$\dot{I}_2=\dfrac{j\omega M\dot{I}_1}{Z_{22}}=\dfrac{314\times 0.465\angle 90°\times 110.6\times 10^{-3}\angle -64.8°\times 1}{46.1\angle 24.1°}=0.35\angle 1.1°\ \text{A}$$

【例 9.7】 试用戴维南定理解【例 9.6】中次级电流 $\dot{I}_2$。

**解：** 等效电路如图 9.13 所示，则开路电压为

$$\dot{U}_{\text{OC}}=\dfrac{j\omega M\dot{U}_S}{Z_{11}}=\dfrac{j314\times 0.465\times 115\angle 0°}{20+j1130}=14.86\angle 1°\ \text{V}$$

根据反映阻抗的概念 $Z_{\text{eq}}=Z_{22}+(\omega M)^2 Y_{11}=R_2+j\omega L_2+\dfrac{(\omega M)^2}{R_1+j\omega L_1}$

所以 $Z_{\text{eq}}=0.08+j18.84+2.13\times 10^4/(20+j1130)=(0.41-j0.04)\ \Omega$

$$\dot{I}_2=\dfrac{\dot{U}_{\text{OC}}}{Z_{\text{eq}}+R_L}=\dfrac{14.86\angle 1°}{0.41+42-j0.04}=0.35\angle 1.1°\ \text{A}$$

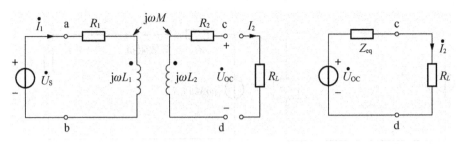

图 9.13 例 9.7 图

## 9.4 理想变压器

理想变压器是从实际变压器抽象出来的一种模型，符合下列条件的变压器称为理想变压器：①没有漏磁，即原、副绕组每匝线圈的磁通量都一样；②两绕组没有电阻，从而没有焦耳热损耗，铁心中没有磁滞损耗和涡流损耗，即没有铜损；③原、副线圈的阻抗为无穷大，从而空载电流趋于零。理想变压器的电路模型如图 9.14(a)所示，$N_1$ 和 $N_2$ 分别为原边和副边的匝数，原、副边电压和电流满足下列关系

$$\frac{u_1}{N_1} = \frac{u_2}{N_2}$$

$$N_1 i_1 = -N_2 i_2$$

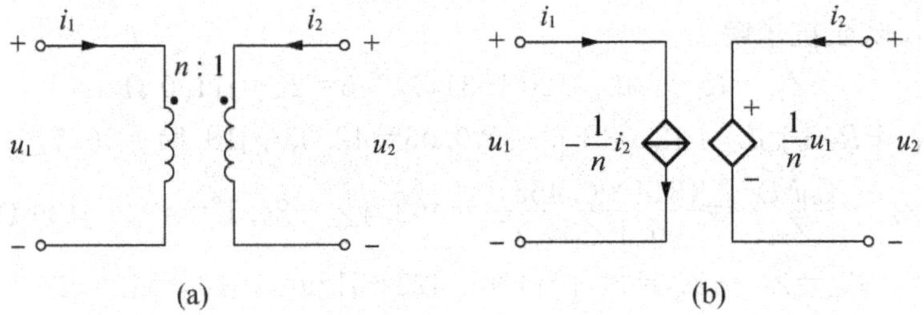

图 9.14 理想变压器

上式是根据图 9.14 所示参考方向和同名端列出的。式中：$n = N_1/N_2$，称为理想变压器的变化。理想变压器的电压、电流方程是通过一个参数 $n$(变比)描述的代数方程，所以理想变压器不是一个动态元件。

将理想变压器的两个方程相乘后得理想变压器的瞬时功率

$$P = u_1 i_1 + u_2 i_2 = 0$$

即输入理想变压器的瞬时功率等于零，所以它既不耗能也不储能，它将能量由原边全部传输到副边输出，在传输过程中，仅仅将电压、电流按变比作数值变换。

空心变压器如同时满足下列 3 个条件，即经"理想化"和"极限化"就演变为理想变压器。这 3 个条件是①空心变压器本身无损耗；②耦合因数 $K = 1$；③$L_1$、$L_2$ 和 $M$ 均为无限大，但保持 $\sqrt{\dfrac{L_1}{L_2}} = n$ 不变，$n$ 为匝数比。

空心变压器如无损耗，即有 $R_1 = R_2 = 0$。此时按式（9-2）有

$$L_1 \frac{\mathrm{d}i}{\mathrm{d}t} + M \frac{\mathrm{d}i}{\mathrm{d}t} = u_1$$

$$M \frac{\mathrm{d}i}{\mathrm{d}t} + L_2 \frac{\mathrm{d}i}{\mathrm{d}t} = u_2$$

当 $K = 1$，即全耦合时，$M = \sqrt{L_1 L}$，代入上列方程，得

$$L_1 \frac{\mathrm{d}i}{\mathrm{d}t} + \sqrt{L_1 L} \frac{\mathrm{d}i}{\mathrm{d}t} = u_1$$

$$\sqrt{L_1 L} \frac{\mathrm{d}i}{\mathrm{d}t} + L_2 \frac{\mathrm{d}i}{\mathrm{d}t} + = u_2$$

两式相比，得

$$\sqrt{\frac{L_1}{L_2}} = \frac{u_1}{u_2} \text{ 或 } \frac{u_1}{u_2} = n$$

按式（9-7）的第一式，可得出

$$i_1 = \frac{1}{L} \int u_1 \mathrm{d}t - \frac{M}{L} \int \frac{\mathrm{d}i}{\mathrm{d}t} \mathrm{d}t$$

$$= \frac{1}{L} \int u_1 \mathrm{d}t - \sqrt{\frac{L}{L}} \int \mathrm{d}i$$

当 $L_1 \to \infty$，而 $\sqrt{\frac{L}{L}} = n$ 保持不变，有

$$i_1 = -\frac{1}{n} i_2$$

【**例9.8**】 某电源内阻 $R_S = 1.8\text{k}\Omega$，负载电阻 $R_L = 8\Omega$。为使负载能从电源获得最大功率，在电源与负载之间，接入一个理想变压器，如图9.15所示。试求此理想变压器的变比 $n$。

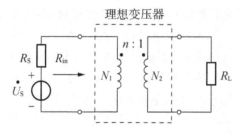

**图9.15 例9.8图**

**解：** 理想变压器是不消耗功率的，只要理想变压器的输入端吸收最大功率，负载电阻即能获得最大功率。理想变压器输入端吸收最大功率的条件是输入电阻 $R_{in}$ 等于电源内阻，所以

$$R_{in} = \left(\frac{N_1}{N_2}\right)^2 R_L = n^2 R_L = R_S$$

理想变压器的变比 $n$ 为

$$n = \frac{N_1}{N_2} = \sqrt{\frac{R_S}{R_L}} = \sqrt{\frac{1800}{8}} = 15$$

# 9.5 小 结

本章需要了解耦合电感中的磁耦合现象、空心变压器和理想变压器概念。

能找出耦合电感的同名端，列写出耦合电感的磁通链方程和电压电流关系。

重点掌握含有耦合电感电路的分析计算方法及耦合电感中的 3 个关系：电磁关系、电压电流关系、功率关系。

# 阅 读 材 料

## 三峡大坝——世界最大的水电工程

1994 年 12 月 14 日，当今世界第一大的水电工程——三峡大坝工程正式动工，它位于西陵峡中段的湖北省宜昌市境内的三斗坪，距下游水利枢纽工程 38km。三峡大坝工程包括主体建筑物工程及导流工程两个部分，工程总投资为 954.6 亿元人民币（按 1993 年 5 月末价格计算），其中枢纽工程 500.9 亿元；113 万移民的安置费 300.7 亿元；输变电工程 153 亿元。工程施工总工期自 1993 年到 2009 年共 17 年，分三期进行，到 2009 年工程全部完工。大坝为混凝土重力坝，坝顶总长 3035m，坝顶高程 185m，正常蓄水位 175m，总库容 393 亿 m³，其中防洪库容 221.5 亿 m³，能够抵御百年一遇的特大洪水。配有 26 台发电机的两个电站年均发电量 849 亿度。航运能力将从现有的 1000 万 t 提高到 5000 万 t，万吨级船队可直达重庆，同时运输成本也将降低 35%。

**图 9.16 鸟瞰三峡**

三峡大坝建成后，将会形成长达 600km 的水库，成为世界罕见的新景观。三峡大坝采取分期蓄水。1997 年 11 月 8 日大江截流后，水位从原来 66m 提高到 88m，三峡一切景观不受影响；2003 年 6 月，第二期工程结束后，水位提高到 135m，三峡旅游景区除张飞庙被淹将搬迁，其余景区基本保存；2006 年，长江水位提高到 156m，仅屈原祠的山门被淹将重建；2009 年整个三峡工程竣工后，水位提高到 175m，届时将有少数石刻将搬迁，石宝寨的山门将被淹 1.5m，目前正计划修筑堤坝围护，那时石宝寨所在的玉印山将成为一座四面环水的孤峰，更别致传奇。而其他各景点的雄姿依然不变。随着沿江山脉间人造湖泊的形成和通航条件的改善，原本分散在三峡周围的许多景点将更容易到达，如小三峡、神农溪等千姿百态的仙境画廊。

另外，三峡大坝和葛洲坝这两座现代奇观也将成为长江三峡的新景点，为其添姿增色。集自然美景、古代遗址和现代奇迹于一身的未来长江三峡将一如既往地吸引来自全世界各地的游客。长江三峡工程采用“一级开发，一次建成，分期蓄水，连续移民”方案。工程总工期 17 年，分 3 个阶段施工：第一阶段工程 1994—1997 年，为施工准备及一期工程；第二阶段工程 1998—2003 年，为二期工程；第三阶段工程 2004—2009 年，为三期工程。三峡工程动态总投资预计为 2039 亿元人民币，水库最终将淹没耕地 43.13 万亩，最终将移民 113.18 万人。工程竣工后，水库正常蓄水位 175m，防洪库容 221.5 亿 $m^3$，总库容达 393 亿 $m^3$，可充分发挥其长江中下游防洪体系中的关键性骨干作用，使荆江河段防洪标准由现在的十年一遇提高到百年一遇，并将显著改善长江宜昌至重庆 660km 的航道，万吨级船队可直达重庆港，将发挥防洪、发电、航运、养殖、旅游、保护生态、净化环境、开发性移民、南水北调、供水灌溉十大效益，是世界上任何巨型电站无法比拟的。三峡工程专用公路始建于 1994 年，1996 年 10 月正式通车，总投资约 1000 亿元人民币。为准一级专用公路，单线全长 28.64km(其中桥梁、隧道占 40%)。公路上有桥梁 34 座，其中特大型桥梁 4 座，双线隧道 5 座，其中最长的"木鱼槽"隧道单线长 3610m，是当时我国最长的公路隧道之一。专用公路是三峡工程的对外交通工程，也堪称中国公路桥梁、隧道的博物馆。毛公山在乐天溪大桥检查站处可以看到江南高高入云的山顶起伏的轮廓线，好像一个人仰卧在高山之巅：由银白色山石组成，头东脚西，安详仰卧，其头发、额头、眉眼、鼻嘴、中山装衣领、胸腹惟妙惟肖，清晰可见，极像一代伟人毛泽东。就是毛公山，因山顶酷似毛泽东主席卧像而得名。毛公山原名黄牛岩，长江水路在这一带九曲回环，而古代西陵峡的这一带滩险水急，航行缓慢，乘客多逆江而上几天，似乎还在黄牛岩跟前徘徊，走不出这头神奇的老黄牛的牵绊。1956 年毛泽东横渡长江之后，写下了一首《水调歌头·游泳》，其中一句"高峡出平湖"表现了毛主席想在这里建造一个大坝的豪情壮志，而三峡工程历经七八十年的论证研究，终于将坝址选在了处于黄牛岩山脚的三斗坪镇。正巧，在毛主席诞辰 100 周年、三峡工程破土动工之际的 1993 年，毛公山被发现，无论是天意还是人为附会，都反映了兴建三峡工程应了天时、地利、人和，是利国利民的大业。在"一江万里独当险，三峡千山无比奇"的黄牛顶的毛泽东主席安卧像，如此巧合令人拍案称奇。三峡坝区总面积为 15.28$km^2$，分为施工区和总建筑面积 54.6 万 $m^2$ 为主的办公生活区。办公生活区建有一座四星级饭店——三峡工程大酒店、三峡工程展览馆、三峡工程建设指挥中心、环保公园和现代化生活小区等。未来的三峡坝区将成为国家级森林公园，宏伟的现代化工程与自然生态有机融合的佳境将呈现出来。

# 习　题

一、填空题

1. 一个线圈的电流变化，使得相邻线圈产生(　　)，在闭合回路中将产生(　　)，电流之间的相互影响是靠磁场将其联系起来的，这种现象称为(　　)。

2. 在各向同性的线性磁介质中，磁通链与产生它的(　　)成正比。

3. 电感串联可分为两种连接方式——(　　)和(　　)。

4. 磁场线的方向与产生该磁场的方向可用(　　)螺旋定则来确定。

5. 变压器可以把某一个电压值的交流电转变成为(　　)的另一个电压值的交流电。

6. 变压器不仅可以用来改变电压，而且还可以用来(　　)、(　　)、(　　)。

7. 变压器的功率损耗包括(　　)和(　　)。

8. 实验中的调压器就是一种可以改变副绕组(　　)的变压器。

9. 符合下列条件的变压器称为理想变压器：①（　　）；②（　　）；③原、副线圈的阻抗为无穷大。

10. 理想变压器的瞬时功率为（　　）。

二、选择题

1. 磁场是有电流产生的，人们用磁力线描述磁场，磁力线是（　　）的曲线。

    A. 开口　　　　　　　　B. 闭合　　　　　　　　C. 不确定

2. 磁感应强度是一个矢量，其大小表示某点磁场的强弱，其方向表示（　　）的方向。

    A. 磁场　　　　　　　　B. 电场　　　　　　　　C. 磁滞

3. 磁导率是一个用来表征磁介质的磁性特性，是衡量物质（　　）能力的物理量。

    A. 导电　　　　　　　　B. 导磁　　　　　　　　C. 磁性

4. 自然界的所有物质按磁导率不同，可分为磁性材料和（　　）。

    A. 非磁性　　　　　　　B. 非导磁　　　　　　　C. 导磁

5. 非磁性材料或非铁磁材料，其磁导率近似（　　）真空的磁导率。

    A. 小于　　　　　　　　B. 大于　　　　　　　　C. 等于

6. 图 9.17 耦合线圈的 1 同名端是（　　）。

    A. 3　　　　　　　　　B. 4　　　　　　　　　C. 2

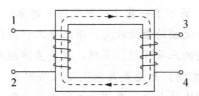

图 9.17　习题 9.2.6 图

7. 两个具有耦合的线圈如图 9.18 所示，$1'$ 的同名端是（　　）。

    A. 2　　　　　　　　　B. $2'$　　　　　　　　C. 1

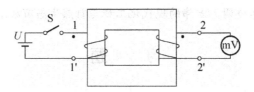

图 9.18　习题 9.2.7 图

8. 在交流线圈中，由涡流产生的（　　）称为涡流损耗。

    A. 铁损　　　　　　　　B. 铜损　　　　　　　　C. 铁损或铜损

9. 理想的铁芯线圈交流电路用具有电阻和（　　）的一段电路来等效替换。

    A. 容抗　　　　　　　　B. 感抗　　　　　　　　C. 阻抗

10. 按相数不同，变压器又可分为单相和（　　）变压器。

    A. 三相　　　　　　　　B. 五相　　　　　　　　C. 等相

三、计算题

1. 将两个具有互感的线圈串联起来接到 220V 的正弦交流电源上，电源的频率为 50Hz。

顺接时测得电流为 $I_1=2.7$A，线圈吸收的功率为 218.7W；反接时测得电流为 $I_2=7$A。求互感 $M$ 之值。

2. 图 9.19(a)所示含有耦合电感的正弦稳态电路，已知 $L_1=7$H，$L_2=4$H，$M=2$H，$R=8\Omega$，$u_S(t)=20\cos t$V，求电流 $i_2(t)$。

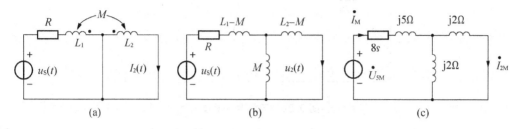

图 9.19 习题 9.3.2 图

3. 图 9.20 所示电路中，$R_1=R_2=1\Omega$，$\omega L_1=3\Omega$，$\omega L_2=2\Omega$，$\omega M=100$V，求：(1)开关 S 打开和闭合时的电流 $I_1$；(2)S 闭合时各部分的复功等。

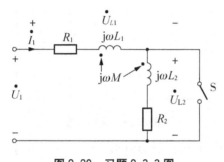

图 9.20 习题 9.3.3 图

4. 把两个线圈串联起来接到 50Hz、220V 的正弦电源上，顺接时得电流 $I=2.7$A，吸收的功率为 218.7W；反接时电流为 7A。求互感 $M$。

5. 电路如图 9.21 所示，已知两个线圈的参数为：$R_1=R_2=100\Omega$，$L_1=3$H，$L_2=10$H，$M=5$H，正弦电源的电压 $U=220$V，$\omega=100$rad/s。

(1) 试求两个线圈端电压，并作出电路的相量图。

(2) 证明两个耦合电感反接串联时不可能有 $L_1+L_2-2M\leqslant0$。

(3) 电路中串联多大的电容可使电路发生串联谐振。

(4) 画出该电路的去耦等效电路。

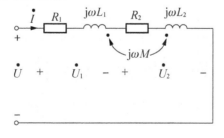

图 9.21 习题 9.3.5 图

6. 求图 9.22 一端口电路的戴维南等效电路。已知 $\omega L_1 = \omega L_2 = 10\Omega$，$\omega M = 5\Omega$，$R_1 = R_2 = 6\Omega$，$U_1 = 60V$（正弦）。

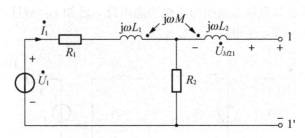

图 9.22　习题 9.3.6 图

7. 图 9.23 电路中，$R_1 = 50\Omega$，$L_1 = 70mH$，$L_2 = 25mH$，$M = 25mH$，$C = 1\mu F$，正弦电源的电压 $U = 500\ 0^0 V$，$\omega = 10^4 rad/s$。求各支路电流。

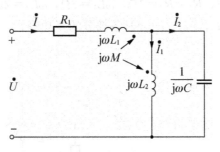

图 9.23　习题 7 图

8. 图 9.24 电路中的理想变压器的变比为 5:1。求电压 $I_2$。

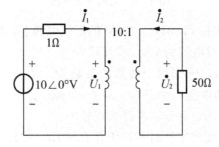

图 9.24　习题 8 图

9. 如果使 10Ω 电阻能获得最大功率，试确定图 9.25 电路中理想变压器的变比 $n$。

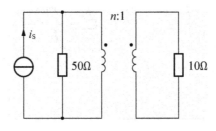

图 9.25　习题 9 图

# 第*10*章

# 三 相 电 路

电力是现代工业的主要动力。电力系统普遍采用三相电源供电。本章以单相交流电路的分析方法为基础，介绍三相电路、三相电源的概念，讨论三相电路中电源和负载的连接方式以及对称三相电路中电压、电流和功率的计算方法。本章介绍三相正弦电动势的产生，三相交流电路的分析方法。学生应重点掌握三相交流电路中线电压、线电流、相电压、相电流以及功率的计算。

 教学要点

| 知 识 要 点 | 掌 握 程 度 |
|---|---|
| 三相电路 | (1) 理解三相电源的概念<br>(2) 了解三相电源及三相负载的连接方式 |
| 线电压(电流)与相电压(电流)的关系 | (1) 理解三相电源不同连接方式下线电压与相电压的关系<br>(2) 理解三相负载不同连接方式下线电流与相电流的关系 |
| 对称三相电路的计算 | (1) 熟练掌握对称三相四线制电路的分析与计算<br>(2) 熟练掌握对称负载三角形连接三相电路分析与计算 |
| 不对称三相电路 | (1) 了解不对称三相电路的概念<br>(2) 理解三相负载不对称 Y—Y 电路 |
| 三相电路的功率 | (1) 掌握三相电路的有功功率、无功功率、视在功率的计算<br>(2) 理解三相功率的测量 |

引例：三相电路的发展历程

　　商用交流电最早的频率是 60Hz，电压是 110V，其发明者 Nikola Tesla 是美国人，并且是受美国西屋电气公司老板的资助实现其发明的，商用交流电网也是在美国首次投入运营的。美国是采用英制单位的，为计算方便采用了 60Hz/110V 的规格。图 10.0(a)是三相交流同步发电机外形图。

　　商用交流电大获成功之后，欧洲迅速引进了交流电、馈电技术。欧洲除英国外均使用公制单位，为计算方便将频率改为了 50Hz。后因 110V 电压较低，电网传输损耗较大，为改善这种状况，在交流电网没有大规模建设因而没有"负担"的欧洲国家采用了 220V 的电压规格，这是由 110V 倍压而来，技术改造相对最简单，于是在欧洲国家就形成了 220V/50Hz 的交流电网标准。

中国最早的交流电网并没有统一的标准，只是局部的小型电网，设备由各西方国家提供，规格五花八门。1949 年以后，中国的工业化全面转向前苏联模式，电网建设也遵照苏联标准，而苏联采用的也是欧洲标准，于是 220V/50Hz 最终定为中国的电网标准。由于历史遗留原因，东北地区及上海市有部分原租借地区用的是 110V 电压标准，直到 20 世纪 60 年代后期，才统一使用 220V 电压。图 10.0(b) 是我国建设的高压交流电网。

(a) 三相交流同步发电机      (b) 高压交流电网

**图 10.0 三相交流同步发电机和高压交流电网**

# 10.1 三 相 电 路

三相电路的基本结构可以简化为三相电源和三相负载通过导线相连的电路。三相电源由发电机产生，经变压器升高电压后传送到各地，然后按不同用户的需要，由各地变电所用变压器把高压降到适当数值，如 380V 或 220V 等。目前，国内外工农业生产的各部门都无一例外地应用着这种三相供电系统。

## 10.1.1 三相电源

三相电源一般都是由三相交流发电机产生。在交流发电机中，有 3 个位置彼此相差 120° 的绕组。当发电机的转子旋转时，则在各绕组中感应出相位相差 120°，而幅值及频率相等的 3 个交流电压。在三相供电系统中，将频率相同、电压幅值相同、相位依次相差 120° 的三相电源称为对称三相电源，这 3 个电源依次称为 A 相、B 相、C 相，它们的电压瞬时表达式为

$$
\left.
\begin{array}{l}
u_{A}=\sqrt{2}U\sin(\omega t) \\
u_{B}=\sqrt{2}U\sin(\omega t-120°) \\
u_{C}=\sqrt{2}U\sin(\omega t+120°)
\end{array}
\right\}
\qquad (10-1)
$$

式中：$U$ 为电压的有效值。

其相量形式为

$$
\left.
\begin{array}{l}
\dot{U}_{A}=U\angle 0° \\
\dot{U}_{B}=U\angle -120°=a^2\dot{U}_{A} \\
\dot{U}_{C}=U\angle 120°=a\dot{U}_{A}
\end{array}
\right\}
\qquad (10-2)
$$

对称三相电源的各相的波形和相量图如图 10.1(a)、图 10.1(b)所示。

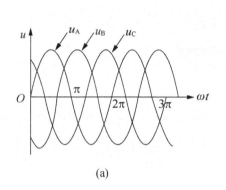

(a)

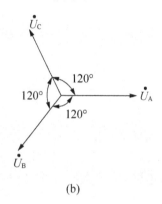

(b)

**图 10.1 对称三相电源的波形与相量图**

其中 A 相电压 $\dot{U}_A$ 作为参考正弦量，而 $a=-\dfrac{1}{2}+j\dfrac{\sqrt{3}}{2}$，它是工程中为了方便计算而引入的单位相量算子。对称三相电源的特点是三相电源的瞬时值之和等于零，即

$$
u_{A}+u_{B}+u_{C}=0
\qquad (10-3)
$$

三相电压经过同一量值(如极大值)的先后次序称为三相电压的相序。上述 A、B、C 三相中的任何一相均在相位上超前于后一相120°。例如，A 相超前于 B 相120°，C 相超前于 A 相120°，则相序 A—B—C 通常称为正序或顺序。相反，若 B 相超前于 A 相120°，C 相超前于 B 相120°，则相序 A—B—C 称为反序或逆序。电力系统一般采用正序。在现场，常用不同颜色标志各相接线及端子。我国采用黄、红、绿三色分别标志 A、B、C 三相。对称三相电压源是由三相发电机提供的，我国三相系统电源频率为 50Hz，入户电压为 220V，而日、美、欧洲等国为 60Hz 及 110V。

### 10.1.2 三相电源的连接方式

#### 1. 星型(Y 型)连接

图 10.2 所示为三相电源的星型连接方式。发电机的 3 个绕组的末端连接在一个公共点 N 上，构成了一个对称星型连接的对称三相电源，N 点称为电源中性点或零点。从 3 个

电压源正极性端子 A、B、C 向外引出的导线称为相线或火线，从中性点 N 引出的导线称为中性线或零线。

每一个绕组的电压，即相线与中性线之间的电压称为相电压，如 $\dot{U}_{AN}$、$\dot{U}_{BN}$、$\dot{U}_{CN}$，简写为 $\dot{U}_A$、$\dot{U}_B$、$\dot{U}_C$，其有效值用 $U_P$ 表示；任意两条相线间的电压称为线电压，如 $\dot{U}_{AB}$、$\dot{U}_{BC}$、$\dot{U}_{CA}$，其有效值用 $U_1$ 表示。

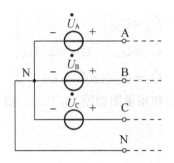

图 10.2　三相电源的星型连接

2. 三角型(△型)连接

如果将三相电源的 3 个绕组首尾相连，形成一个闭合的三角型，从电压源正极性端 A、B、C 向外引出 3 条相线，这种连接方式称为电源的三角型连接，如图 10.3 所示。三角型连接方式不能引出中性线。

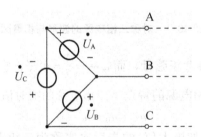

图 10.3　三相电源的三角型连接

必须强调，电源的三角型连接不能引出中性线，每相电源要依次顺序而接。任何一组接反都会导致闭合回路产生极大的短路电流，损害相关设备。因此，在生产实践中，发电机绕组很少接成三角型。

### 10.1.3　三相负载的连接方式

三相电路中，负载一般也是三相的，即由 3 个负载阻抗组成，每一个负载称为三相负载的一相。如果三相负载的 3 个负载阻抗相同，则称为对称三相负载，如工业用电，其负载多为三相电动机、三相变压器等，它们都是对称负载；否则称为不对称负载，如居民生活用电设备。

三相电路中负载也有两种基本的连接方式，即星型连接(Y 型连接)和三角型连接(△型连接)，其连接方式如图 10.4、图 10.5 所示。

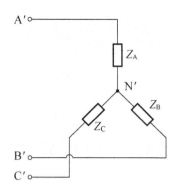

图 10.4　三相负载的星型连接

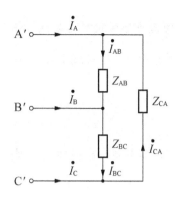

图 10.5　三相负载的三角型连接

## 10.2　线电压(电流)与相电压(电流)的关系

三相电路中的线电压和相电压、线电流和相电流之间的关系都与连接方式有关。

**1. 电源星型连接时线电压与相电压的关系**

星型连接电源线电压与相电压的关系为

$$\left.\begin{aligned}
\dot{U}_{AB} &= \dot{U}_A - \dot{U}_B = (1-a^2)\dot{U}_A = \sqrt{3}\dot{U}_A\angle 30° \\
\dot{U}_{BC} &= \dot{U}_B - \dot{U}_C = (1-a^2)\dot{U}_B = \sqrt{3}\dot{U}_B\angle 30° \\
\dot{U}_{CA} &= \dot{U}_C - \dot{U}_A = (1-a^2)\dot{U}_C = \sqrt{3}\dot{U}_C\angle 30°
\end{aligned}\right\} \qquad (10-4)$$

由以上分析可知

$$U_l = \sqrt{3}U_p \qquad (10-5)$$

即对称星型连接电源电路中线电压 $U_l$ 是相电压 $U_p$ 的 $\sqrt{3}$ 倍，线电压依次超前相电压相位 $30°$，星型电源线电压与相电压的相量图如图 10.6 所示。实际计算时，只要算出 $\dot{U}_{AB}$，就可以依次写出 $\dot{U}_{BC}=a^2\,\dot{U}_{AB}$，$\dot{U}_{CA}=a\,\dot{U}_{AB}$。

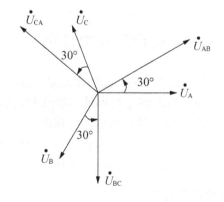

图 10.6　星型电源线电压与相电压的相量图

**2. 电源三角型连接时线电压与相电压的关系**

三角型连接时，电源线电压与相电压的关系为

$$
\left.\begin{array}{l}
\dot{U}_{AB}=\dot{U}_A\\
\dot{U}_{BC}=\dot{U}_B\\
\dot{U}_{CA}=\dot{U}_C
\end{array}\right\}
\tag{10-6}
$$

由于三角型电源没有中性点，因此相电压与线电压是同一个电压，其有效值也是相等的，即

$$
U_L=U_P
\tag{10-7}
$$

**3. 负载星型连接时线电流与相电流的关系**

三相电路中的电流也有线电流和相电流之分，每相负载中的电流 $I_P$ 称为相电流，每根相线上的电流 $I_L$ 称为线电流。显然当星型负载与电源相联时，线电流就是相电流，即

$$
\dot{I}_P=\dot{I}_L
\tag{10-8}
$$

**4. 负载三角型连接时线电流与相电流的关系**

三角型负载中的线电流分别用 $\dot{I}_A$、$\dot{I}_B$、$\dot{I}_C$ 表示，相电流分别用 $\dot{I}_{AB}$、$\dot{I}_{BC}$、$\dot{I}_{CA}$ 表示，则线电流与相电流的关系为

$$
\left.\begin{array}{l}
\dot{I}_A=\dot{I}_{AB}-\dot{I}_{CA}=\sqrt{3}\dot{I}_{AB}\angle-30°\\
\dot{I}_B=\dot{I}_{BC}-\dot{I}_{AB}=\sqrt{3}\dot{I}_{BC}\angle-30°\\
\dot{I}_C=\dot{I}_{CA}-\dot{I}_{BC}=\sqrt{3}\dot{I}_{CA}\angle-30°
\end{array}\right\}
\tag{10-9}
$$

显然有，$I_l=\sqrt{3}I_P$。即对称三角型负载电路中，线电流是相电流的 $\sqrt{3}$ 倍，线电流依次滞后相电流相位30°。实际计算时，只要计算出 $\dot{I}_A$，就可以依次写出 $\dot{I}_B=a^2\dot{I}_A$，$\dot{I}_C=a\dot{I}_A$。

最后还必须指出，所有关于电压、电流对称性以及上述对称相值和对称线值之间关系的论述，只能在指定的顺序和参考方向的条件下，才能以简单有序的形式表达出来，而不能任意设定，否则将会使得问题的表达变得杂乱无序。

# 10.3　对称三相电路的计算

三相电路实质上是复杂正弦电流电路的一种特殊类型，因此正弦电流电路的分析方法对三相电路完全适用。一般情况下，电源都是对称的，当三相负载 $Z_A=Z_B=Z_C=|Z|\angle\varphi$，符合对称条件，且端线复阻抗相等时，此时构成的三相电路称为对称三相电路；由不对称负载组成的三相电路称为不对称三相电路。在分析对称三相电路时，要注意由于电路的对称性而引起的一些特殊规律性，利用这些规律性来简化三相电路的分析计算。

### 10.3.1　对称三相四线制电路的分析与计算

如果三相电源为星型连接，负载也星型连接，称为 $Y-Y$ 连接方式，如图 10.7 所示。

若把电源的中点 $N$ 和负载的中点 $N'$ 用具有阻抗 $Z_N$ 的中线连接起来，这种连接方式称为三相四线制方式。其中，中线上通过的电流称为中线电流，用 $\dot{I}_N$ 表示。若没有中线连接，称为三相三线制连接方式。

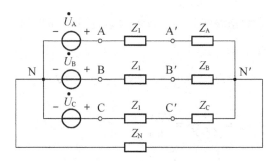

**图 10.7 星型电源线电压与相电压的相量图**

$Z_1$ 为端线阻抗，$Z_N$ 为中线阻抗，$N$、$N'$ 为中性点。对于这种结构的电路，一般采用节点法先求出中性点 $N$ 和 $N'$ 之间的电压。以 $N$ 为参考点，可得

$$\left(\frac{1}{Z_N}+\frac{3}{Z+Z_1}\right)\dot{U}_{N'N}=\frac{1}{Z+Z_1}(\dot{U}_A+\dot{U}_B+\dot{U}_C) \tag{10-10}$$

由于 $\dot{U}_A+\dot{U}_B+\dot{U}_C=0$，解得

$$\dot{U}_{N'N}=0 \tag{10-11}$$

显然各相电源、负载中的电流等于线电流，即

$$\dot{I}_A=\frac{\dot{U}_A-\dot{U}_{N'N}}{Z+Z_1}=\frac{\dot{U}_A}{Z+Z_1}$$

$$\dot{I}_B=\frac{\dot{U}_B-\dot{U}_{N'N}}{Z+Z_1}=\frac{\dot{U}_B}{Z+Z_1}=a^2\,\dot{I}_A \tag{10-12}$$

$$\dot{I}_C=\frac{\dot{U}_C-\dot{U}_{N'N}}{Z+Z_1}=\frac{\dot{U}_C}{Z+Z_1}=a\,\dot{I}_A$$

可以看出，由于 $\dot{U}_{N'N}=0$，各相电流相互独立，彼此无关；又由于三相电源、三相负载对称，所以三相线电流构成了对称组。因此，只要分析计算三相中的任一相，而其他两相的电压、电流就能按对称性写出。这就是对称三相电路归结为一相的计算方法。图 10.8 为一相计算电路(A 相)，注意中线阻抗 $Z_N$ 不包括在内。

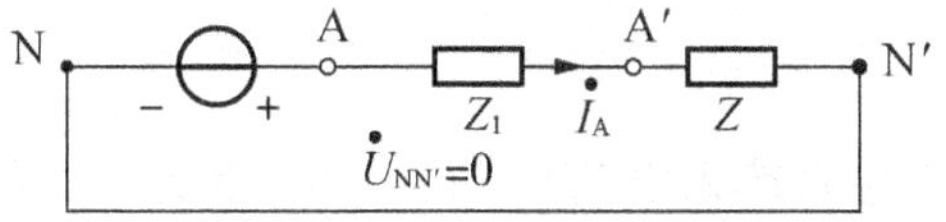

$$N \quad \underset{\dot{U}_{NN'}=0}{\longrightarrow} \quad A \quad \underset{Z_1}{\square} \quad \overset{A'}{\underset{\dot{I}_A}{\longrightarrow}} \quad \underset{Z}{\square} \quad N'$$

**图 10.8 一相计算电路(A 相)**

中线的电流为

$$\dot{I}_N=-(\dot{I}_A+\dot{I}_B+\dot{I}_C)=0 \tag{10-13}$$

式(10-13)表明，对称 $Y-Y$ 系统中，中线不起作用，如同开路。可以证明，负载端的线电压也是对称组，即

$$\left.\begin{array}{l}\dot{U}_{A'B'}=\dot{U}_{A'N'}-\dot{U}_{B'N'}=\sqrt{3}\dot{U}_{A'N'}\angle30°\\\dot{U}_{B'C'}=\dot{U}_{B'N'}-\dot{U}_{C'N'}=\sqrt{3}\dot{U}_{B'N'}\angle30°\\\dot{U}_{C'A'}=\dot{U}_{C'N'}-\dot{U}_{A'N'}=\sqrt{3}\dot{U}_{C'N'}\angle30°\end{array}\right\}\qquad(10-14)$$

**【例 10.1】** 对称 $Y-Y$ 电路中，$u_{AB}=380\sqrt{2}\cos(\omega t+30°)V$，$Z_1=1+j2\Omega$，$Z=5+j6\Omega$，求负载中各电流相量。

**解：** 因为

$$\dot{U}_A=\frac{\dot{U}_{AB}}{\sqrt{3}}\angle-30°=220\angle0°V$$

$$\dot{I}_A=\frac{\dot{U}_A}{Z+Z_1}=\frac{220\angle0°}{6+j8}=22\angle-53.1°A$$

所以

$$\dot{I}_B=a^2\dot{I}_A=22\angle-173.1°A$$

$$\dot{I}_C=a\dot{I}_A=22\angle66.9°A$$

### 10.3.2 对称负载三角型连接三相电路分析与计算

3 个负载阻抗首尾相接连成一个闭环，3 个连接点分别与电源的三根火线相联，就构成了负载的三角型连接，如图 10.9 所示。图 10.9(a)为 $Y-\triangle$ 连接方式，图 10.9(b)为 $\triangle-\triangle$ 连接方式。

当对称三相负载三角型连接时，不管三相电源是星型连接还是三角型连接，线电压等于相电压，只需知道其中一个即可。图 10.9 中电路的相电流为 $\dot{I}_{A'B'}$、$\dot{I}_{B'C'}$、$\dot{I}_{C'A'}$，线电流为 $\dot{I}_A$、$\dot{I}_B$、$\dot{I}_C$。因为三相电源对称，三相负载也对称，所以三个相电流必然对称，即

$$\dot{I}_{A'B'}=I\angle0°，\quad\dot{I}_{B'C'}=I\angle-120°，\quad\dot{I}_{C'A'}=I\angle120°\qquad(10-15)$$

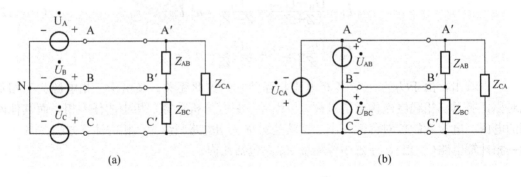

(a)　　　　　　　　　　　　　(b)

**图 10.9　三相负载的三角型连接**

由式(10-9)可知，线电流是相电流的 $\sqrt{3}$ 倍；相位上，线电流滞后相对应的相电流 30°，因此有

$$\dot{I}_A+\dot{I}_B+\dot{I}_C=0\qquad(10-16)$$

对于对称三角型负载，不能直接应用前面三相归结为一相的计算方法，应先将三角型负载等效变换为星型之后才能归结为一相进行计算，即

$$Z_Y=\frac{1}{3}Z_\triangle\qquad(10-17)$$

【例 10.2】 对称三相电路如图 10.9(a)所示。已知 $Z_L=(1+j2)\Omega$，$Z_\Delta=(19.2+j14.4)\Omega$，线电压 $U_{AB}=380V$，求负载端的相电压和相电流。

**解：** 先进行星型和三角型的等效互换，得 $Y-Y$ 电路如图 10.10 图所示。

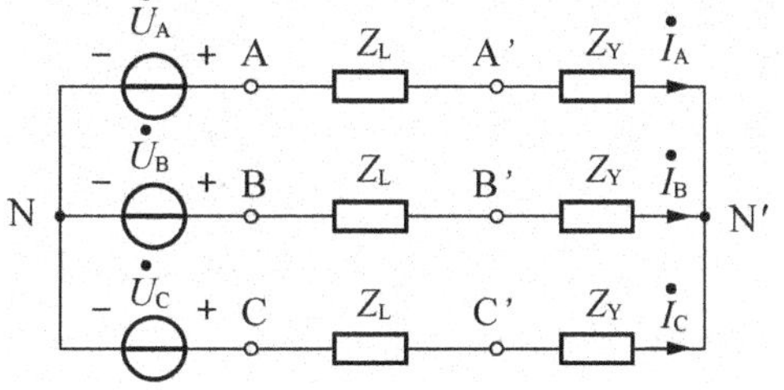

**图 10.10 例 10.2 的图**

$$Z_Y=\frac{Z_\Delta}{3}=\frac{19.2+j14.4}{3}=(6.4+j4.8)\Omega$$

令 $\dot{U}_A=220\angle0°V$，根据一相电路的计算方法，有线电流

$$\dot{I}_A=\frac{\dot{U}_A}{Z_Y+Z_L}$$

$$=\frac{220\angle0°}{(6.4+j4.8)+(1+j2)}$$

$$\approx22\angle-42.58°A$$

根据对称性得另外两相的线电流为

$$\dot{I}_B=22\angle-162.58°A$$

$$\dot{I}_C=22\angle77.42°A$$

先求出负载端的相电压，再利用线电压和相电压的关系求出负载端的线电压，则

$$\dot{U}_{A'N'}=\dot{I}_AZ_Y=176\angle-5.7°V$$

$$\dot{U}_{A'B'}=\sqrt{3}\dot{U}_{A'N'}\angle30°=304.8\angle24.3°V$$

根据对称性可写出另外两相为

$$\dot{U}_{B'C'}=304.8\angle-95.7°V$$

$$\dot{U}_{C'A'}=304.8\angle144.3°V$$

依据负载端的线电压，再返回到原电路，可求得负载中的相电流为

$$\dot{I}_{A'B'}=\frac{\dot{U}_{A'B'}}{Z_\Delta}=\frac{304.8\angle24.3°}{19.2+j14.4}=12.7\angle-12.57°A$$

$$\dot{I}_{B'C'}=12.7\angle-132.57°A$$

$$\dot{I}_{C'A'}=12.7\angle107.4°A$$

也可以利用对称三角型连接的线电流和相电流的关系直接求得，即

$$\dot{I}_{A'B'}=\frac{1}{\sqrt{3}}\dot{I}_A\angle30°=12.7\angle-12.57°A$$

## 10.4 不对称三相电路的概念

不对称三相电路主要有两种可能情况：第一，三相电源的大小或角度不相等而使相位有差异；第二，负载阻抗不相等。在实际电力系统中，三相电源一般都是对称的，而三相负载的不对称是主要的、经常的。例如，各相负载分配不均匀、电路系统发生不对称故障（如短路或断线）等都将引起不对称。下面将主要研究三相电源对称而三相负载不对称的三相电路。

图 10.11 所示电路中，开关 S 断开（不连中性线）时，由于 $Z_A$、$Z_B$、$Z_C$ 不相等，就构成了不对称的 $Y-Y$ 电路。该电路的节点电压方程为

$$\dot{U}_{N'N}\left(\frac{1}{Z_A}+\frac{1}{Z_B}+\frac{1}{Z_C}\right)=\frac{\dot{U}_A}{Z_A}+\frac{\dot{U}_B}{Z_B}+\frac{\dot{U}_C}{Z_C} \tag{10-18}$$

即有

$$\dot{U}_{N'N}=\frac{\dfrac{\dot{U}_A}{Z_A}+\dfrac{\dot{U}_B}{Z_B}+\dfrac{\dot{U}_C}{Z_C}}{\dfrac{1}{Z_A}+\dfrac{1}{Z_B}+\dfrac{1}{Z_C}} \tag{10-19}$$

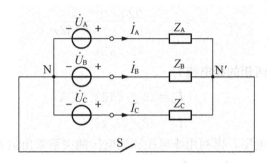

图 10.11 负载不对称的 $Y-Y$ 系统

由于负载中性点与电源中性点之间的电压不等于零，此时的 $Y-Y$ 不对称电路的电压相等关系如图 10.12 所示。从电压向量图可以看出，中性点不重合，这种现象称为中性点位移。在电源对称的情况下，可以根据中性点位移的情况判断负载的不对称程度。当中性点位移较大时，会造成负载端的电压严重不对称，从而可能使负载的工作不正常；另一方面，如果负载变换时由于各相的工作相互关联，因此，彼此都相互影响。

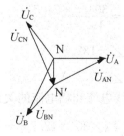

图 10.12 不对称电路的电压向量关系

当开关 S 闭合，可强使 $\dot{U}_{\mathrm{N'N}}=0$，在不考虑中性线阻抗的情况下，中性点间电压为零，三相电路就相当于 3 个单相电路的组合。中性线电流一般不为零

$$\dot{I}_{\mathrm{N}}=-(\dot{I}_{\mathrm{A}}+\dot{I}_{\mathrm{B}}+\dot{I}_{\mathrm{C}}) \tag{10-20}$$

尽管电路并不对称，但中性线可使各相保持独立，因而各相状态互不影响，各相可以分别计算。这种连接方式下中性线的存在是非常重要的，克服了无中性线时所引起的缺点。因此，在给居民生活用电进行输送时，为了确保用电安全，均采用该连接方式。同时，为了减小或消除负载中性点偏移，中性线选用电阻低、机械强度的导线，并且中性线上不允许安装保险丝和开关。

**【例 10.3】** 图 10.13 所示是一种决定相序的仪器电路，称为相序指示器。当 $\dfrac{1}{\omega C}=R\left(=\dfrac{1}{G}\right)$ 时，试说明在线电压对称的情况下，如何根据两个灯泡的亮度确定电源的相序。

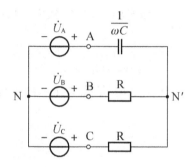

图 10.13 例 10.3 的图

**解：** 因为相电压 $\dot{U}_{\mathrm{A}}$、$\dot{U}_{\mathrm{B}}$、$\dot{U}_{\mathrm{C}}$ 是对称的

所以

$$\dot{U}_{\mathrm{N'N}}=\frac{j\omega C\dot{U}_{\mathrm{A}}+G(\dot{U}_{\mathrm{B}}+\dot{U}_{\mathrm{C}})}{j\omega C+2G}$$

又因为

$$\dot{U}_{\mathrm{A}}=U\angle 0°$$

故

$$\dot{U}_{\mathrm{N'N}}=(-0.2+j0.6)U$$
$$=0.63U\angle 108.4°\mathrm{V}$$

$$\dot{U}_{\mathrm{BN'}}=\dot{U}_{\mathrm{BN}}-\dot{U}_{\mathrm{N'N}}$$
$$=U\angle -120°-(-0.2+j0.6)U$$
$$=1.5U\angle -101.5°\mathrm{V}$$

$$\dot{U}_{\mathrm{CN'}}=\dot{U}_{\mathrm{CN}}-\dot{U}_{\mathrm{N'N}}$$
$$=U\angle 120°-(-0.2+j0.6)U$$
$$=0.4U\angle 138.4°\mathrm{V}$$

因此，若电容所在的那一相设为 A 相，则灯泡较亮的一相为 B 相，灯泡较暗的一相为 C 相。

# 10.5 三相电路的功率

### 1. 三相电路的有功功率

在三相电路中，三相电源发出的有功功率等于三相负载吸收的有功功率，即等于各相有功功率之和。设 A、B、C 三相负载相电压的有效值分别为 $U_A$、$U_B$、$U_C$，三相负载电流有效值为 $I_A$、$I_B$、$I_C$，A、B、C 三相负载相电压与相电流的相位差分别 $\varphi_A$、$\varphi_B$、$\varphi_C$，则三相电路的有功功率表示为

$$P=P_A+P_B+P_C=U_AI_A\cos\varphi_A+U_BI_B\cos\varphi_B+U_CI_C\cos\varphi_C \qquad (10-21)$$

在对称三相电路中，$U_A=U_B=U_C=U_P$，$I_A=I_B=I_C=I_P$，$\varphi_A=\varphi_B=\varphi_C=\varphi$，所以

$$P=3U_PI_P\cos\varphi \qquad (10-22)$$

如果负载为星型连接，则 $U_P=\dfrac{U_1}{\sqrt{3}}$，$I_P=I_1$；如果负载为三角型连接，则 $U_P=U_1$，$I_P=\dfrac{I_1}{\sqrt{3}}$，所以式(10-22)可以统写为

$$P=\sqrt{3}U_1I_1\cos\varphi \qquad (10-23)$$

值得注意的是，式(10-23)中 $U_L$、$I_L$ 是线电压和线电流，$\varphi$ 是相电压与相电流之间的相位差。

### 2. 三相电路的无功功率

在三相电路中，三相电源的无功功率也等于三相负载的无功功率，即等于各相无功功率之和，表示如下

$$Q=Q_A+Q_B+Q_C=U_AI_A\sin\varphi_A+U_BI_B\sin\varphi_B+U_CI_C\sin\varphi_C \qquad (10-24)$$

同平均功率分析过程一样，不管以哪种方式连接，都有

$$Q=\sqrt{3}U_1I_1\sin\varphi \qquad (10-25)$$

### 3. 三相电路的视在功率

与单相电路相同，三相电路的视在功率可以表示为

$$S=\sqrt{P^2+Q^2} \qquad (10-26)$$

而在对称三相电路中，有

$$S=3U_PI_P=\sqrt{3}U_1I_1 \qquad (10-27)$$

### 4. 三相电路的瞬时功率

为了研究问题的方便，在此仅讨论对称三相电路的瞬时功率，它等于各相电路的瞬时功率之和。首先，以 Y 型连接为例讨论三相电路负载的瞬时功率。设各相负载在时域中的相电压分别为

$$u_A = \sqrt{2}U_P \sin \omega t$$

$$u_B = \sqrt{2}U_P \sin (\omega t - 120°)$$

$$u_C = \sqrt{2}U_P \sin (\omega t + 120°)$$

由于 $U_P$ 是相电压的有效值，所以乘以系数 $\sqrt{2}$。如负载 $Z_X = Z \angle \varphi$，则相电流滞后相电压 $\varphi$ 角，所以

$$i_A = \sqrt{2}I_P \sin (\omega t - \varphi)$$

$$i_B = \sqrt{2}I_P \sin (\omega t - 120° - \varphi)$$

$$i_C = \sqrt{2}I_P \sin (\omega t + 120° - \varphi)$$

式中 $I_P$ 是相电流的有效值。各相负载的瞬时功率为

$$P_A = u_A \cdot i_A = \sqrt{2}U_P \sin \omega t \cdot \sqrt{2}I_P \sin (\omega t - \varphi)$$
$$= U_P I_P [\cos \varphi - \cos (2\omega t - \varphi)]$$
$$P_B = u_B \cdot i_B = \sqrt{2}U_P \sin (\omega t - 120°) \cdot \sqrt{2}I_P \sin (\omega t - 120° - \varphi)$$
$$= U_P I_P [\cos \varphi - \cos (2\omega t + 120° - \varphi)]$$
$$P_C = u_C \cdot i_C = \sqrt{2}U_P \sin (\omega t + 120°) \cdot \sqrt{2}I_P \sin (\omega t + 120° - \varphi)$$
$$= U_P I_P [\cos \varphi - \cos (2\omega t - 120° - \varphi)]$$

各相负载的瞬时功率之和为

$$p = p_A + p_B + p_C = 3U_P I_P \cos \varphi = P \tag{10-28}$$

由以上分析可知，对称三相电路的总瞬时功率是一个常数，等于三相电路的平均功率。这个结论对负载 Y 型连接和 △ 连接都适用，这也是三相制的优点之一。不管是三相发电机还是三相电动机，它的瞬时功率是一个常数，这就意味着它们的机械转矩是恒定的，从而避免运转时的振动，使得运行更加平稳。

【例 10.4】 一台三相异步电动机，铭牌上额定电压是 220/380V，接线是 △/Y，额定电流是 11.2/6.48A，$\cos \varphi = 0.84$。试分别求出电源线电压为 380V 和 220V 时，输入电动机的电功率。

**解：** (1)电源线电压为 380V，按铭牌规定电动机绕组应连接成星型，输入功率为

$$P = \sqrt{3}U_L I_L \cos \varphi$$
$$= 1.732 \times 380 \times 6.48 \times 0.84$$
$$= 3577W$$
$$\approx 3.6kW$$

(2) 电源线电压为 220V，按铭牌规定电动机绕组应连接成三角型，输入功率为

$$P = \sqrt{3}U_L I_L \cos \varphi$$
$$= 1.732 \times 220 \times 11.2 \times 0.84$$
$$= 3584W$$
$$\approx 3.6kW$$

通过此例可知，只要按照铭牌的规定去接线，电动机的输入电功率是一样的。

5. 三相功率的测量

1）三相四线制电路

在三相四线制电路中，当负载不对称时须用 3 个单相功率表测量三相负载的功率，如图 10.14 所示，这种测量方法称为三瓦计法。在三相四线制电路中，当负载对称时，只需要用一个单相功率表测量三相负载的功率，图 10.14 中的任意一个功率表都可以测量，此时电路总功率可表示为

$$P = 3P_A = 3P_B = 3P_C \tag{10-29}$$

也就是任意一相电表的测量功率都是总功率的 $\frac{1}{3}$，该测量方法称为一瓦计法。

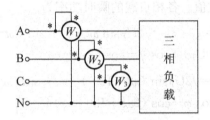

图 10.14　三瓦计法测功率

2）三相三线制电路

对于三相三线制电路，不管负载对称还是不对称，也不管负载是星型还是三角型连接，都可以用两个单相功率表测量三相负载的功率，如图 10.15 所示，这种测量方法称为二瓦计法。

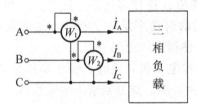

图 10.15　二瓦计法测功率

在图 10.14 所示的电路中，线电流从 * 端分别流入两个功率表的电流线圈（图中 $\dot{I}_A$、$\dot{I}_B$），它们的电压线圈的非 * 端共同接到非电流线圈所在的第三条端线上，由此可见，这种测量方法使功率表的接线只触及端线，而与负载和电源的连接方式无关。

设两个功率表的读数分别用 $P_1$ 和 $P_2$ 表示，根据功率表的工作原理，有

$$P_1 = \text{Re}[\dot{U}_{AC}\dot{I}_A^*]$$

$$P_2 = \text{Re}[\dot{U}_{BC}\dot{I}_B^*]$$

所以　　　　　　$$P_1 + P_2 = \text{Re}[\dot{U}_{AC}\dot{I}_A^* + \dot{U}_{BC}\dot{I}_B^*]$$

又因为　　　$$\dot{U}_{AC} = \dot{U}_A - \dot{U}_C \quad \dot{U}_{BC} = \dot{U}_B - \dot{U}_C \quad \dot{I}_A^* + \dot{I}_B^* = -\dot{I}_C^*$$

$$P_1+P_2=\mathrm{Re}\,[\dot{U}_{\mathrm{AC}}\overset{*}{I}_{\mathrm{A}}+\dot{U}_{\mathrm{BC}}\overset{*}{I}_{\mathrm{B}}]$$

所以
$$=\mathrm{Re}\,[A+\tilde{S}_{\mathrm{B}}+\tilde{S}_{\mathrm{C}}]$$

$$=\mathrm{Re}\,[\tilde{S}]$$

而 $\mathrm{Re}\,[\tilde{S}]$ 正是图 10.14 中三相负载的有功功率，也就是平均功率，在对称三相制中令 $\dot{U}_{\mathrm{A}}=U_{\mathrm{A}}\angle0^\circ$，$\dot{I}_{\mathrm{A}}=I_{\mathrm{A}}\angle-\varphi$，则有

$$\left.\begin{array}{l} P_1=\mathrm{Re}\,[\dot{U}_{\mathrm{AC}}\overset{*}{I}_{\mathrm{A}}]=U_{\mathrm{AC}}I_{\mathrm{A}}\cos\,(\varphi-30^\circ)\\[2mm] P_2=\mathrm{Re}\,[\dot{U}_{\mathrm{BC}}\overset{*}{I}_{\mathrm{B}}]=U_{\mathrm{BC}}I_{\mathrm{B}}\cos\,(\varphi+30^\circ) \end{array}\right\} \qquad (10-30)$$

式中 $\varphi$ 为负载的阻抗角。值得注意的是，在一定条件下，两个功率表之一的读数可能为负，求代数和时读数应取负值。所以，单独一个功率表的读数是没有意义的。

## 10.6 小　　结

在三相供电系统中，将频率相同、电压幅值相同、相位依次相差120°的三相电源称为对称三相电源，它们的瞬时表达式为

$$\left.\begin{array}{l} u_{\mathrm{A}}=\sqrt{2}U\sin\,(\omega t)\\[2mm] u_{\mathrm{B}}=\sqrt{2}U\sin\,(\omega t-120^\circ)\\[2mm] u_{\mathrm{C}}=\sqrt{2}U\sin\,(\omega t+120^\circ) \end{array}\right\}$$

星型连接电源电路中线电压 $U_{\mathrm{L}}$ 是相电压 $U_{\mathrm{P}}$ 的 $\sqrt{3}$ 倍，线电压 $\dot{U}_{\mathrm{AB}}$ 超前相电压 $\dot{U}_{\mathrm{A}}$ 30°；三角型连接电源电路中线电压等于相电压。

由对称负载组成的三相电路称为对称三相电路；由不对称负载组成的三相电路称为不对称三相电路。在分析对称三相电路时，要注意由于电路的对称性而引起的一些特殊规律性。利用这些规律性可以简化三相电路的分析计算。

三相电路的瞬时功率为各相负载瞬时功率之和，即：$p=p_{\mathrm{A}}+p_{\mathrm{B}}+p_{\mathrm{C}}$。如果三相负载对称，无论负载是星型连接还是三角型连接，各相功率都是相等的，因此三相功率是每相功率的 3 倍，即

$$\left.\begin{array}{l} P=3U_{\mathrm{P}}I_{\mathrm{P}}\cos\,\varphi=\sqrt{3}U_1I_1\cos\,\varphi\\[2mm] Q=3U_{\mathrm{P}}I_{\mathrm{P}}\sin\,\varphi=\sqrt{3}U_1I_1\sin\,\varphi\\[2mm] S=3U_{\mathrm{P}}I_{\mathrm{P}}=\sqrt{3}U_1I_1 \end{array}\right\}$$

最后，简单介绍了测量三相功率的方法。

## 阅 读 材 料

### 三相电和电压

1. 采用三相电的原因

20 世纪初的时候，大家在建立电力系统的各种模型时，发现多相电有很多好处，而

三相电经过比较被最后选定。三相电的具体好处在哪里呢？

三相交流电在交流电机定子绕组中可以产生旋转磁场，而且这个磁场是稳定的具有固定旋转方向的旋转磁场，四相及以上的交流电在设计上不够经济，而正交排列的两相系统也能构成旋转磁场，但是不具有固定的旋转方向，这会造成电机极矩下线圈无法均布，从而不但降低电机容量，还会产生主磁场的严重畸变。

此外，三相供电系统具有很多优点，为各国广泛采用。在发电方面，相同尺寸的三相发电机比单项发电机的功率大，在三相负载相同的情况下，发电机转矩恒定，有利于发电机的工作；在传输方面，三相系统比单相系统节省传输线，三相变压器比单相变压器经济；在用电方面，三相电容易产生旋转磁场使三相电动机平稳转动。

2. 各国电压的差异

目前世界各国室内用电所使用的电压大体有两种，即 $100\sim127V$ 与 $220\sim240V$ 两个类型。$100\sim127V$ 被归为低压，采用的国家有美国和日本等，为此它的设备都是按照这样的低电压设计的，注重的是安全。$220\sim240V$ 则视为高压，使用国家包括了中国($220V$)、英国($230V$)和很多欧洲国家，注重的效率。

# 习 题

一、填空题

1. 在三相交流电路中，负载的连接方法有（　　）和（　　）两种。

2. 3个电动势的（　　）相等，（　　）相同，（　　）互差120°，就称为对称三相电动势。

3. 三相电压的相序 A－B－C 称为（　　），工程上通用的相序是（　　）。

4. 在三相电源中，流过端线的电流称为（　　），三相变压器可接成（　　）或（　　）型。

5. 三相电源作 Y 型连接时，由各相首端向外引出的输电线俗称（　　）线，由各相尾端公共点向外引出的输电线俗称（　　）线，这种供电方式称为（　　）制。

6. 火线与火线之间的电压称为（　　）电压，火线与零线之间的电压称为（　　）电压。电源 Y 型连接时，数量上 $U_L=$（　　）$U_P$；若电源作 △ 型连接，则数量上 $U_L=$（　　）$U_P$。

7. 火线上通过的电流称为（　　）电流，负载上通过的电流称为（　　）电流。当对称三相负载作 Y 型连接时，数量上 $I_L=$（　　）$I_P$；当对称三相负载 △ 型连接，$I_L=$（　　）$I_P$。

8. 对称三相电路中，三相总有功功率 $P=$（　　）；三相总无功功率 $Q=$（　　）；三相总视在功率 $S=$（　　）。

9. 若（　　）接的三相电源绕组有一相不慎接反，就会在发电机绕组回路中出现 $2\dot{U}_p$，这将使发电机因（　　）而烧损。

10. 当三相电路对称时，三相瞬时功率之和是一个（　　），其值等于三相电路的（　　）功率，由于这种性能，使三相电动机的稳定性高于单相电动机。

二、选择题

1. 某三相四线制供电电路中，相电压为 220V，则火线与火线之间的电压为（　　）。
　　　A. 220V　　　　　　　　B. 311V　　　　　　　　C. 380V

2. 在电源对称的三相四线制电路中，若三相负载不对称，则该负载各相电压（　　）。
　　　A. 不对称　　　　　B. 仍然对称　　　　　C. 不一定对称

3. 三相对称交流电路的瞬时功率为(　　)。

　　A. 随时间变化的量　　　　B. 等于有功功率的常量　　C. 0

4. 三相发电机绕组接成三相四线制，测得 3 个相电压 $U_A = U_B = U_C = 220V$，三个线电压 $U_{AB} = 380V$，$U_{BC} = U_{CA} = 220V$，这说明(　　)。

　　A. A相绕组接反了　　　　　B. B相绕组接反了　　　　　C. C相绕组接反了

5. 某对称三相电源绕组为 Y 型连接，已知 $\dot{U}_{AB} = 380\angle15°V$，当 $t = 10s$ 时，3 个线电压之和为(　　)。

　　A. 380V　　　　　　　　B. 0V　　　　　　　　C. $380/\sqrt{3}$ V

6. 某三相电源绕组连成 Y 型时线电压为 380V，若将它改接成 △ 型连接，线电压为(　　)。

　　A. 380V　　　　　　　　B. 660V　　　　　　　　C. 220V

7. 已知 $X_C = 6\Omega$ 的对称纯电容负载作 △ 型连接，与对称三相电源相接后测得各线电流均为 10A，则三相电路的视在功率为(　　)。

　　A. 1800VA　　　　　　B. 600VA　　　　　　C. 600W

8. 测量三相交流电路的功率有很多方法，其中三瓦计法是测量(　　)。

　　A. 三相三线制电路

　　B. 对称三相三线制电路

　　C. 三相四线制电路

9. 三相四线制电路，已知 $\dot{I}_A = 10\angle20°A$，$\dot{I}_B = 10\angle-100°A$，$\dot{I}_C = 10\angle140°A$，则中线电流 $\dot{I}_N$ 为(　　)。

　　A. 10A　　　　　　　　B. 0A　　　　　　　　C. 30A

10. 三相对称电路是指(　　)。

　　A. 电源对称的电路

　　B. 负载对称的电路

　　C. 电源和负载均对称的电路

三、计算题

1. 三相发电机作 Y 型连接，如果有一相接反，如 C 相，设相电压为 $U$，试问 3 个线电压为多少，画出电压相量图。

2. 三相相等的复阻抗 $Z = (40+j30)\Omega$，Y 型连接，其中点与电源中点通过阻抗 $Z_N$ 相连接。已知对称电源的线电压为 380V，求负载的线电流、相电流、线电压、相电压和功率，并画出相量图。设(1) $Z_N = 0$，(2) $Z_N = \infty$，(3) $Z_N = (1+j0.9)\Omega$。

3. 在三相四线制 Y—Y 电路中，已知线电压 $U_{AB} = \sqrt{2}\times380\times\sin(314t+30°)V$，星型负载每相电阻 $R = 6\Omega$，每相电抗 $X_L = 8\Omega$。求相电流 $\dot{I}_A$、$\dot{I}_B$、$\dot{I}_C$。

4. 已知对称三相电路的线电压为 380V(电源端)，三角型负载阻抗 $Z = (4.5+j14)\Omega$，端线阻抗 $Z = (1.5+j2)\Omega$。求线电流和负载的相电流，并画出相量图。

5. 对称三相电源，线电压为 380V，接有两组电阻性对称负载，如图 10.16 所示，已知 Y 型连接组的电阻为 $R_1 = 10\Omega$，△型连接组的电阻为 $R_2 = 38\Omega$，求输电线路的电流 $\dot{I}_A$。

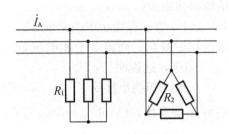

图 10.16　习题 5 图

6. 星型连接的对称三相负载，每相阻抗为 $Z=(16+j12)\,\Omega$，接于线电压为 380V 的对称三相电源，试求线电流 $I_L$、有功功率 $P$、无功功率 $Q$ 和视在功率 $S$。

7. 对称三相感性负载接在对称线电压 380V 上，测得输入线电流为 12.1A，输入功率为 5.5kW，求功率因数和无功功率。

8. 图 10.17 所示电路中的 $\dot{U}_S$ 是频率 $f=50$Hz 的正弦电压源。若要使 $\dot{U}_{AO}$、$\dot{U}_{BO}$、$\dot{U}_{CO}$ 构成对称三相电压，试求 $R$、$L$、$C$ 之间应当满足什么关系。设 $R=20\,\Omega$，求 $L$ 和 $C$ 的值。

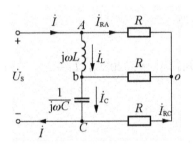

图 10.17　习题 8 图

9. 图 10.18 所示为对称三相电路，线电压为 380V，相电流 $I_{A'B'}=2$A。求功率表的读数。

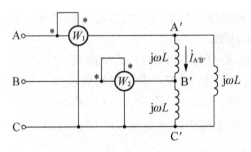

图 10.18　习题 9 图

10. 对称三相电炉作三角型连接，每相电阻为 $R=38\,\Omega$，接于线电压 $U_L=380$V 的对称三相电源，试求负载相电流 $I_P$、线电流 $I_L$ 和三相功率 $P$。

# 第11章

# 二端口网络

二端口网络在整个电路理论及其分析中是十分有用的，它试图通过一种简单的方式来分析复杂的网络，对于二端口网络的分析仅仅关注其对外特性即可，而不必研究具体内部网络结构及其具体器件构成。本章要求学生了解二端口网络的概念和特点，掌握二端口网络的方程及参数，能较为熟练地计算二端口网络的参数，并通过二端口网络等效概念掌握其等效计算的方法，了解二端口网络的输入电阻、输出电阻及特性阻抗的定义及计算方法。

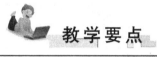 教学要点

| 知 识 要 点 | 掌 握 程 度 |
|---|---|
| 二端口网络的方程和参数 | (1) 了解二端口网络的概念<br>(2) 熟练掌握二端口网络的基本方程和参数 |
| 二端口网络的等效网络 | (1) 理解无源二端口网络的 $T$ 形等效电路<br>(2) 理解无源二端口网络的 $\pi$ 形等效电路。 |
| 二端口网络的互连 | (1) 了解二端口的级联<br>(2) 理解二端口的串联及并联 |
| 有载二端口网络 | (1) 了解输入阻抗和输出阻抗<br>(2) 理解传输函数 |
| 二端口网络的特性阻抗 | (1) 了解二端口网络匹配<br>(2) 了解二端口网络的特性阻抗 |

引例：二端口网络实际应用

在电子工程实际应用中，许多电路都是通过端口和外部电路相联的，例如，相移器、衰减器、滤波电路等，这些电路都属于二端口网络，如图11.0所示。

相移器是一种在阻抗匹配条件下的相移网络。在规定的信号频率下，使输出信号与输入信号之间达到预先给定的相移关系。相移器通常由电抗元件构成，由于电抗元件的值是频率的函数，所以一个参数值确定的相移器，只对某一特定频率产生预定的相移。另外，

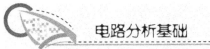

电抗元件在传输信号时，本身不消耗能量，所以传输过程中无衰减。

衰减器是一种能够调整信号强弱的二端口网络。当信号通过衰减器时，衰减器可以在很宽的频率范围内进行匹配，在匹配过程中不产生相移。

滤波器是一种能够对信号频率进行选择的二端口网络，可分为低通滤波器、高通滤波器、带通滤波器、带阻滤波器4种类型，广泛应用于电子技术中。滤波器主要依据 L 和 C 的频率特性进行工作，例如，电感元件有利于低频电流通过，电容元件则对高频电流呈现极小电抗，利用这种特性进行组合构成不同类型的滤波器。

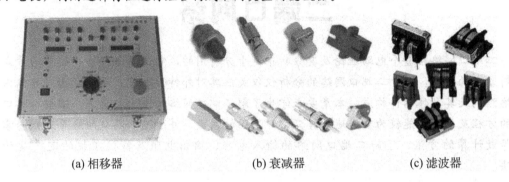

(a) 相移器　　　　　　　(b) 衰减器　　　　　　　(c) 滤波器

图 11.0　二端口网络实际应用电路

# 11.1　二端口网络的方程和参数

### 11.1.1　二端口网络的概念

前面讨论的电路分析主要属于这样一类问题：在一个电路及其输入已经给定的情况下，如何去计算一条或多条支路的电压和电流。如果一个复杂的电路只有两个端子向外连接，且仅对外接电路中的情况感兴趣，则该电路称为一端口网络，如图 11.1(a)所示。一端口网络不论其内部电路简单或复杂，就其外特性来说，可以用一个具有一定内阻的电源进行置换，以便在分析某个局部电路工作关系时，使分析过程得到简化。在工程实际问题中遇到的问题还常常涉及两对端子之间的关系，如变压器、滤波器、放大器、反馈网络等。对于这些电路，都可以将两对端子之间的电路概括在一个方框中，如图 11.1(b)所示，其中左、右两对端子都满足：对于所有的时间，从一个端子流入电路的电流等于从另一个端子流出电路的电流，这样的电路可称为二端口网络，简称二端口。

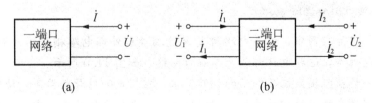

(a)　　　　　　　　　　(b)

图 11.1　端口网络

通常左边一对端钮与输入信号联结，称为输入端口，其电压、电流用下标 1 表示；右边一对端钮与负载相联，称为输出端口，其电压、电流用下标 2 表示。

用二端口概念分析电路时，仅对二端口处的电流、电压之间的关系感兴趣，这种相互关系可以通过一些参数表示，而这些参数只决定于构成二端口本身的元件及它们的连接方式。一旦确定表征这个二端口的参数后，当一个端口的电压、电流发生变化，要找出另外一个端口上的电压、电流就比较容易了。同时，还可以利用这些参数比较不同的二端口在传递电能和信号方面的性能，从而评价它们的质量。一个任意复杂的二端口，还可以看作由若干简单的二端口组成。如果已知这些简单的二端口的参数，那么，根据它们与复杂二端口的关系就可以直接求出后者的参数，从而找出后者在两个端口处的电压与电流关系，而不再涉及原来复杂电路内部的任何计算。总之，这种分析方法有它的特点，与前面介绍的一端口有类似的地方。

当一个二端口网络的端口处电流与电压满足线性关系时，则该二端口网络称为线性二端口网络。通常线性二端口网络内的所有元件都是线性元件，如电阻、电容、电感等。否则二端口网络为非线性网络。如果一个二端口网络内部不含有任何独立电源和受控源，则称其为无源二端口网络，否则称为有源二端口网络。

### 11.1.2 二端口网络的基本方程和参数

在实际应用过程中，不少电路(如集成电路)制作完成后就被封装起来，无法看到其具体的结构。在分析这类电路时，只能通过其引线端或端口处电压与电流的相互关系，来表征电路的功能。而这种相互关系，可以用一些参数来表示，这些参数只决定于网络本身的结构和内部元件，一旦表征这个端口网络的参数确定之后，当一个端口的电压和电流发生变化时，利用网络参数就可以很容易找出另一个端口的电压和电流。利用这些参数还可以比较不同网络在传递电能和信号方面的性能，从而评价端口网络的质量。

一个二端口网络输入端口和输出端口的电压和电流共有 4 个，即 $\dot{U}_1$、$\dot{I}_1$、$\dot{U}_2$、$\dot{I}_2$。在分析二端口网络时，通常是已知其中的两个电量，求出另两个电量。因此由这 4 个物理量构成的组合，共有 6 组关系式，其中 4 组为常用关系式。

1. 二端口网络的 $Z$ 参数

在图 11.2(a)所示的无源线性二端口网络中，已知电流 $\dot{I}_1$ 和 $\dot{I}_2$，求端口电压 $\dot{U}_1$ 和 $\dot{U}_2$，下面以图 11.2(b)所示电路为例，列写其关系式。

根据基尔霍夫第二定律，列写出的两个回路电压方程如下

$$\dot{U}_1 = (Z_1 + Z_3)\dot{I}_1 + Z_3 \dot{I}_2$$

$$\dot{U}_2 = Z_3 \dot{I}_1 + (Z_2 + Z_3)\dot{I}_2$$

令

$$Z_{11} = Z_1 + Z_3 \qquad Z_{12} = Z_3$$

$$Z_{21} = Z_3 \qquad Z_{22} = Z_2 + Z_3$$

将它们代入上式，得阻抗方程的一般表示形式

$$\dot{U}_1 = Z_{11}\dot{I}_1 + Z_{12}\dot{I}_2$$

$$\dot{U}_2 = Z_{21}\dot{I}_1 + Z_{22}\dot{I}_2 \tag{11-1}$$

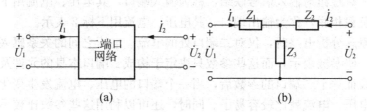

(a)　　　　　　　　　　　　　(b)

**图 11.2　无源线性二端口网络**

式(11-1)称为二端口网络的阻抗参数方程或 $Z$ 参数方程。式(11-1)还可以写成如下的矩阵形式

$$\begin{bmatrix} \dot{U}_1 \\ \dot{U}_2 \end{bmatrix} = \begin{bmatrix} Z_{11} & Z_{12} \\ Z_{21} & Z_{22} \end{bmatrix} \begin{bmatrix} \dot{I}_1 \\ \dot{I}_2 \end{bmatrix} = \mathbf{Z} \begin{bmatrix} \dot{I}_1 \\ \dot{I}_2 \end{bmatrix}$$

其中，

$$\mathbf{Z} = \begin{bmatrix} Z_{11} & Z_{12} \\ Z_{21} & Z_{22} \end{bmatrix}$$

称为二端口的 $Z$ 参数矩阵或开路阻抗矩阵，$Z_{11}$、$Z_{12}$、$Z_{21}$、$Z_{22}$ 称为二端口的 $Z$ 参数，其值取决于网络的内部元件的参数、连接方式等，具有阻抗性质。

二端口网络 $Z$ 参数的物理意义，可由式(11-1)推导而得。当在输入端口施加一个电流源 $\dot{I}_1$，输出端口开路时，即 $\dot{I}_2 = 0$，这时有

$$Z_{11} = \frac{\dot{U}_1}{\dot{I}_1} \bigg|_{\dot{I}_2 = 0} \tag{11-2}$$

即 $Z_{11}$ 是输出端口开路时在输入端口处的输入阻抗，称为开路输入阻抗。

$$Z_{21} = \frac{\dot{U}_2}{\dot{I}_1} \bigg|_{\dot{I}_2 = 0} \tag{11-3}$$

$Z_{21}$ 是输出端口开路时出口对入口的开路转移阻抗，表示一个端口的电压与另一个端口的电流之间的关系。

同理，当输出端口外施电流源 $\dot{I}_2$，而输入端口开路时，$\dot{I}_1 = 0$，有

$$Z_{22} = \frac{\dot{U}_2}{\dot{I}_2} \bigg|_{\dot{I}_2 = 0} \tag{11-4}$$

即 $Z_{22}$ 是输入端口开路时在输出端口处的输出阻抗，称为开路输出阻抗。

$$Z_{12} = \frac{\dot{U}_1}{\dot{I}_2} \bigg|_{\dot{I}_2 = 0} \tag{11-5}$$

即 $Z_{12}$ 是输入端口开路时入口对出口的开路转移阻抗。

对于无源线性二端口网络利用互易定理可以得到证明，当输入和输出互换位置时，不会改变由同一激励所产生的响应。由此得出

$$Z_{12} = Z_{21} \tag{11-6}$$

的结论。即满足互易定理的无源线性二端口网络的 $Z$ 参数中，只有 3 个参数是独立的。

如果一个二端口网络除了 $Z_{12} = Z_{21}$，还有

$$Z_{11} = Z_{22} \tag{11-7}$$

则此二端口网络的两个端口互换位置后与外电路连接，其外部特性将不会有任何变化。也就是说，从任何一端口看进去，它的电气特性是一样的，这样的二端口称为对称二端口网络。

**【例 11.1】** 写出图 11.3 电路的 $Z$ 参数方程。

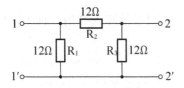

**图 11.3　例 11.1 的图**

**解：** 根据 $Z$ 参数的定义，将输出端 $22'$ 开路得

$$Z_{11}=\frac{\dot{U}_1}{\dot{I}_1}\Big|_{\dot{I}_2=0}=R_1 /\!/ (R_2+R_3)=8\Omega$$

$$Z_{21}=\frac{\dot{U}_2}{\dot{I}_1}\Big|_{\dot{I}_2=0}=\frac{R_2}{R_2+R_3}Z_{11}=4\Omega$$

因为该电路是对称无源线性二端口网络，所以 $Z_{22}=Z_{11}$，$Z_{12}=Z_{21}$，$Z$ 参数方程为

$$\dot{U}_1=8\dot{I}_1+4\dot{I}_2$$
$$\dot{U}_2=4\dot{I}_1+8\dot{I}_2$$

**2. 二端口网络的 Y 参数**

假定二端口网络端口电压 $\dot{U}_1$ 和 $\dot{U}_2$ 已知，可利用替代定理把两个端口电压 $\dot{U}_1$ 和 $\dot{U}_2$ 都看成是外施的独立电压源，可以利用式(11-1)解出输入电流 $\dot{I}_1$ 和输出电流 $\dot{I}_2$ 的表示式

$$\dot{I}_1=\frac{Z_{22}}{Z_{11}Z_{22}-Z_{12}Z_{21}}\dot{U}_1+\frac{-Z_{12}}{Z_{11}Z_{22}-Z_{12}Z_{21}}\dot{U}_2$$
$$\dot{I}_2=\frac{-Z_{21}}{Z_{11}Z_{22}-Z_{12}Z_{21}}\dot{U}_1+\frac{Z_{11}}{Z_{11}Z_{22}-Z_{12}Z_{21}}\dot{U}_2$$

(11-8)

式(11-8)简化后得到一般式

$$\dot{I}_1=Y_{11}\dot{U}_1+Y_{12}\dot{U}_2$$
$$\dot{I}_2=Y_{21}\dot{U}_1+Y_{22}\dot{U}_2$$

(11-9)

式(11-9)称为二端口网络的导纳参数方程或 $Y$ 参数方程，式(11-9)还可以写成如下的矩阵形式

$$\begin{bmatrix}\dot{I}_1\\\dot{I}_2\end{bmatrix}=\begin{bmatrix}Y_{11}Y_{12}\\Y_{21}Y_{22}\end{bmatrix}\begin{bmatrix}\dot{U}_1\\\dot{U}_2\end{bmatrix}=\boldsymbol{Y}\begin{bmatrix}\dot{U}_1\\\dot{U}_2\end{bmatrix}$$

其中，

$$\boldsymbol{Y}=\begin{bmatrix}Y_{11}Y_{12}\\Y_{21}Y_{22}\end{bmatrix}$$

称为二端口网络的 $Y$ 参数矩阵或短路导纳矩阵，$Y_{11}$、$Y_{12}$、$Y_{21}$、$Y_{22}$ 称为二端口的 $Y$ 参数，其值取决于网络的内部元件的参数、连接方式等，具有导纳性质。

二端口网络 $Y$ 参数的物理意义，可由式(11-9)推导得到。当输入端口外施电压 $\dot{U}_1$，输出端口短路即 $\dot{U}_2 = 0$ 时，有

$$Y_{11} = \frac{\dot{I}_1}{\dot{U}_1}\bigg|_{\dot{v}_2=0} \qquad (11-10)$$

即 $Y_{11}$ 是输出端口短路时在输入端口处的输入导纳，称为短路输入导纳。

$$Y_{21} = \frac{\dot{I}_2}{\dot{U}_1}\bigg|_{\dot{v}_2=0} \qquad (11-11)$$

$Y_{21}$ 是输出端口短路时出口对入口的短路转移导纳。

同理，当输出端口外施电压 $\dot{U}_2$，输入端口短路即 $\dot{U}_1 = 0$ 时，这时有

$$Y_{22} = \frac{\dot{I}_2}{\dot{U}_2}\bigg|_{\dot{v}_1=0} \qquad (11-12)$$

$Y_{22}$ 是输入端口短路时在输出端口处的输出导纳，称为短路输出导纳。

$$Y_{12} = \frac{\dot{I}_1}{\dot{U}_2}\bigg|_{\dot{v}_2=0} \qquad (11-13)$$

$Y_{12}$ 是输入端口短路时入口对出口的短路转移导纳。

同理，通过互易定理可以证明，对于无源线性二端口网络，$Y_{12} = Y_{21}$ 总是成立的。因此，任何一个无源线性二端口网络，只要 3 个独立的参数就足以表征它的性能。如果一个二端口的 $Y$ 参数，除了 $Y_{12} = Y_{21}$，还有 $Y_{11} = Y_{22}$，则此二端口网络称为对称二端口网络。

比较式(11-1)和式(11-9)可以看出，开路阻抗矩阵 $Z$ 与短路导纳矩阵 $Y$ 之间存在着互为逆阵的关系，即

$$Z = Y^{-1} \text{ 或 } Y = Z^{-1} \qquad (11-14)$$

式(11-14)也可以表示为

$$\begin{bmatrix} Z_{11} & Z_{12} \\ Z_{21} & Z_{22} \end{bmatrix} = \frac{1}{\Delta Y}\begin{bmatrix} Y_{22} & -Y_{12} \\ -Y_{21} & Y_{11} \end{bmatrix} \qquad (11-15)$$

式中：$\Delta Y = Y_{11}Y_{22} - Y_{12}Y_{21}$。

$Z$ 参数和 $Y$ 参数都可用来描述一个二端口的端口外特性。如果一个二端口的 $Y$ 参数已经确定，一般就可以用式(11-15)求出它的 $Z$ 参数，反之亦然。

对于含有受控源的线性二端口网络，利用特勒根定理可以证明，互易定理一般不再成立，因此 $Y_{12} \neq Y_{21}$、$Z_{12} \neq Z_{21}$。

### 3. 二端口网络的 $T$ 参数

在许多工程实际问题中，往往希望找到一个端口的电压、电流与另一个端口的电压和电流的直接关系，例如，传输线的入口和出口之间的关系；放大器、滤波器的输入和输出之间的关系。另外，有些二端口并不同时存在阻抗矩阵和导纳矩阵表达式；或者既没有阻抗矩阵表达式，又无导纳矩阵表达式。例如，理想变压器就属这类二端口。这种情况下，一般用 $T$ 参数或 $A$ 参数来描述二端口网络的对外电气特性。

在已知二端口网络的输出电压 $\dot{U}_2$ 和电流 $\dot{I}_2$，求解二端口网络的输入电压 $\dot{U}_1$ 和电流 $\dot{I}_1$，

用 $T$ 参数建立输出信号与输入信号之间的关系。当选择电流的参考方向为流入二端口网络时，$T$ 参数方程的一般形式为

$$\left.\begin{aligned}\dot{U}_1 &= T_{11}\dot{U}_2 + T_{12}(-\dot{I}_2)\\ \dot{I}_1 &= T_{21}\dot{U}_2 + T_{22}(-\dot{I}_2)\end{aligned}\right\} \tag{11-16}$$

若选择输出电流的参考方向为流出二端口网络时，方程中电流 $\dot{I}_2$ 符号为"＋"。式(11-16)写成矩阵形式时，有

$$\begin{bmatrix}\dot{U}_1\\ \dot{I}_1\end{bmatrix} = \begin{bmatrix}T_{11} & T_{12}\\ T_{21} & T_{22}\end{bmatrix}\begin{bmatrix}\dot{U}_2\\ -\dot{I}_2\end{bmatrix} = \boldsymbol{T}\begin{bmatrix}\dot{U}_2\\ -\dot{I}_2\end{bmatrix} \tag{11-17}$$

其中，令

$$\boldsymbol{T} = \begin{bmatrix}T_{11} & T_{12}\\ T_{21} & T_{22}\end{bmatrix}$$

$\boldsymbol{T}$ 称为 $T$ 参数矩阵。

二端口网络 $T$ 参数的物理意义，可由式(11-16)推导得到。当输出端口开路时，有

$$T_{11} = \left.\frac{\dot{U}_1}{\dot{U}_2}\right|_{\dot{I}_2=0} \tag{11-18}$$

$$T_{21} = \left.\frac{\dot{I}_1}{\dot{U}_2}\right|_{\dot{I}_2=0} \tag{11-19}$$

式(11-18)和式(11-19)是假设 $\dot{I}_2=0$ 的情况下得到的，因此 $T_{11}$ 称为开路反向转移电压比，$T_{21}$ 称为开路反向转移导纳。

当输出端口短路时，有

$$T_{12} = \left.\frac{\dot{U}_1}{-\dot{I}_2}\right|_{\dot{U}_2=0} \tag{11-20}$$

$$T_{22} = \left.\frac{\dot{I}_1}{-\dot{I}_2}\right|_{\dot{U}_2=0} \tag{11-21}$$

式(11-20)和式(11-21)是假设 $\dot{U}_2=0$ 的情况下得到的，因此 $T_{12}$ 称为短路反向转移阻抗，$T_{22}$ 称为短路反向转移电流比。$T$ 参数都具有转移参数性质。

由 $T$ 参数建立的方程主要用于研究网络传输问题。当二端口网络为无源线性网络时，$T_{11}T_{22} - T_{12}T_{21} = 1$，$T$ 参数中有 3 个是独立的。如果网络是对称的，则 $T_{11} = T_{22}$，这时 $T$ 参数中只有两个是独立的。

### 4. 二端口网络的 $H$ 参数

当在二端口网络的入口加电流源，在出口加电压源，其对外电气特性通常用 $H$ 参数描述，$H$ 参数又称为混合参数。已知二端口网络的输出电压 $\dot{U}_2$ 和输入电流 $\dot{I}_1$，求解二端口网络的输入电压 $\dot{U}_1$ 和输出电流 $\dot{I}_2$ 时，当选择电流的参考方向为流入二端口网络时，二端口网络 $H$ 参数方程的一般形式为

$$\begin{aligned}\dot{U}_1 &= H_{11}\dot{I}_1 + H_{12}\dot{U}_2\\ \dot{I}_2 &= H_{21}\dot{I}_1 + H_{22}\dot{U}_2\end{aligned} \tag{11-22}$$

式(11-22)可用矩阵形式表示

$$\begin{bmatrix} \dot{U}_1 \\ \dot{I}_2 \end{bmatrix} = \begin{bmatrix} H_{11} & H_{12} \\ H_{21} & H_{22} \end{bmatrix} \begin{bmatrix} \dot{I}_1 \\ \dot{U}_2 \end{bmatrix} = H \begin{bmatrix} \dot{I}_1 \\ \dot{U}_2 \end{bmatrix} \tag{11-23}$$

式中：$H$ 称为 $H$ 参数矩阵，令

$$H = \begin{bmatrix} H_{11} & H_{12} \\ H_{21} & H_{22} \end{bmatrix}$$

$H$ 参数的物理意义可以这样来理解。假设输出端口短路，即 $\dot{U}_2 = 0$ 有

$$H_{11} = \frac{\dot{U}_1}{\dot{I}_1}\bigg|_{\dot{U}_2=0} \tag{11-24}$$

$$H_{21} = \frac{\dot{I}_2}{\dot{I}_1}\bigg|_{\dot{U}_2=0} \tag{11-25}$$

$H_{11}$ 是出口短路时的输入阻抗，$H_{21}$ 是出口短路时的转移电流比。$H_{11}$ 和 $H_{21}$ 具有短路参数的性质。

当输入端口开路时，有

$$H_{12} = \frac{\dot{U}_1}{\dot{U}_2}\bigg|_{\dot{I}_1=0} \tag{11-26}$$

$$H_{22} = \frac{\dot{I}_2}{\dot{U}_2}\bigg|_{\dot{I}_1=0} \tag{11-27}$$

$H_{22}$ 是入口开路时的输出导纳，$H_{12}$ 是入口开路时反向转移电压比。$H_{12}$ 和 $H_{22}$ 具有开路参数的性质。

当二端口网络为无源线性网络时，$H$ 参数之间有 $H_{12} = -H_{21}$ 成立，$H$ 参数中有 3 个是独立的。如果二端口是对称的，则 $H_{11}H_{22} - H_{12}H_{21} = 1$，这时 $H$ 参数中只有两个是独立的。由 $H$ 参数建立的方程主要用于晶体管低频放大电路的分析。

【例 11.2】 写出图 11.4 电路的 $Z$ 参数方程。

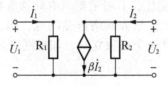

图 11.4 例 11.2 的图

**解：** 当输出端口短路时，得

$$H_{11} = \frac{\dot{U}_1}{\dot{I}_1}\bigg|_{\dot{U}_2=0} = R_1, \quad H_{21} = \frac{\dot{I}_2}{\dot{I}_1}\bigg|_{\dot{U}_2=0} = \beta$$

当输入端口开路时，得

$$H_{12} = \frac{\dot{U}_1}{\dot{U}_2}\bigg|_{\dot{I}_1=0} = 0, \quad H_{22} = \frac{\dot{I}_2}{\dot{U}_2}\bigg|_{\dot{I}_1=0} = \frac{1}{R_2}$$

所以
$$\boldsymbol{H}=\begin{bmatrix} H_{11} & H_{12} \\ H_{21} & H_{22} \end{bmatrix}=\begin{bmatrix} R_1 & 0 \\ \beta & \dfrac{1}{R_2} \end{bmatrix}$$

$Z$ 参数、$Y$ 参数、$T$ 参数、$H$ 参数之间的相互转换关系不难根据以上的基本方程推导出来，表 11-1 总结了这些关系。

表 11-1 参数转换关系

| | $Z$ 参数 | $Y$ 参数 | $H$ 参数 | $T(A)$ 参数 |
|---|---|---|---|---|
| $Z$ 参数 | $\begin{matrix} Z_{11} & Z_{12} \\ Z_{21} & Z_{22} \end{matrix}$ | $\begin{matrix} \dfrac{Y_{22}}{\Delta Y} & -\dfrac{Y_{12}}{\Delta Y} \\ -\dfrac{Y_{21}}{\Delta Y} & \dfrac{Y_{11}}{\Delta Y} \end{matrix}$ | $\begin{matrix} \dfrac{\Delta H}{H_{22}} & -\dfrac{H_{12}}{H_{22}} \\ -\dfrac{H_{21}}{H_{22}} & \dfrac{1}{H_{22}} \end{matrix}$ | $\begin{matrix} \dfrac{T_{11}}{T_{21}} & \dfrac{\Delta T}{T_{21}} \\ \dfrac{1}{T_{21}} & \dfrac{T_{22}}{T_{21}} \end{matrix}$ |
| $Y$ 参数 | $\begin{matrix} \dfrac{Z_{22}}{\Delta Z} & -\dfrac{Z_{12}}{\Delta Z} \\ -\dfrac{Z_{21}}{\Delta Z} & \dfrac{Z_{11}}{\Delta Z} \end{matrix}$ | $\begin{matrix} Y_{11} & Y_{12} \\ Y_{21} & Y_{22} \end{matrix}$ | $\begin{matrix} \dfrac{1}{H_{11}} & -\dfrac{H_{12}}{H_{11}} \\ \dfrac{H_{21}}{H_{11}} & \dfrac{\Delta H}{H_{11}} \end{matrix}$ | $\begin{matrix} \dfrac{T_{22}}{T_{12}} & -\dfrac{\Delta T}{T_{12}} \\ -\dfrac{1}{T_{12}} & \dfrac{T_{11}}{T_{12}} \end{matrix}$ |
| $H$ 参数 | $\begin{matrix} \dfrac{\Delta Z}{Z_{22}} & \dfrac{Z_{12}}{Z_{22}} \\ -\dfrac{Z_{21}}{Z_{22}} & \dfrac{1}{Z_{22}} \end{matrix}$ | $\begin{matrix} \dfrac{1}{Y_{11}} & -\dfrac{Y_{12}}{Y_{11}} \\ -\dfrac{Y_{21}}{Y_{11}} & \dfrac{\Delta Y}{Y_{11}} \end{matrix}$ | $\begin{matrix} H_{11} & H_{12} \\ H_{21} & H_{22} \end{matrix}$ | $\begin{matrix} \dfrac{T_{12}}{T_{22}} & \dfrac{\Delta T}{T_{22}} \\ -\dfrac{1}{T_{22}} & \dfrac{T_{21}}{T_{22}} \end{matrix}$ |
| $T(A)$ 参数 | $\begin{matrix} \dfrac{Z_{11}}{Z_{21}} & \dfrac{\Delta Z}{Z_{21}} \\ \dfrac{1}{Z_{21}} & \dfrac{Z_{22}}{Z_{21}} \end{matrix}$ | $\begin{matrix} -\dfrac{Y_{22}}{Y_{21}} & -\dfrac{1}{Y_{21}} \\ -\dfrac{\Delta Y}{Y_{21}} & -\dfrac{Y_{11}}{Y_{21}} \end{matrix}$ | $\begin{matrix} -\dfrac{\Delta H}{H_{21}} & -\dfrac{H_{11}}{H_{21}} \\ -\dfrac{H_{22}}{H_{21}} & -\dfrac{1}{H_{21}} \end{matrix}$ | $\begin{matrix} T_{11} & T_{12} \\ T_{21} & T_{22} \end{matrix}$ |

表中：
$$\Delta Z=\begin{vmatrix} Z_{11} & Z_{12} \\ Z_{21} & Z_{22} \end{vmatrix}, \quad \Delta Y=\begin{vmatrix} Y_{11} & Y_{12} \\ Y_{21} & Y_{22} \end{vmatrix}, \quad \Delta H=\begin{vmatrix} H_{11} & H_{12} \\ H_{21} & H_{22} \end{vmatrix}, \quad \Delta T=\begin{vmatrix} T_{11} & T_{12} \\ T_{21} & T_{22} \end{vmatrix}$$

# 11.2 二端口网络的等效网络

## 11.2.1 无源二端口网络的 T 型等效电路

根据等效变换的概念，当两个网络具有相同的端口特性时，这两个网络就称为等效网络。对于二端口而言，当两个二端口具有相同的参数时，这两个二端口的端口特性也相同，两者就互为等效网络。对于无源线性二端口网络，其 4 个参数中只有 3 个是独立的，所以不管其内部电路有多复杂，都可以用一个仅含 3 个阻抗(导纳)的简单二端口来等效替代。仅含 3 个阻抗(导纳)的二端口只有两种形式，即 T 型电路和 π 型电路。

已知一个复杂的无源线性二端口网络的 $Z$ 参数方程，当用一个 T 型网络电路（图 11.5）表示上述关系时，主要是找出 $Z_1$、$Z_2$、$Z_3$ 与 $Z$ 参数之间的关系。

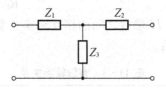

图 11.5 T 型等效电路

在 $Z$ 参数的推导过程中，得

$$Z_{11}=Z_1+Z_3 \qquad\qquad Z_{12}=Z_3$$
$$Z_{21}=Z_3 \qquad\qquad Z_{22}=Z_2+Z_3$$

将其联立求解得

$$\left.\begin{aligned}Z_1&=Z_{11}-Z_{12}\\Z_2&=Z_{22}-Z_{12}\\Z_3&=Z_{12}=Z_{21}\end{aligned}\right\} \tag{11-28}$$

如果给定二端口的其他参数，可根据其他参数和 $Z$ 参数的变换关系求出用其他参数来表示 T 型等效电路中的 $Z_1$、$Z_2$、$Z_3$。对于对称二端口网络，由于 $Z_{11}=Z_{22}$，故它的等效 T 形电路也一定是对称的，这时应有 $Z_1=Z_2$。

【例 11.3】 已知导纳方程为

$$\dot{I}_1=0.2\dot{U}_1-0.2\dot{U}_2$$
$$\dot{I}_2=-0.2\dot{U}_1+0.4\dot{U}_2$$

求该方程所表示的最简 T 型电路。

**解**：先求出 $Z$ 参数

$Z_{11}=10\Omega$，$Z_{12}=Z_{21}=5\Omega$，$Z_{22}=5\Omega$

再由 $Z$ 参数求出最简 T 型电路中 3 个阻抗的数值，得

$$Z_1=Z_{11}-Z_{12}=10-5=5\Omega$$
$$Z_2=Z_{22}-Z_{12}=5-5=0\Omega$$
$$Z_3=Z_{12}=Z_{21}=5\Omega$$

最简 T 型电路如图 11.5 所示。

### 11.2.2 无源二端口网络的 π 型等效电路

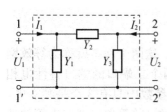

图 11.6 π 型等效电路

如果二端口给定的是 $Y$ 参数，宜先求出其 π 形等效电路中的 $Y_1$、$Y_2$、$Y_3$ 的值。为此，针对图 11.6 所示电路，按求 T 型电路相似的方法可得

$$Y_1=Y_{11}+Y_{12}$$
$$Y_2=-Y_{12}=-Y_{21} \tag{11-29}$$
$$Y_3=Y_{22}+Y_{21}$$

如果给定二端口的其他参数，可将其他参数变换为 $Y$ 参

数，然后由式(11 - 29)求出 $\pi$ 形等效电路的参数值。对于对称二端口网络，由于 $Y_{11} = Y_{22}$，故它的等效 $\pi$ 型电路也一定是对称的，这时应有 $Y_1 = Y_3$。

**【例 11.4】** 二端口网络如图 11.7(a)所示，求其 Y 参数和 $\pi$ 型等效电路。

**解：** 由图 11.7(a)可看出，这是一个对称二端口网络，因此只需求出 Y 参数中的 $Y_{11}$ 和 $Y_{21}$ 即可。

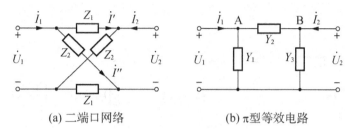

(a) 二端口网络      (b) $\pi$型等效电路

**图 11.7 例 11.4 的图**

将图 11.7(a)中的输出端口短路，使 $\dot{U}_2 = 0$，则

$$I_1 = \frac{U_1}{2\dfrac{Z_1 Z_2}{Z_1 + Z_2}} = \frac{(Z_1 + Z_2)U_1}{2Z_1 Z_2}$$

$$I' = I_1 \frac{Z_2}{Z_1 + Z_2} = \frac{U_1}{2Z_1}$$

$$I'' = I_1 \frac{Z_1}{Z_1 + Z_2} = \frac{U_1}{2Z_2}$$

根据 KCL 定律可求得

$$I_2 = I'' - I' = \frac{U_1}{2Z_2} - \frac{U_1}{2Z_1} = \frac{U_1(Z_1 - Z_2)}{2Z_1 Z_2}$$

因此

$$Y_{11} = \frac{I_1}{U_2}\bigg|_{U_2 = 0} = \frac{Z_1 + Z_2}{2Z_1 Z_2}$$

$$Y_{21} = \frac{I_2}{U_1}\bigg|_{U_1 = 0} = \frac{Z_1 - Z_2}{2Z_1 Z_2}$$

所得对称二端口网络的 $\pi$ 型等效电路如图 11.7 (b)所示，其中

$$Y_1 = Y_{11} + Y_{21} = \frac{Z_1 + Z_2}{2Z_1 Z_2} + \frac{Z_1 - Z_2}{2Z_1 Z_2} = \frac{1}{Z_2}$$

$$Y_2 = -Y_{21} = \frac{Z_2 - Z_1}{2Z_1 Z_2}$$

### 11.2.3 含源二端口网络的等效电路

若二端口网络的内部含受控源，那么二端口网络的 4 个参数将是相互独立的，故其等效二端口中应含有至少 4 个元件。若某含受控源的二端口网络的参数是以 Z 参数的形式给出的，其端口特性方程可改写为

$$\left.\begin{aligned}\dot{U}_1 &= Z_{11}\dot{I}_1 + Z_{12}\dot{I}_2 \\ \dot{U}_2 &= Z_{12}\dot{I}_2 + Z_{22}\dot{I}_2 + (Z_{21}-Z_{12})\dot{I}_1\end{aligned}\right\} \qquad (11-30)$$

式(11-30)中的最后一项可以用一个 CCVS 表示出来,其等效电路如图 11.8(a)所示。同理,用 $Y$ 参数表示的二端口网络可用图 11.8(b)所示的等效电路来替代,读者可自行证明其等效性。

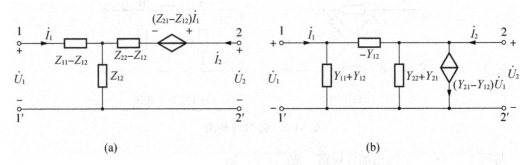

图 11.8　含受控源的二端口的等效电路

# 11.3　二端口网络的互连

一个复杂的二端口往往可以看成是由若干个简单二端口按某种方式连接而成的,这一个复杂的二端口称为复合二端口,构成这一个复合二端口的简单二端口就称为部分二端口。研究二端口的连接,就是要研究复合二端口的参数和部分二端口的参数之间的关系。

从电路分析方面而言,部分二端口的结构一般比较简单,其参数往往容易求得,在求得部分二端口的参数后,再根据部分二端口和复合二端口的关系就可以很容易地求得整个复合二端口的参数。从电路设计方面而言,按要求设计部分二端口后再加以连接,比直接设计整个复合二端口要简单得多。因此,研究二端口的连接有很重要的意义。

## 11.3.1　二端口的级联

图 11.9 即为由两个二端口 $N_1$ 和 $N_2$ 级联而成的复合二端口。设两个部分二端口 $N_1$ 和 $N_2$ 的 $T$ 参数分别为

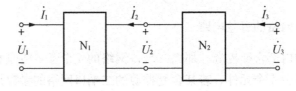

图 11.9　二端口的级联

根据 $T$ 参数的定义有

$$\begin{bmatrix} \dot{U}_1 \\ \dot{I}_1 \end{bmatrix} = T_1 \begin{bmatrix} \dot{U}_2 \\ -\dot{I}_2 \end{bmatrix}, \quad \begin{bmatrix} \dot{U}_2 \\ -\dot{I}_2 \end{bmatrix} = T_2 \begin{bmatrix} \dot{U}_3 \\ -\dot{I}_3 \end{bmatrix}$$

由以上两式可得

$$\begin{bmatrix} \dot{U}_1 \\ \dot{I}_1 \end{bmatrix} = T_1 T_2 \begin{bmatrix} \dot{U}_3 \\ -\dot{I}_3 \end{bmatrix} = T \begin{bmatrix} \dot{U}_3 \\ -\dot{I}_3 \end{bmatrix}$$

可见，整个复合二端口的 $T$ 参数和两个部分二端口的 $T$ 参数之间满足

$$T = T_1 T_2 \tag{11-31}$$

上述结论可推广到 $n$ 个二端口级联的情况，即若一复合二端口由 $n$ 个部分二端口级联而成，则复合二端口的 $T$ 参数和部分二端口的 $T$ 参数 $T_1$、$T_2$、$\cdots T_n$ 之间应满足

$$T = T_1 T_2 \cdots T_n \tag{11-32}$$

### 11.3.2 二端口的串联

图 11.10 所示即为由两个二端口串联而成的复合二端口。设两个部分二端口 $N_1$ 和 $N_2$ 的 $Z$ 参数分别为 $Z_1$ 和 $Z_2$。如果串联后，每个二端口的端口条件(即端口处从一个端子流入的电流等于从另一个端子流出的电流)不被破坏，可以证明，复合二端口的 $Z$ 参数和构成它的部分二端口的 $Z$ 参数之间的满足

$$Z = Z_1 + Z_2 \tag{11-33}$$

上述结论可推广到多个二端口串联的情况。

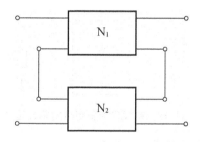

图 11.10　二端口的串联

### 11.3.3 二端口的并联

图 11.11 所示即为由两个二端口 $N_1$ 和 $N_2$ 并联而成的复合二端口。设两个部分二端口 $N_1$ 和 $N_2$ 的 $Y$ 参数分别为 $Y_1$ 和 $Y_2$。如果并联后，端口条件仍然成立，可以证明，复合二端口的 $Y$ 参数和构成它的部分二端口的 $Y$ 参数之间满足

$$Y = Y_1 + Y_2$$

上述结论可推广到多个二端口并联时的情况。

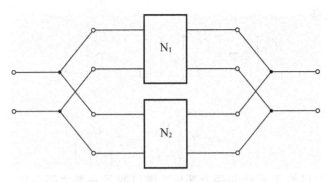

**图 11.11　二端口的并联**

# 11.4　有载二端口网络

以上各节所述的二端口网络参数是与负载无关的，当在无源线性二端口网络的输入端接入信号源、输出端接负载后，有必要学习输出信号和输入信号之间因果关系的方法及网络性质的表示形式。

### 11.4.1　输入阻抗和输出阻抗

**1. 输入阻抗**

二端口网络输出端口接负载阻抗 $Z_L$，输入端口接内阻抗为 $Z_S$ 的电源 $\dot{U}_S$ 时，如图 11.12所示。输入端口的电压 $\dot{U}_1$ 与电流 $\dot{I}_1$ 之比称为二端口网络的输入阻抗 $Z_{in}$。

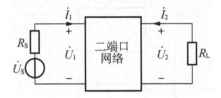

**图 11.12　有载二端口网络的输入阻抗**

输入阻抗可以用二端口网络的任何一种参数来表示，采用 $T$ 参数表示时，输入阻抗为

$$Z_{in}=\frac{\dot{U}_1}{\dot{I}_1}=\frac{T_{11}\dot{U}_2+T_{12}(-\dot{I}_2)}{T_{21}\dot{U}_2+T_{22}(-\dot{I}_2)}=\frac{T_{11}\left(\dfrac{\dot{U}_2}{-\dot{I}_2}\right)+T_{12}}{T_{21}\left(\dfrac{\dot{U}_2}{-\dot{I}_2}\right)+T_{22}}=\frac{T_{11}Z_L+T_{12}}{T_{21}Z_L+T_{22}} \tag{11-34}$$

**2. 输出阻抗**

当把信号源由输入端口移至输出端口，但在输入端口保留其内阻抗 $Z_S$，这时输出端口的电压 $\dot{U}_2$ 与电流 $\dot{I}_2$ 之比，称为输出阻抗 $Z_{ou}$，如图 11.13 所示。

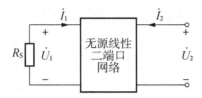

**图1.13 有载二端口网络的输出阻抗**

输出阻抗可以用二端口网络的任何一种参数来表示，采用 $T$ 参数表示时，输出阻抗为

$$Z_{ou} = \frac{\dot{U}_2}{\dot{I}_2} = \frac{T_{22}Z_S + T_{12}}{T_{21}Z_S + T_{11}} \qquad (11-35)$$

### 11.4.2 传输函数

当二端口网络的输入端口接激励信号后，在输出端口得到一个响应信号，输出端口的响应信号与输入端口的激励信号之比，称为二端口网络的传输函数。当激励和响应都为电压信号时，则传输函数称为电压传输函数，用 $K_u$ 表示；当激励和响应都为电流信号时，则传输函数称为电流传输函数，用 $K_i$ 表示。当电流的参考方向为流入网络时，传输函数为

$$K_u = \frac{\dot{U}_2}{\dot{U}_1} = \frac{\dot{U}_2}{T_{11}\dot{U}_2 + T_{12}(-\dot{I}_2)} = \frac{Z_L}{T_{11}Z_L + T_{12}} \qquad (11-36)$$

$$K_i = \frac{\dot{I}_2}{\dot{I}_1} = \frac{\dot{I}_2}{T_{21}\dot{U}_2 + T_{22}(-\dot{I}_2)} = \frac{-1}{T_{11}Z_L + T_{22}} \qquad (11-37)$$

由于网络电路中的电压、电流通常为复数，所以传输函数与频率有关。传输函数模的大小表示信号经二端口网络后幅度变化的关系，通常称为幅频特性。传输函数的幅角表示信号传输前后相位变化的关系，通常称为相频特性。

【**例 11.5**】 求出图 10.14(a)电路在输出端开路时的电压传输函数。

**解：** 在输出端开路时，输出电压与输入电压之间的关系为

$$\dot{U}_2 = \frac{\frac{1}{j\omega C}}{R + \frac{1}{j\omega C}}\dot{U}_1 = \frac{1}{1 + j\omega CR}\dot{U}_1$$

所以，该电路的开路电压传输函数为

$$K_u = \frac{\dot{U}_2}{\dot{U}_1} = \frac{1}{1 + j\omega CR} = \frac{1}{\sqrt{1 + (\omega CR)^2}}e^{-j\text{arctg}(\omega CR)}$$

它的幅频特性为

$$|K_u(j\omega)| = \frac{1}{\sqrt{1 + (\omega CR)^2}}$$

相频特性为

$$\varphi_u(\omega) = -\text{arctg}(\omega CR)$$

幅频特性曲线和相频特性曲线如图 11.14(b)、图 11.14(c)所示。

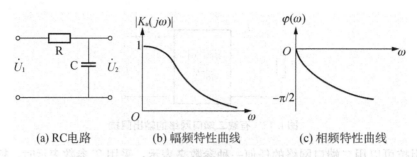

(a) RC电路　　　　　(b) 幅频特性曲线　　　　　(c) 相频特性曲线

**图 11.14　幅频特性曲线和相频特性曲线**

## 11.5　二端口网络的特性阻抗

在一般情况下，二端口网络的输入阻抗不等于信号源内阻抗，输出阻抗不等于负载阻抗，为了达到某种特定的目的，使二端口网络的输入阻抗和输出阻抗分别为 $Z_{in}=Z_S$，$Z_{ou}=Z_L$，这时二端口网络的输入阻抗和输出阻抗只与网络参数有关，称为网络实现了匹配。在匹配条件下，二端口网络的输入阻抗和输出阻抗分别称为输入特性阻抗和输出特性阻抗，用 $Z_{C1}$、$Z_{C2}$ 表示，特性阻抗与网络参数之间的关系为

$$Z_{C1}=\frac{T_{11}Z_L+T_{12}}{T_{21}Z_L+T_{22}}=\frac{T_{11}Z_{C2}+T_{12}}{T_{21}Z_{C2}+T_{22}} \tag{11-38}$$

$$Z_{C2}=\frac{T_{22}Z_{C1}+T_{12}}{T_{21}Z_{C1}+T_{11}} \tag{11-39}$$

联立解之得

$$\left.\begin{array}{c}Z_{C1}=\sqrt{\dfrac{T_{11}T_{12}}{T_{21}T_{22}}}\\[3mm]Z_{C2}=\sqrt{\dfrac{T_{12}T_{22}}{T_{21}T_{11}}}\end{array}\right\} \tag{11-40}$$

当二端口网络为对称网络时，有

$$Z_{C1}=Z_{C2}=\sqrt{\frac{T_{12}}{T_{21}}} \tag{11-41}$$

由式(11-41)可见，特性阻抗仅由二端口网络的参数决定，且与外接电路无关，即特性阻抗为网络本身所固有，因此，称之为二端口网络的特性阻抗。在有端接的二端口网络中，若负载阻抗等于特性阻抗，则称此时的负载为匹配负载，网络工作在匹配状态。由于对称二端口网络的一个端口上接匹配负载时，在另一个端口看进去的输入阻抗恰好等于该阻抗，因此又称特性阻抗为重复阻抗。

## 11.6　小　　结

当一个电路有 4 个外引线端子，其中左、右两对端子都满足：从一个引线端流入电路的电流与另一个引线端流出电路的电流相等的条件，这样组成的电路可称为二端口网络。

二端口网络分为无源二端口网络和有源二端口网络。分析二端口网络时,有四组常用的参数表达形式:$Z$ 参数、$Y$ 参数、$T$ 参数、$H$ 参数。

对于无源线性二端口网络,其 4 个参数中只有 3 个是独立的,所以不管其内部电路有多复杂,都可以用一个仅含 3 个阻抗(导纳)的简单二端口来等效替代。仅含 3 个阻抗(导纳)的二端口只有两种形式,即 T 型电路和 π 型电路。

一个复杂的二端口网络,可以看作由多个简单的二端口网络通过某种连接形成的。以两个简单二端口网络构成复杂二端口网络为例,其连接方式有以下几种:级联、串联、并联等。

当在无源线性二端口网络的输入端接入信号源、输出端接负载后,有必要学习二端口网络的性质:输入阻抗、输出阻抗、传输函数、特性阻抗。

# 阅读材料

## 二端口网络的 $S$ 参数

一般地,对于一个电路网络有 $Y$、$Z$ 和 $S$ 参数可用来测量和分析,$Y$ 称导纳参数,$Z$ 称为阻抗参数,$S$ 称为散射参数。前两个参数主要用于集总电路,$Z$ 和 $Y$ 参数对于集总参数电路分析非常有效,各参数可以很方便地测试;但是在微波系统中,由于确定非 TEM 波电压、电流的困难性,而且在微波频率测量电压和电流也存在实际困难。因此,在处理高频网络时,等效电压和电流以及有关的阻抗和导纳参数变得较抽象。与直接测量入射、反射及传输波概念更加一致的表示是散射参数,即 $S$ 参数矩阵,它更适合于分布参数电路。$S$ 参数就是建立在入射波、反射波关系基础上的网络参数,适于微波电路分析,以器件端口的反射信号以及从该端口传向另一端口的信号来描述电路网络。同二端口网络的阻抗和导纳矩阵那样,用散射矩阵亦能对二端口网络进行完善的描述。阻抗和导纳矩阵反映了端口的总电压和电流的关系,而散射矩阵是反映端口的入射电压波和反射电压波的关系。散射参量可以直接用网络分析仪测量得到,可以用网络分析技术来计算。只要知道网络的散射参量,就可以将它变换成其他的矩阵参量。

# 习　　题

一、填空题

1. 二端口网络的端口条件是(　　　)。

2. 一个二端口网络输入端口和输出端口的端口变量共有(　　　)个,分别是(　　　)。

3. 二端口网络的基本方程共有(　　　)种,各方程对应的系数是二端口网络的基本参数,经常使用的参数是(　　　)、(　　　)、(　　　)和(　　　)。

4. 描述无源线性二端口网络的 4 个参数中,只有(　　　)个是独立的,当无源线性二端口网络为对称网络时,只有(　　　)个参数是独立的。

5. 对无源线性二端口网络用任意参数表示网络性能时,其最简单电路形式是(　　　)和(　　　)两种。

6. 对于 π 型网络,一般采用(　　　)参数表示时计算较为简单。

7. 输出端口的响应信号与输入端口的激励信号之比，称为二端口网络的（　　）函数。该函数模的大小表示信号经二端口网络后幅度变化的关系，通常称为（　　）。传输函数的幅角表示信号传输前后相位变化的关系，通常称为（　　）。

8. 两个二端口网络串联时，参数之间的关系为（　　）；两个二端口网络并联时，参数之间的关系为（　　）；两个二端口网络级联时，参数之间的关系为（　　）。

9. 对任何一个无源线性二端口，只要（　　）个独立的参数就足以表现它的外部特性。

10. 有两个线性无源二端口 $P_1$ 和 $P_2$，它们的传输参数矩阵分别为 $T_1$ 和 $T_2$，它们按级联方式连接后的新二端口的传输矩阵 $T=$（　　）。

二、选择题

1. 下列（　　）是一端口网络。

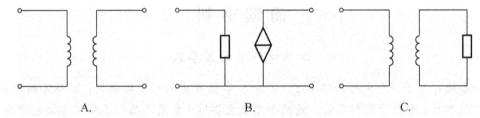

A.　　　　　　　　　　　B.　　　　　　　　　　　C.

2. 当一个二端口网络端口处的（　　）时，该二端口网络是线性的。

　　A. 电流满足线性关系　　　　　　　　　　B. 电压满足线性关系

　　C. 电流电压满足线性关系

3. 无源二端口网络的 $Z$ 参数，仅与网络的（　　）有关。

　　A. 内部结构和元件参数　　　　　　　　　B. 工作频率

　　C. 内部结构、元件参数和工作频率

4. 如果二端口网络对称，则 $Z$ 参数中，只有（　　）参数是独立的。

　　A. 1个　　　　　　　　　B. 2个　　　　　　　　　C. 3个

5. 在已知二端口网络的输出电压和输入电流，求解二端口网络的输入电压和输出电流时，用（　　）建立信号之间的关系。

　　A. $Z$ 参数　　　　　　　B. $Y$ 参数　　　　　　　C. $H$ 参数

6. 图 11.15 中电路的全部电阻为 $1\Omega$，其 $Y$ 参数矩阵为（　　）。

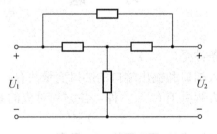

图 11.15　习题 6 图

A. $\begin{bmatrix} \dfrac{5}{3} & -\dfrac{4}{3} \\[2mm] -\dfrac{4}{3} & \dfrac{5}{3} \end{bmatrix}$　　　　B. $\begin{bmatrix} \dfrac{5}{3} & \dfrac{4}{3} \\[2mm] \dfrac{4}{3} & \dfrac{5}{3} \end{bmatrix}$　　　　C. $\begin{bmatrix} \dfrac{4}{3} & -\dfrac{5}{3} \\[2mm] -\dfrac{5}{3} & \dfrac{4}{3} \end{bmatrix}$

7. 在图 11.16 电路中，受控电源的电动势或电流随网络中其他支路的电流或（　　）而变化，它是反映电子器件相互作用时所发生的物理现象的一种模型。

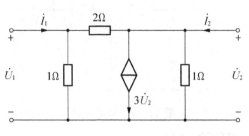

图 11.16 习题 7 图

A. $\begin{bmatrix} 1 & -\dfrac{1}{2} \\[2mm] \dfrac{5}{2} & \dfrac{3}{2} \end{bmatrix}$　　　　B. $\begin{bmatrix} 1 & \dfrac{1}{2} \\[2mm] \dfrac{5}{2} & \dfrac{3}{2} \end{bmatrix}$　　　　C. $\begin{bmatrix} 1 & -\dfrac{1}{2} \\[2mm] \dfrac{3}{2} & \dfrac{5}{2} \end{bmatrix}$

8. 图 11.17 所示二端口网络的 $H$ 参数 $H_{11}=1\text{k}\Omega$，$H_{12}=-2$，$H_{21}=3$，$H_{22}=2\text{mS}$，输出端接 $1\text{k}\Omega$ 电阻，该网络的输入阻抗为（　　）。

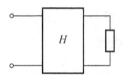

图 11.17 习题 8 图

A. $1\text{k}\Omega$　　　　　　B. $2\text{k}\Omega$　　　　　　C. $3\text{k}\Omega$

9. 二端口网路必存在（　　）。

A. $Z$ 参数　　　　　　B. $H$ 参数　　　　　　C. $Y$ 参数

10. 若一个二端口网络的 Y 参数为：$\begin{cases} I_1=2U_1-3U_2 \\ I_2=-3U_1+4U_2 \end{cases}$，则该二端口网络具有（　　）。

A. 对称性　　　　　　B. 互易性　　　　　　C. 对称性和互易性

三、计算题

1. 求图 11.18 所示二端口网络的 $Z$ 参数。

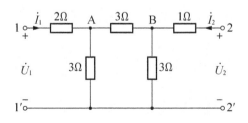

图 11.18 习题 1 图

2. 已知二端口网络的 $T$ 参数为 $\begin{bmatrix} 3 & 7 \\ 2 & 5 \end{bmatrix}$，求 T 型等效网络电路。

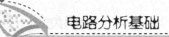

3. 求图 11.19 所示的 $H$ 参数。

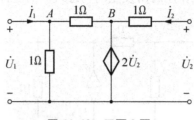

图 11.19　习题 3 图

4. 求图 11.20 所示网络的输入阻抗。

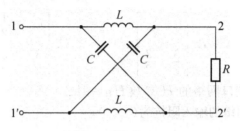

图 11.20　习题 4 图

5. 求图 11.21 所示网络的特性阻抗。

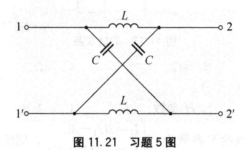

图 11.21　习题 5 图

# 第 **12** 章
# 利用 MATLAB 计算电路

MATLAB 是美国 Mathworks 公司研发的大型数学计算软件，它具有高性能的矩阵处理和可视化的科学工程计算功能，使用方便、灵活，因而被广大的科研工作者、工程师和大中院校师生广泛使用。MATLAB 的基本数据单位是矩阵，它的指令表达式与数学在工程中常用的形式十分相似，故用 MATLAB 来解算问题要比用 C、FORTRAN 等语言完成相同的事情更加简捷。

 **教学要点**

| 知 识 要 点 | 掌 握 程 度 |
| --- | --- |
| MATLAB 概述 | 理解 MATLAB 的主要结构和功能概念 |
| MATLAB 程序设计基础 | (1) 熟练地掌握 MATLAB 操作界面<br>(2) 理解程序控制结构的概念并熟练应用 |
| 电路传递函数及其频率特性 | (1) 理解电路传递函数及其频率特性的概念<br>(2) 掌握 MATLAB 仿真电路的频率特性曲线的编程方法 |
| MATLAB 在基本电路中的应用 | (1) 掌握利用 MATLAB 进行直流电路计算<br>(2) 掌握利用 MATLAB 进行正弦稳态电路分析<br>(3) 掌握利用 MATLAB 进行暂态电路分析 |

**引例：MATLAB 的应用领域**

MATLAB 是由美国 Mathworks 公司发布的主要面对科学计算、可视化以及交互式程序设计的高科技计算环境。它将数值分析、矩阵计算、科学数据可视化以及非线性动态系统的建模和仿真等诸多强大功能集成在一个易于使用的视窗环境中，为科学研究、工程设计以及必须进行有效数值计算的众多科学领域提供了一种全面的解决方案，并在很大程度上摆脱了传统非交互式程序设计语言(如 C、FORTRAN)的编辑模式，代表了当今国际科学计算软件的先进水平。它的首创者 Moler 博士把它命名为 Matrix Laboratory (矩阵实验室)。由于采用了开放式的开发思想，MATLAB 不断吸收了各学科领域权威人士编写的应用程序。目前，MATLAB 是信号处理和图形图像处理首选的软件之一，集数值分析、矩阵运算、信号处理、系统仿真和图形处理于一体，拥有大量稳定可靠的函数库，及规模庞大、覆盖面极广的功能型工具箱和领域型工具箱共计 30 多个工具箱，其中功能型工具箱主要用来扩充 MATLAB 的数值计算、符号运算功能、图形建模仿真功能、文字处理功能以及与硬件实时交互功能，能够用于多种学科；领域型工具箱是学科专用工具箱，其专业性很强，如控制系统工具箱(Control System Toolbox)；信号处理工具箱(Signal Processing Toolbox)；财政金融工具箱(Financial Toolbox)等，只适用于本专业。MATLAB 可以应用于最基本的初等函数，大量复杂的高级函数和算法，如贝赛尔(Bessel)函数、快速傅里叶变换、矩阵逆运算等；也可以应用于通信(Communications)、控制系统(Control system)、曲面拟合(Curve Fitting)、信号处理(Signal Processing)、图像处理(Image Processing)、小波分析(Wavelet)、鲁棒控制(Robust Control)、系统辨识(System Identification)、非线性控制(Non-linear Control)、模糊逻辑(Fuzzy Logic)、神经网络(Neural Network)、优化理论(Optimization)、统计分析(Statistics)、财政金融(Financial Toolbox)、虚拟现实(Virtual Reality)等大量现代工程技术学科，图 12.0 是利用函数 peaks 进行绘制三维图，图 12.0(a)是函数 peaks 的具有等高线的三维网格线图，图 12.0(b)是函数 peaks 的具有等高线的网状表面图。

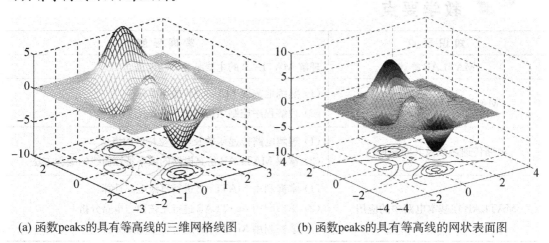

(a) 函数peaks的具有等高线的三维网格线图　　　(b) 函数peaks的具有等高线的网状表面图

图 12.0　函数 peaks 绘制三维图

## 12.1　MATLAB 的概述

MATLAB 名字由 matrix 和 laboratory 两词的前 3 个字母组合而成，意即矩阵实验室，是一门高级计算机编程语言，具有强大的数值计算功能和仿真功能，广泛应用于线性代数、自动控制理论、数字信号处理、时间序列分析、动态系统仿真、图像处理等。MATLAB 的内构函数提供了丰富的数值(矩阵)运算处理功能和广泛的符号运算功能，是基于矩阵运算的处理工具。数值运算功能包括矩阵运算、多项式和有理分式运算、数据统计分析、数值积分、优化处理等。符号运算即用字符串进行数学分析，允许变量不赋值而参与运算，用于解代数方程、复合导数、积分、二重积分、有理函数、微分方程、泰勒级数展开、寻优等，可求得解析符号解。图12.1描述了MATLAB的主要结构和功能。

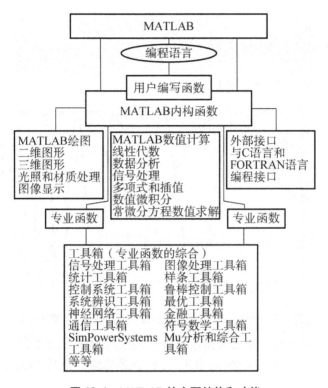

**图 12.1　MATLAB 的主要结构和功能**

例如，用一个简单命令求解如下线性系统

```
 3x1+ x2- x3= 3.6
 x1+ 2x2+ 4x3= 2.1
- x1+ 4x2+ 5x3= - 1.4
```

在 MATLAB 命令窗口输入

```
A= [3 1 - 1; 1 2 4; - 1 4 5]; b= [3.6; 2.1; - 1.4];
x= A\ b
```

运行后的结果为

```
x=
   1.4818
 - 0.4606
   0.3848
```

MATLAB 提供了两个层次的图形命令：一种是对图形句柄进行的低级图形命令，另一种是建立在低级图形命令之上的高级图形命令。例如，用简短命令计算并绘制在 $0 \leqslant x \leqslant 6$ 范围内的 $\sin(2x)$、$\sin(x^2)$、$(\sin(x))^2$。

电路分析基础

在 MATLAB 命令窗口输入

```
x= linspace(0,6)
y1= sin (2* x),y2= sin (x.^2),y3= (sin (x)).^2;
plot(x,y1,x,y2,x,y3)
x= linspace(0,6)
y1= sin (2* x),y2= sin (x.^2),y3= (sin (x)).^2;
plot(x,y1,x,y2,x,y3)
```

运行命令语句得到的图形如图 12.2 所示。

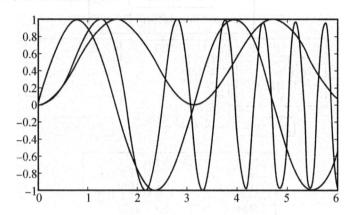

图 12.2　函数 sin (2*x*)、sin (*x*^2)、(sin (*x*))^2 图形曲线

MATLAB 除了命令行的交互式操作以外，还能以程序方式工作。使用 MATLAB 可以很容易地实现 C 或 FORTRAN 语言的几乎全部功能，包括 Windows 图形用户界面设计。

此外，MATLAB 还有许多工具箱用以扩展其功能。工具箱分为两大类：基本工具箱和专业工具箱。基本工具箱主要用来扩充其符号计算功能、可视建模仿真功能及文字处理功能等。专业工具箱如控制系统工具箱、信号处理工具箱、神经网络工具箱、最优工具箱、金融工具箱等，主要用来进行相关专业领域的研究。

## 12.2　MATLAB 程序设计基础

### 12.2.1　MATLAB 操作界面

MATLAB7.5 桌面集成环境包括多个窗口：①命令窗口（Command Window）；②工作空间管理窗口（Workspace）；③命令历史窗口（Command History）；④当前目录窗口（Current Directory），编译窗口、图形窗口和帮助窗口等其他种类的窗口，如图 12.3 所示。此外在 MATLAB 主窗口左下角，还有一个 Start 按钮。

1. 桌面

MATLAB 桌面是 MATLAB 的主要工作界面。桌面除了嵌入一些子窗口外，还主要包括菜单栏和工具栏。MATLAB 7.5 桌面的菜单栏中，包含 File、Edit、Debug、Desktop、Window 和 Help 共 6 个菜单项。MATLAB7.5 主窗口的工具栏共提供了 12 个命令按钮和一个当前路径列表框。

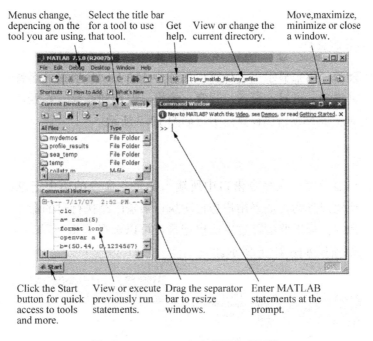

**图 12.3 MATLAB 7.5 桌面集成环境**

2. 命令窗口

命令窗口是 MATLAB 的主要交互窗口，用于输入命令并显示除图形以外的所有执行结果。在默认设置下，命令窗口自动显示于 MATLAB 界面中，如果用户只想调出命令窗口，也可以选择 Desktop→Desktop Layout→Command Window Only 命令，如图 12.4 所示。

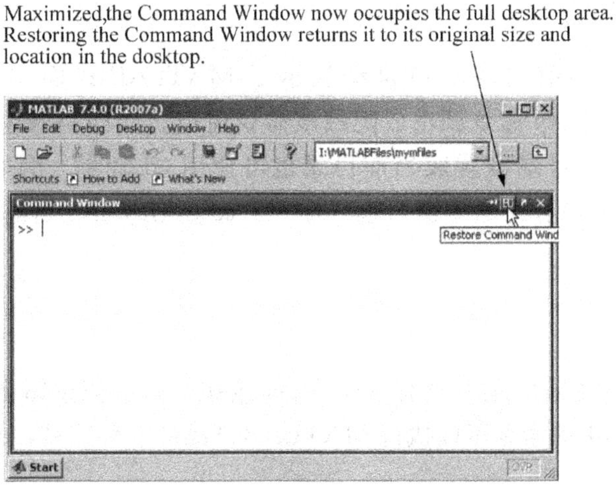

Maximized,the Command Window now occupies the full desktop area.
Restoring the Command Window returns it to its original size and
location in the dosktop.

**图 12.4 MATLAB 命令窗口**

MATLAB 命令窗口中的"≫"为命令提示符，表示 MATLAB 正处于准备状态。在命令提示符后输入命令并按回车键后，MATLAB 就会执行所输入的命令，并在命令后面给出计算结果。

### 3. 工作空间管理窗口

工作空间管理窗口用来显示当前计算机内存中 MATLAB 变量的名称、数学结构、该变量的字节数及其类型，可对变量进行观察、编辑、保存和删除。在默认设置下，工作空间管理窗口自动显示于 MATLAB 界面中，如图 12.5 所示。

### 4. 命令历史窗口

命令历史窗口显示用户在命令窗口中所输入的每条命令的历史记录，并标明使用时间，这样可以方便用户查询。如果用户想再次执行某条已经执行过的命令，只需在命令历史窗口中双击该命令。如果要清除这些历史记录，可以选择 Edit→Clear Command History 命令。命令历史窗口如图 12.6 所示。

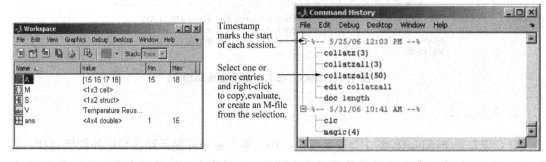

图 12.5　工作空间管理窗口　　　　图 12.6　命令历史窗口

### 5. 当前目录窗口

在默认设置下，当前目录窗口自动显示于 MATLAB 桌面中，用户也可以选择 Desktop→Current Directory 命令调出或隐藏该命令窗口。当前目录窗口显示当前用户工作所在的路径。将用户目录设置成当前目录也可使用 cd 命令。例如，将用户目录 c:\mydir 设置为当前目录，可在命令窗口输入命令：cd c:\mydir。当前目录窗口如图 12.7 所示。

### 6. Start菜单

MATLAB 7.5 的主窗口左下角有一个 Start 按钮，单击该按钮会弹出一个菜单，如图 12.8 所示。选择其中的命令可以执行 MATLAB 产品的各种工具，并且可以查阅 MATLAB 包含的各种资源。

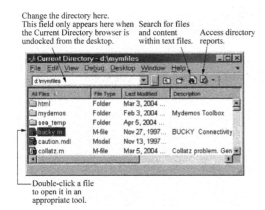

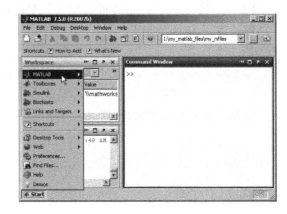

图 12.7　当前目录窗口　　　　　　　　　图 12.8　Start 菜单

**7. 编译窗口（MATLAB 文本编辑窗口）**

编译窗口为用户提供了一个图形界面进行 M 文件的编写和调试，如图 12.9 所示。

为建立新的 M 文件，启动 MATLAB 文本编辑器有以下 3 种方法。

（1）菜单操作。从 MATLAB 主窗口的 File 菜单中选择 New 菜单项，再选择 M-file 命令，屏幕上将出现 MATLAB 文本编辑器窗口。

（2）命令操作。在 MATLAB 命令窗口输入命令 edit，启动 MATLAB 文本编辑器后，输入 M 文件的内容并存盘。

（3）命令按钮操作。单击 MATLAB 主窗口工具栏上的 New M-File 命令按钮，启动 MATLAB 文本编辑器后，输入 M 文件的内容并存盘。

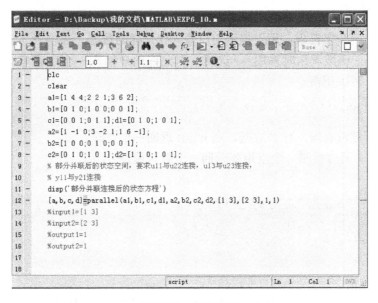

图 12.9　编译窗口

**【例 12.1】** 建立函数文件将输入的参数加权相加。

**解：** 编写 M 函数如下

```
function f= wadd(x,y)
global ALPHA BETA      % ALPHA,BETA 在命令窗口和函数中都被声称为全局变量
f= ALPHA* x+ BETA* y;
```

在命令窗口中调用函数,输入如下语句:

```
global ALPHA BETA
ALPHA= 1;
BETA= 2;
s= wadd(5,6)
```

程序运行结果如下:

```
s=
    17
```

### 12.2.2 程序控制结构

MATLAB 程序控制结构包括:顺序结构、选择结构和循环结构。选择结构有 if 语句、switch 语句和 try 语句,循环结构有 for 语句和 while 语句。

**1. 顺序结构**

**1) 数据的输入**

从键盘输入数据,可以使用 input 函数来进行,该函数的调用格式为

```
A= input(提示信息,选项);
```

其中提示信息为一个字符串,用于提示用户输入什么样的数据。

如果在 input 函数调用时采用's'选项,则允许用户输入一个字符串。例如,想输入一个人的姓名,可采用命令

```
xm= input('What''s your name? ','s');
```

如果按回车键没有输入什么数据,则 input 返回一个空阵。

**【例 12.2】** 通过检测一个空矩阵返回一个默认值。

**解:**

```
reply= input('Do you want more? Y/N [Y]:','s');
   if   isempty(reply)
     reply= 'Y'
  end
```

**2) 数据的输出**

MATLAB 提供的命令窗口输出函数主要有 disp 函数,其调用格式为

```
disp(输出项)
```

其中输出项既可以为字符串，也可以为矩阵。

3）程序的暂停

暂停程序的执行可以使用 pause 函数，其调用格式为

```
pause(延迟秒数)
```

如果省略延迟时间，直接使用 pause，则将暂停程序，直到用户按任意键后程序继续执行。

若要强行中止程序的运行可使用组合键 Ctrl+C。

2. 选择结构

1）if 语句

（1）单分支 if 语句。格式如下：

```
if   条件
         语句组
     end
```

当条件成立时，则执行语句组，执行完之后执行 if 语句的后续语句，若条件不成立，则直接执行 if 语句的后续语句。

（2）多分支 if 语句。格式如下：

```
if   条件表达式 1
         命令串 1
elseif 条件表达式 2
         命令串 2

else
         命令串 3
end
```

【例 12.3】 输入一个字符，若为大写字母，则输出其对应的小写字母；为小写字母，则输出其对应的大写字母；若为数字字符，则输出其对应的数值；若为其他字符，则原样输出。

解：MATLAB 程序如下

```
c= input('请输入一个字符','s');
if c> = 'A' & c< = 'Z'
   disp(setstr(abs(c)+ abs('a')- abs('A')));
elseif c> = 'a'& c< = 'z'
    disp(setstr(abs(c)- abs('a')+ abs('A')));
elseif c> = '0'& c< = '9'
    disp(abs(c)- abs('0'));
else
    disp(c);
end
```

2）switch 语句

switch 语句根据表达式的取值不同，分别执行不同的语句，其语句格式为

```
switch 表达式
    case 表达式 1
        语句组 1
    case 表达式 2
        语句组 2
...
    case 表达式 m
        语句组 m
    otherwise
        语句组 n
end
```

【例 12.4】 确定字符串。

**解:** MATLAB 程序如下

```
method= 'Bilinear';
switch lower(METHOD)
  case{'linear','bilinear'}
    disp('Method is linear')
  case 'cubic'
    disp('Method is cubic')
  case 'nearest'
    disp('Method is nearest')
  otherwise
    disp('Unknown method.')
end
```

程序运行结果如下：

```
Method is linear
```

3）try 语句

语句格式为

```
try
    语句组 1
catch
    语句组 2
end
```

try 语句先试探性执行语句组 1,如果语句组 1 在执行过程中出现错误,则将错误信息赋给保留的 lasterr 变量,并转去执行语句组 2。

**3. 循环结构**

1）for 循环

for 循环按照给出的范围或固定的次数重复完成一种运算。

格式如下：

```
for 循环变量= 表达式 1:表达式 2:表达式 3
循环体语句
end
```

例如，如下程序：

```
for n= 1:5
    x(n)= n^2;
end
```

循环变量可以为数组，命令被执行的次数等于数组 $a$ 的列数，格式如下：

```
for 循环变量= 数组
循环体语句
end
```

例如，如下程序：

```
s= 0;
a= [12,13,14;15,16,17;18,19,20;21,22,23];
    for k= a      % 命令被执行的次数等于数组   的列数
      s= s+ k;
    end
disp(s');
```

程序运行结果如下：

```
39    48    57    66
```

for 语句可以嵌套，例如：

```
for i= 1:3
  for j= 5:- 1:1
  a(i,j)= i^2+ j^2;
  end
end
```

2）while 循环

while 循环以不定次数求一组命令的值，基本格式如下：

```
while    条件表达式
        命令串
end
```

当条件满足时，执行命令串，否则跳出循环。

例如，如下程序：

```
s= 0;n= 1;
while n< = 10
s= s+ n;n= n+ 1;
end
s
```

程序运行结果如下：

```
s=
    55
```

3）break 语句和 continue 语句

与循环结构相关的语句还有 break 语句和 continue 语句。它们一般与 if 语句配合使用。

break 语句用于终止循环的执行。当在循环体内执行到该语句时，程序将跳出循环，执行循环语句的下一语句。

continue 语句控制跳过循环体中的某些语句。当在循环体内执行到该语句时，程序将跳过循环体中所有剩下的语句，继续下一次循环。

## 12.3　电路的传递函数及频率特性

在图 12.10 所示的正弦电路中，设电流源 $i=\sqrt{2}I\sin \omega t$ 为激励电源，正弦稳态电压 $u$ 为响应电压，根据传递函数的定义，称响应电压与激励电源对应的复数之比 $\dot{U}/\dot{I}$ 为电路传递函数。

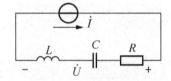

**图 12.10　正弦电路**

电路传递函数为

$$H(s)=LCs^2+RCs+1 \tag{12-1}$$

用拉氏变换法，设 $s=\mathbf{j}w$ 代入式(12-1)中，并记 $H(s)\big|_{s=\mathbf{j}w}=\dot{U}/\dot{I}$ 则式(12-1)变为

$$H(\mathbf{j}w)=R+\mathbf{j}wL+\frac{1}{\mathbf{j}wC} \tag{12-2}$$

当频率 $w$ 从 0 到∞变化时，$H(s)\big|_{s=\mathbf{j}w}$ 的幅值 $|H(\mathbf{j}w)|$ 和相位 $\arg H(\mathbf{j}w)$ 也随着变化，幅值 $|H(\mathbf{j}w)|$ 称为幅频特性，相位 $\arg H(\mathbf{j}w)$ 称为相频特性。

【例 12.5】　给定系统，其传递函数为 $H(s)=\dfrac{0.2s^2+0.3s+1}{s^2+0.4s+1}$，绘制其频率响应。

**解：**编写程序如下

```
a=[ 1 0.4 1];
b=[0.2 0.3 1];
w=logspace(-1,1);
freqs(b,a,w)
```

运行得到频率响应曲线如图 12.11 所示。

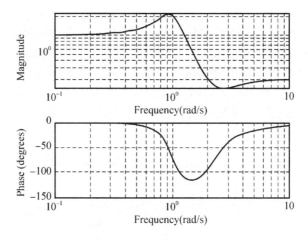

图 12.11 频率响应曲线

也可输入如下程序：

```
h= freqs(b,a,w);
mag= abs(h);
phase= angle(h);
subplot(2,1,1),loglog(w,mag)
subplot(2,1,2),semilogx(w,phase)
```

运行可得到相同的结果。

# 12.4 MATLAB 在基本电路中的应用举例

## 12.4.1 直流电路计算

利用 MATLAB 在矩阵运算中的优势，可以很好地解决复杂电路带来的计算问题，结合直流电路中节点电压分析法和戴维南定理进行举例。

【例 12.6】 电路如图 12.12 所示，已知：$R_1 = 4\Omega$，$R_2 = 2\Omega$，$R_3 = 4\Omega$，$R_4 = 8\Omega$，$i_{s1} = 2A$，$i_{s2} = 0.5A$，负载 $R_L$ 为何值时能获得最大功率？研究 $R_L$ 在 $0 \sim 10$ 范围内变化时，其吸收功率的情况。

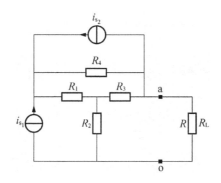

图 12.12 直流电路

**解**：这是涉及简单直流电路——戴维南定理的应用电路分析与计算。该电路不含受控源，仅含独立直流电流源。戴维南定理直接应用于简单直流电路的简单电路，可以使用网孔法、节点电压法等方法解决。在这里介绍使用节点电压法解此题。

先求 a，o 端以左的戴维南等效电路。

首先用一个电流为 $i_a$ 的独立直流电流源代替电阻 $RL$，以 o 点作为参考点，设其电位为零，其次设各个节点电压分别为 $u_1$、$u_2$、$u_a$，如图 12.13 所示，最后根据图 12.13 可以写出该电路的节点方程组如下

$$\begin{cases} \left(\dfrac{1}{R_1}+\dfrac{1}{R_4}\right)u_1-\dfrac{1}{R_1}u_2-\dfrac{1}{R_4}u_a=i_{s1}+i_{s2} \\ -\dfrac{1}{R_1}u_1+\left(\dfrac{1}{R_1}+\dfrac{1}{R_2}+\dfrac{1}{R_3}\right)u_2-\dfrac{1}{R_3}u_a=0 \\ -\dfrac{1}{R_4}u_1-\dfrac{1}{R_3}u_2+\left(\dfrac{1}{R_3}+\dfrac{1}{R_4}\right)u_a=-i_{s2}+i_a \end{cases} \quad (12-3)$$

将其写成矩阵形式如下

$$A\begin{bmatrix} u_1 \\ u_2 \\ u_a \end{bmatrix}=\begin{bmatrix} 1 & 1 & 0 \\ 0 & 0 & 0 \\ 0 & -1 & 1 \end{bmatrix}\begin{bmatrix} i_{s1} \\ i_{s2} \\ i_a \end{bmatrix} \quad (12-4)$$

在式（12-4）中

$$A=\begin{bmatrix} \dfrac{1}{R_1}+\dfrac{1}{R_4} & -\dfrac{1}{R_1} & -\dfrac{1}{R_4} \\ -\dfrac{1}{R_1} & \dfrac{1}{R_1}+\dfrac{1}{R_2}+\dfrac{1}{R_3} & -\dfrac{1}{R_3} \\ -\dfrac{1}{R_4} & -\dfrac{1}{R_3} & \dfrac{1}{R_3}+\dfrac{1}{R_4} \end{bmatrix}$$

其戴维南等效电路图如图 12.14 所示，方程式为

$$ua=ia\times R\,eq+uoc \quad (12-5)$$

编程思想为：令 $i_a=0$，$i_s=2A$，$i_{s2}=0.5A$，由式（12-4）解得 $u_{11}$、$u_{21}$、$u_{a1}$。因为 $i_a=0$，由式（12-5）可得：$u_{\alpha}=u_{a1}$。再令 $i_{s1}=i_{s2}=0$，$i_a=1A$，仍由式（12-4）解得另一组 $u_{21}$、$u_{22}$、$u_{a2}$。由于内部独立电源 $i_{s1}=i_{s2}=0$，故 $u_{\alpha}=0$。由式（12-5）可得：$R_{eq}=u_{a2}/i_a=u_{a2}$。当 $RL=Req$ 时，$RL$ 获得最大功率，且最大功率的表达式如下

$$P_{\max}=\frac{u_{\alpha}^2}{4R_{eq}} \quad (12-6)$$

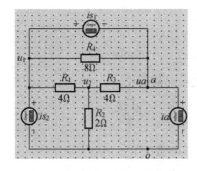

图 12.13　ao 左端电路的戴维南等效电路图

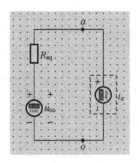

图 12.14　戴维南等效电路

根据对题目的理论分析，编写 MATLAB 程序代码如下：

```
clear,format compact
R1= 4;R2= 2;R3= 4;R4= 8;  % 设置元件参数
is1= 2;is2= 0.5;  % 按 A* X= B* is 列出此电路的矩阵方程。其中 X= [u1;u2;ua],is=
[is1;is2;ia]
    a11= 1/R1+ 1/R4;a12= - 1/R1;a13= - 1/R4;  % 设置系数矩阵
    a21= - 1/R1;a22= 1/R1+ 1/R2+ 1/R3;a23= - 1/R3;
    a31= - 1/R4;a32= - 1/R3;a33= 1/R3+ 1/R4;
    A= [a11,a12,a13;a21,a22,a23;a31,a32,a33];B= [1,1,0;0,0,0;0,- 1,1];% 设置系数矩
阵
    % 方法一:令 ia= 0,求 Uoc= X1(3);再令 is1= is2= 0,设 ia= 1,求 Req= ua/ia= X2(3)
    X1= A\B* [is1;is2;0];Uoc= X1(3)
    X2= A\B* [0;0;1];Req= X2(3)
    RL= Req;P= Uoc^2* RL/(Req+ RL)^2  % 求其最大功率
    RL= 0:0.01:10;P= (RL* Uoc./(Req+ RL)).* Uoc./(Req+ RL);  % 设 RL 序列求其功率
    figure(1),plot(RL,P),grid  % 画出功耗随 RL 变化的曲线
```

计算结果为：

```
Uoc=
    5.0000
Req=
    5.0000
P=
1.2500
```

功率随负载的变化曲线如图 12.15 所示。

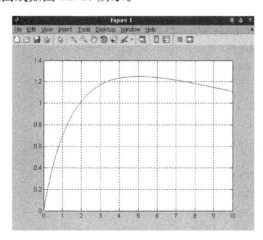

**图 12.15　功率随负载的变化曲线图**

### 12.4.2　正弦稳态电路分析

　　正弦稳态电路的分析计算比直流电阻电路更加复杂和烦琐,使用 MATLAB 可以让学生摆脱复杂枯燥的复数运算,把精力集中到电路原理的分析和方程组的列写当中。

【例 12.7】　如图 12.16 所示电路,求各支路的电流。

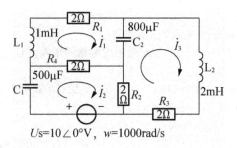

$Us=10\angle 0°V$, $w=1000rad/s$

图 12.16　例 12.7 的图

**解:**采用网孔电流法求解,设如图 12.13 中 3 个网孔电流分别为 $\dot{I}_1$,$\dot{I}_2$,$\dot{I}_3$ 下面列写网孔回路方程

$$Z_{11}\dot{I}_1+Z_{12}\dot{I}_2+Z_{13}\dot{I}_3=0 \tag{12-7}$$

$$Z_{21}\dot{I}_1+Z_{22}\dot{I}_2+Z_{23}\dot{I}_3=U_s \tag{12-8}$$

$$Z_{31}\dot{I}_1+Z_{32}\dot{I}_2+Z_{33}\dot{I}_3=0 \tag{12-9}$$

在网孔回路方程中,$Z_{ij}$ 是回路的自阻抗或互阻抗。用 MATLAB 语言编程实现上述计算,程序如下:

```
% 输入初始参数 R1= 2;R2= 2;R3= 2;R4= 2;C1= 5e- 4;C2= 8e- 4;L1= 1e- 3;L2= 2e- 3;w
= 1000;US= 10;ZR1= R1;ZR2= R2;ZR3= R3;ZR4= R4;ZC1= 1\(j* w* C1);ZC2= 1\(j* w* C2);
ZL1= j* w* L1;ZL2= j* w* L2;
    % 计算方程组系数矩阵中各元素的值
Z11= ZR1+ ZR4+ ZC2+ ZL1;Z12= - ZR4;Z21= - ZR4;Z13= - ZC2;Z31= - ZC2;Z22= ZR2+
ZR4+ ZC1;
Z23= - ZR2;Z33= ZR2+ ZR3+ ZC2+ ZL2;Z32= - ZR2;
% 组成方程组、求解节点电流
A= [Z11 Z12 Z13;Z21 Z22 Z23;Z31 Z32 Z33];
B= [0;US;0];
I= A\B.
```

程序运行结果为:

```
I1= 1.4451- 1.3276i
I2= 3.5402- 1.7874i
I3= 1.0821- 1.3621i
```

### 12.4.3　暂态电路分析

暂态电路主要研究电路的过渡过程,MATLAB 提供了一种自适应变步长的 4/5 阶 RKF 数值积分算法的 ODE45 函数,在 M 文件中定义微分方程,然后在 MATLAB 命令中调用 ODE45 函数求解,并使用 plot 绘图函数画出变量的曲线。

【例 12.8】　电路如图 12.17 所示,S 闭合前电路处于稳定状态,在 $t=0$ 时 S 闭合,求 S 闭合后 $t>0$ 时电路中电容电压 $u(t)$ 的值。

**解：**首先设电容电压 $u$ 为未知量，根据换路定理得出：$u(0+)=u(0-)=9V$，再根据回路方程和电容的元件约束方程导出微分方程：

$du/dt=-0.13333u+0.45$；$u$ 的初值为 9。

用 MATLAB 语言编程实现上述计算，首先在 matlab 中新建 M 文件定义函数，代码如下：

```
function du= simulation(t,u);
du= zeros(1,1);
du= - 0.13333* u+ 0.45000。
```

然后将 M 文件保存并命名为 bode，最后在 matlab 命令行中输入以下代码：

```
[t,u]= ode45(@ bode,[0 40],[9]);% 调用ODE45函数,设置时间范围,代入微分方程初值。
plot(t,u,'linewidth',1.5);
grid;% 绘图电容电压的波形如图12.18所示。
```

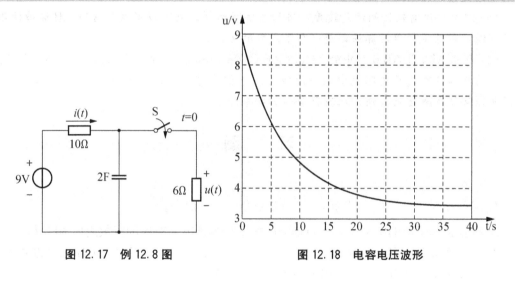

图 12.17　例 12.8 图　　　　　　　　　图 12.18　电容电压波形

## 12.5　小　　结

本章对 MATLAB 的使用环境、程序设计基础做了简要的介绍，同时对电路传递函数和其频率特性做了简要阐述。通过在电路分析中的应用举例说明如何使用 MATLAB 的强大的计算功能和工具箱对各种电路求解问题进行辅助分析计算可以简化电路分析复杂的求解过程。

## 阅 读 材 料

### MATLAB 在不同的语言环境中调用方法汇总

目前所使用的调用 MATLAB 文件的方法主要有以下几种。

（1）在 VB 中通过调用 MATLAB 引擎利用 ActiveX 通道与 Objeet. Execute 直接使用 MATLAB 的函数库和图形库。但是需要在后台启动一个 MATLAB 进程，占用内存，且无法脱离 MATLAB 环境。

(2) 通过 DDE(Dynamic Data Exchange)交换数据实现通信。DDE 功能函数既可以由 VB 应用程序提供，也可以由 MATLAB 引擎库提供。能够提高系统总体性能，但必须有 MATLAB 环境支持。

(3) 针对 VB 提供的一个 MATLAB 库 MatrixVB 可将与 MATLAB 相似的函数、语法嵌入到 VB 中，从而能够像使用 VB 的函数命令一样使用 MATLAB 函数。这种方法比较简单，但由于其仍然采用解释执行，难以保证实时运算。

(4) MATLAB 自带的编译器 MCC 可以将 M 文件转换为 C/C++的源代码，以产生完全脱离 MATLAB 运行环境的独立运行程序。具有一定的可行性，但是对于工具箱函数是不能编译的，并且这样生成的代码可读性很差，无法修改这些代码，难以用于二次开发，非常容易出现不能编译的情况。将 MATLAB 下写的 M 文件代码编译为可以直接调用的动态链接库(DLL)，然后在程序中调用。

(5) 这个方法有较快的运行速度，可用于实时运算，且可以脱离 MATLAB 环境使用，但是只能实现非常简单的算法，是一个不成熟的方法。

(6) 利用 MATLAB 6.5 中的 MATLAB COM Bullder 技术将 M 文件转换成 COM 组件，然后在 VB 集成开发环境中调用该组件。不但能够完全地脱离 MATLAB 环境使用，而且可以实现各种复杂算法，比较符合实际要求。

# 习　　题

一、填空题

1. MATLAB的帮助命令包括(　　)命令和(　　)命令。

2. 根据传递函数的定义，(　　)是响应电压与激励电源对应的复数之比为 $\dot{U}/\dot{I}$。

3. 当频率 $w$ 从 0 到∞变化时，$H(s)|_{s=jw}$ 的幅值 $|H(jw)|$ 和相位 $\arg H(jw)$ 也随着变化，幅值 $|H(jw)|$ 称为(　　)，相位 $\arg H(jw)$ 称为(　　)。

二、多项选择题

1. 为建立新的 M 文件，启动 MATLAB 文本编辑器有以下(　　)方法。

A. 菜单操作　　　　　B. 命令操作　　　　　C. 命令按钮操作

2. 进入帮助窗口可以通过以下(　　)方法。

A. 单击 MATLAB 主窗口工具栏中的 Help 按钮。

B. 在命令窗口中输入 helpwin、helpdesk 或 doc 命令。

C. 选择 Help 菜单中的 MATLAB Help 选项。

3. MATLAB7.5桌面集成环境包括多个窗口，它们是(　　)。

A. 命令窗口　　　　　　　　　　　　B. 工作空间管理窗口

C. 命令历史窗口　　　　　　　　　　D. 当前目录窗口

4. 选择结构有(　　)。

A. if 语句　　　　　　　　　　　　　B. switch 语句

C. try 语句　　　　　　　　　　　　 D. do 语句

5. 循环结构有( )。

    A. for 循环                            B. while 循环

    C. break 语句                          D. continue 语句

三、编程题

1. 编写函数表示 $x+y+z$，$x^2+y^2+z^2$，$x^3+y^3+z^3$。

2. 已知某系统的传递函数为 $G(s)=\dfrac{2s^4+8s^3+12s^2+8s+2}{s^6+5s^5+10s^4+10s^3+5s^2+s}$，绘制幅值和相频特性。

3. 已知系统的开环传递函数为

$$G_o(s)=\frac{20}{s^4+8s^3+36s^2+40s}$$

求系统在单位负反馈下的阶跃响应曲线。

4. 电路如图 12.19 所示，求解电流 $I_x$ 的值。

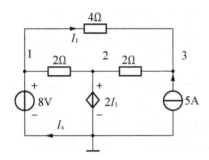

图 12.19 习题 4 图

5. 输入一个百分制成绩，要求输出成绩等级 A、B、C、D、E。其中，90～100 分为 A，80～89 分为 B，70～79 分为 C，60～69 分为 D，60 分以下为 E。

# 参 考 答 案

## 第1章　电路的基本概念和基尔霍夫定律

**一、填空题**

1. 电源，负载，中间环节；2. 理想化；3. 电流，电压，功率；4. 人为，假设；
5. 可以；6. 提供，吸收；7. 耗能，无；8. 储能，有；9. 不能；10. 等于

**二、选择题**

1. C；2. A；3. B；4. B；5. C；6. B；7. B；8. C；9. B；10. B

**三、计算题**

1. 解：$u_{ab}=3V$，$i=-2A$，根据各变量参考方向与实际方向的规定，电压为正值，表明电压的实际方向与图 1.29 中标出的电压参考方向一致；电流为负值，表明电流的实际方向与图 1.29 中标出的电流参考方向相反。

根据功率公式

$$p(t)=\frac{\mathrm{d}W}{\mathrm{d}t}=u(t)\frac{\mathrm{d}q(t)}{\mathrm{d}t}=u(t)i(t)=3V\times(-2A)=-6W$$

功率为负值，表明元件释放功率（电源）

2. 解：

$P_A=60\times5=300(W)$（发出）

$P_B=60\times1=60(W)$（吸收）

$P_C=60\times2=120(W)$（吸收）

$P_D=40\times2=80(W)$（吸收）

$P_E=20\times2=40(W)$（吸收）

得：$P_A=P_B+P_C+P_D+P_E$

3. 解：　$6\times4=24W$（吸收）

4. 解：

图 1.32(a)：$u(t)=-Ri(t)=-10^4t$

图 1.32(b)：$u(t)=-L\frac{\mathrm{d}i(t)}{\mathrm{d}t}=-2\times10^{-2}\frac{\mathrm{d}i(t)}{\mathrm{d}t}$

图 1.32(c)：$i(t)=C\frac{\mathrm{d}u(t)}{\mathrm{d}t}=10^{-5}\frac{\mathrm{d}u(t)}{\mathrm{d}t}$

图 1.32(d)：$u(t)=-5V$

图 1.32(e)：$i(t)=2A$

5. 解：

当 $t=2s$ 时，$i(2)=i(1)+\frac{1}{4}\int_1^2 10\mathrm{d}t=5A$

当 $t=3s$ 时，$i(3)=i(2)+\frac{1}{4}\int_2^3 0\mathrm{d}t=5A$

当 $t=4s$ 时，$i(4)=i(3)+\frac{1}{4}\int_3^4(10t-40)\mathrm{d}t=3.75A$

6. 解：

（1）因为

$$u(t)=\begin{cases}0 & t\leqslant0\\10^3t & 0<t\leqslant2\text{ms}\\4-10^3t & 2\text{ms}<t\leqslant4\text{ms}\\0 & t>4\text{ms}\end{cases}$$

$$i(t)=c\frac{\mathrm{d}u}{\mathrm{d}t}=\begin{cases}0 & t\leqslant0\\10^{-3} & 0<t\leqslant2\text{ms}\\-10^{-3} & 2\text{ms}<t\leqslant4\text{ms}\\0 & t>4\text{ms}\end{cases}$$

（2）由公式 $C=\dfrac{q}{u}$，得

$$q(t)=Cu(t)=\begin{cases}0 & t\leqslant0\\2\times10^{-3}t & 0<t\leqslant2\text{ms}\\2\times10^{-6}(4-10^3t) & 2\text{ms}<t\leqslant4\text{ms}\\0 & t>4\text{ms}\end{cases}$$

（3）电容吸收功率为

$$p(t)=ui=\begin{cases}0 & t\leqslant0\\2t & 0<t\leqslant2\text{ms}\\-2\times10^3(4-10^3t) & 2\text{ms}<t\leqslant4\text{ms}\\0 & t>4\text{ms}\end{cases}$$

7. 解： $U_{ab}=0\text{V}$

8. 解：

$$I=\frac{20}{11}\text{A}$$

9. 解：$u_{ab}=4\times i_{ab}=4\times(i_1-0.9i_1)=0.899\text{V}$

## 第2章 电路的等效变换

一、填空题

1. 一端口网络；2. 一端口网络；3. 最简单；4. 大；5. 并；6. 串；7. 可以；8. 正；
9. 等效电阻；10. 电源

二、选择题

1. B；2. B；3. A；4. B；5. C；6. B；7. A；8. C；9. A；10. B

三、计算题

1. 解：$R_{ab}=7.5\Omega$

2. 解：$R_{ab}=30\Omega$

3. 解：$I=\dfrac{20}{11}\text{A}$

4. 解：$R_{in}=9\Omega$

5．解：$U = \dfrac{12}{17}$V

6．解：$U = \dfrac{72}{5}$V，$I = -\dfrac{1}{4}U = -3.6$A

7．解：$R = 7\Omega$

8．解：先求控制量 $U_1$.

$U_1 = 2 \times 5 = 10$V

由 KVL 得

$U_{cb} = -16$V

受控源的功率：$P = 0.05U_1 \times U_{cb} = -8$W

9．解：$R_{in} = -11\Omega$

由此可见，含受控源的电路输入电阻可以是负值。

## 第3章　线性电路的基本分析方法

一、填空题

1. $n-1$；2. $b-n+1$；3. 支路电流；4. 支路电压；5. $b$；6. $b$；7. 节点电压；8. 网孔电流；9. 回路电流；10. 特殊

二、选择题

1. B；2. C；3. B；4. C；5. B；6. C；7. B；8. A；9. B；10. A

三、计算题

1．解：$I_1 = 4$A，$I_2 = 6$A，$I_3 = 10$A

2．解：设网孔电流分别为 $I_1$、$I_2$，顺时针方向

$12I_1 - 10I_2 = 4$

$-10I_1 + 14I_2 = -8$

$I_1 = -0.35$ A，$U = 0.7$V

3．解：

$$\left.\begin{array}{l} \left(\dfrac{1}{R_{1a}+R_{1b}} + \dfrac{1}{R_4} + \dfrac{1}{R_8}\right)u_{n1} - \dfrac{1}{R_{1a}+R_{1b}}u_{n2} - \dfrac{1}{R_4}u_{n4} = i_{S4} - i_{S9} \\[3mm] -\dfrac{1}{R_{1a}+R_{1b}}u_{n1} + \left(\dfrac{1}{R_{1a}+R_{1b}} + \dfrac{1}{R_4} + \dfrac{1}{R_8}\right)u_{n2} - \dfrac{1}{R_2}u_{n3} = 0 \\[3mm] -\dfrac{1}{R_2}u_{n2} + \left(\dfrac{1}{R_2} + \dfrac{1}{R_3} + \dfrac{1}{R_6}\right)u_{n3} - \dfrac{1}{R_3}u_{n4} = i_{S9} - \dfrac{U_{S3}}{R_3} \\[3mm] -\dfrac{1}{R_4}u_{n1} - \dfrac{1}{R_3}u_{n3} + \left(\dfrac{1}{R_3} + \dfrac{1}{R_4} + \dfrac{1}{R_7}\right)u_{n4} = -i_{S4} + \dfrac{U_{S7}}{R_7} + \dfrac{U_{S3}}{R_3} \end{array}\right\}$$

4．解：

$$(R_{1a}+R_{1b}+R_5+R_8)i_{l1} - R_5 i_{l2} - R_4 i_{l4} - i_{S9}(R_{1a}+R_{1b}) = 0$$

$$(R_2+R_5+R_6)i_{l2} - R_5 i_{l1} - R_6 i_{l3} - R_2 i_{S9} = 0$$

$$(R_3+R_6+R_7)i_{l3} - R_6 i_{l2} - R_7 i_{l4} = u_{S3} - u_{S7}$$

$$(R_4+R_7+R_8)i_{l4} - R_8 i_{l1} - R_7 i_{l3} = u_{S7} - i_{S4}R_4$$

5．解：$U_{oc} = -24$ V，$R0 = 17$ Ω，$I = 2.53$A

6. 解：$U_{oc}=-24$ V，$R_0=17$ Ω，$I=2.53$A

7. 解：$i_{L1}=4$A，$i_{L2}=6$A，$u_i=60$V

8. 解：

$$\begin{cases} U\left(\dfrac{1}{4}+\dfrac{1}{2}+\dfrac{1}{12}\right)=3-\dfrac{5I}{2} \\ I=-\dfrac{U}{4} \end{cases}$$

$$\therefore \dfrac{10}{12}U-\dfrac{5}{8}U=3$$

$$U=\dfrac{72}{5}\text{V}，\quad I=-\dfrac{1}{4}U=-3.6\text{A}$$

9. 解：

$$\left.\begin{aligned} \left(\dfrac{1}{R_2+R_3}+\dfrac{1}{R_4}\right)u_{N1}-\dfrac{1}{R_4}u_{N2}&=i_{S1}-i_{S5} \\ -\left(\dfrac{\beta}{R_2+R_3}+\dfrac{1}{R_4}\right)u_{N1}+\left(\dfrac{1}{R_4}+\dfrac{1}{R_6}\right)u_{N2}&=0 \end{aligned}\right\}$$

10. 解：$i_{L1}=4$A，$i_{L2}=6$A，$u_i=60$V

## 第4章 电路定理

### 一、填空题

1. 线性无源元件，独立电源；2. 可加性，奇次性；3. 可加性；4. 比例性；5. 线性，短路，断路；6. 两个或两个以上，单独；7. 不予，保留；8. 不等于；9. 短路，独立源；10. 短路，独立源

### 二、选择题

1. A；2. C；3. B；4. B；5. A；6. B；7. A；8. B

### 三、计算题

1. 答案：$U_{ab}=(\sin t+0.2e^{-t})$V

2. 答案：$U=80$V

3. 答案：$U=25$V

4. 答案：$I_3=190$mA

5. 答案：$U_{oc}=-0.5$V，$R_{eq}=2$Ω，$i_{sc}=-0.25$A

6. 答案：$I=15$A

7. 答案：$U=16$V，$R=3$Ω

8. 答案：$I=1$A

9. 答案：$R_L=4.8$Ω时，$R_L=20$W

10. 答案：$R=2$Ω，$U_S=16$V

## 第5章 相量法基础

### 一、填空题

1. 幅值(有效值)、频率(角频率)、初相

2. $5\angle 143.13°$，$5e^{143.13j}$

3. 不能比较，因为频率不相同

4. 不能

5. 41.7uS

6. 同相 0°、电压超前电流 90°、电流超前电压 90°

7. 有效值、开方、有效值、热效应

8. $|z|=R$、与频率无关、$|z|=\omega L$、与频率成正比、$|z|=\dfrac{1}{\omega C}$、与频率成反比

9. 有效值、有效值、最大值等于 $\sqrt{2}$ 有效值

10. 同频率、不同频率

11. 14.14V、10V、314rad/S、50Hz、0.02S、30°

12. $i=14.14\cos(314t-135°)$A

二、选择题

1. B、D；2. B；3. D；4. B；5. C；6. B；7；A；8. D；9. D；

10. C

三、计算题

1. 答案：频率为 50Hz，幅值 100V，有效值 70.7V，初相位 60°，瞬时值表达式 $u_s(t)=100\cos(100\pi t-60°)$V。

2. 答案：最大值 20A，角频率 1000rad/s，频率 159.2Hz，周期 0.01s，初相 -45°。

3. 答案：(1)7.13+j3.4；(2)6.91-j9.69；(3)-7.13-j3.4；(4)-6.91+j9.69

4. 答案：(1)30.1∠3.81°，(2)52∠-52°，(2)30.1∠-176.19°，(2)52∠128°

5. 答案：(1)48.1∠-143.67°，(2)=0.52∠69.93°

6. 答案：$\dot{U}_1=100∠150°$V，$\dot{U}_2=100∠30°$V，$\varphi=120°$。

7. 答案：$u(t)=200\sqrt{2}\cos(\omega t+30°)$V，$i(t)=5\sqrt{2}\cos(\omega t-143.1°)$A

8. 答案：电压超前于电流 65°；$u_1(t)$ 超前于 $u_2(t)$ 122°；电压滞后于电流 25°；电压超前于电流 155°。

9. 答案：$u_1(t)=80\cos(\omega t-30°)$V，$u_2(t)=120\cos(\omega t-90°)$V，
$u_3(t)=80\cos(\omega t+150°)$V；

$\varphi_{i-u_2}=60°$，$\varphi_{i-u_3}=-180°$反相；

$\varphi_{i-u_2}=-120°$，$\varphi_{i-u_3}=0°$同相

10. 答案：电流有效值 0.9A，$i(t)=0.9\sqrt{2}\cos(314t-120°)$A

11. 答案：电流有效值 3.553A，$i(t)=3.553\sqrt{2}\cos(314t+60°)$A

12. 答案：$R=10\Omega$，$C=0.1$F。

13. 答案：电压超前于电流 45°

14. 答案：$R'=0.5\Omega$、$C'=1$F

15. 答案：(1)$Z=0.5∠65°\Omega$；(2)$5∠-25°\Omega$

## 第 6 章　正弦电流电路分析

一、填空题

1. 有、无、消耗功率、存在能量互换、消耗功率

2. 功率因数角余弦、瓦、功率因数角正弦、乏

3. 电容性、14.14Ω

4. 相量图

5. 电感性、电容性、电阻性、同相、串联谐振

6. 电容性、电感性、电阻性、同相、并联谐振

7. $R$、$j\omega L$、$-j/\omega C$

8. $1/R$、$-j/\omega L$、$j\omega C$

9. $Z_L = R_S - jX_S$、$\dfrac{U_S^2}{4R_S}$

10. $\dot{U} \times \dot{I}^*$、有功、无功、视在

11. 0、$U^2/\omega L$

12. 电流最大、阻抗模、1

二、选择题

1. C；2. C；3. B；4. B；5. B；6. D；7. C；8. C；9. C；10. B

三、计算题

1. 答案：$Z = 8 - 6j\Omega$，$Y = 0.8 + 0.6j\Omega$

2. 答案：$Z = 0.5 - 1.5j\Omega$

3. 答案：$j\omega L - r$

4. 答案：$\dot{I}_1 = 3.58\angle 18.43°A$，$\dot{I}_2 = 1.79\angle 108.43°A$

5. 答案：$\dot{I} = 9\angle 53.1°A$

6. 答案：$u_c(t) = 5 + 100\cos(10^3 t - 90°)V$

7. 答案：$\dot{U}_{oc} = 0.707\angle 90°V$，$Z_{eq} = 1.5 + 0.5j\Omega$

8. 答案：$\dot{U}_{oc} = 15\angle 36.87°V$，$Z_{eq} = (96 + j72)\Omega$

9. 答案：$5\angle -90°V$

10. 答案：$i_1(t) = 1.24\sqrt{2}\cos(10^3 t + 29.7°)A$

$i_2(t) = 2.77\sqrt{2}\cos(10^3 t + 56.3°)A$

11. 答案：$3\angle -90°A$

12. 答案：$\dot{U}_{Z1} = 61.19\angle 48.18°V$

$\dot{I} = 1.13\angle 81.87°A$

13. 答案：电压表 V 的读数 $U = 14.4V$，电流表 A 的读数 $= 1A$

14. 答案：$A_3$ 为 0.3A，$A_4$ 为 0.4A

15. 答案：$I_R = 1A$，$I_L = 0.5A$，$I_C = 2A$，$I = 1.8A$

16. 答案：$L = 1mH$

18. 答案：112.36mW，$-140.45mvar$，179.86mV·A

19. 答案：$\tilde{S}_1 = 769.13 + j1\,922.82V·A$，$\tilde{S}_2 = 1\,115.42 - j3\,346.26V·A$

$\tilde{S} = 1\,884.55 - j1\,423.42V·A$，$\cos\varphi = 0.798$

20. 答案：$\dot{I} = 20.62\angle 120.96°A$，$\dot{I}_C = 20\angle 135°A$，$\dot{I}_1 = 5\angle 45°A$，$\tilde{S} = 1\,076.7\angle 87.34°V·A$

## 第7章 一阶电路

### 一、填空题

1. 无电源激励，输入信号为零，仅由初始储能引起的响应；电容元件放电的过程

2. 换路前初始储能为零，仅由外加激励引起的响应；电源给电容元件充电的过程

3. 电源激励和初始储能共同作用的结果，其实质是零输入响应和零状态响应的叠加

4. 初始值 $x(0_+)$、稳态值 $x(\infty)$、时间常数 $\tau$

5. "筛分"性质，或取样性质

6. 2s

7. 3V

8. 3s

9. $u_L(0_+)e^{-0.5t}$

10. $5e^{-10t}$

### 二、选择题

1. A；2. C；3. D；4. B；5. D；6. D；7. A；8. B；9. A；10. C

### 三、计算题

1. $u_C(0_+)=u_C(0_-)=10\text{V}$, $i_C(0_+)=-\dfrac{10+5}{10}=1.5\text{A}$, $uR(0_+)=-15\text{V}$

$i_L(0_+)=i_L(0_-)=1\text{A}$

$u_R(0_+)=5\times1=5\text{V}$, $i_R(0_+)=i_L(0_+)=1\text{A}$

2. $u_C(0_-)=10\times\dfrac{30}{30+20}=6\text{V}$

$u_C(0_+)=u_C(0_-)=6\text{V}$

$i_1(0_+)=0$, $i(0_+)=i_C(0_+)=\dfrac{10-6}{20\text{k}}=0.2\text{mA}$, $u_R(0_+)=Ri(0_+)=4\text{V}$

3. $i_L(0_-)=\dfrac{10}{1+4}=2\text{A}$

$\therefore i_L(0_+)=i_L(0_-)=2\text{A}$

$i(0_+)=10\text{A}$, $i_1(0_+)=i(0_+)-i_L(0_+)=8\text{A}$, $u_R(0_+)=10\text{V}$, $u_R(0_+)=8\text{V}$

$u_L(0_+)=-4i_L(0_+)=-8\text{V}$

4. $u_C(t)=U_0e^{-\frac{t}{\tau}}t\geqslant0$

$i(t)=-C\dfrac{\mathrm{d}u_C}{\mathrm{d}t}=\dfrac{U_0}{R_1+R_2}e^{-\frac{t}{\tau}}t\geqslant0$

时间常数 $\tau=R_{eq}C$, $R_{eq}=R_1+R_2$, 从 $C$ 左端看进去的输入端电阻。

5. $u_{ab}(t)=-4i_1(t)+3i_2(t)=1.25e^{-\frac{t}{12}}\text{V}$

6. $u_c(0_+)=-6\text{V}$, $u_c(\infty)=6\text{V}$, $\tau=2\text{s}$

$u_c(t)=(6-12e^{-0.5t})\text{V}$ $(t\geqslant0)$

7. S1：求 $u_C(t)$

$u_C(t)=u_{C1}(t)+u_{C2}(t)=4e^{-\frac{t}{\tau}}+12(1-e^{-\frac{t}{\tau}})=12-8e^{-\frac{t}{\tau}}\text{V}$

或 $u_C(t)=u_{C3}(t)+u_{C4}(t)=12+Ke^{-0.2t}=12-8e^{-0.2t}\text{V}$

其中　$K=u_C(0)-u_{C4}(0)=4-12=-8$

S2：求 $i_C(t)$

$$i_C(t)=C\dfrac{\mathrm{d}u_C}{\mathrm{d}t}=5\times1.6\mathrm{e}^{-0.2t}\mathrm{A}\quad t\geqslant0$$

8. 三要素法：$(0\leqslant t\leqslant1\mathrm{s})$

$u_c(t)=3-3\mathrm{e}^{-t}\mathrm{V},\ t>0$

三要素法：$(1\mathrm{s}\leqslant t)$

$u_c(t)=1.89\mathrm{e}^{-\frac{1}{1.5}(t-1)}\mathrm{V},\ t>0$

9. $t\geqslant0$　$i_L(t)=i_L(\infty)+[i_L(0+)-i_L(\infty)]=1+3\mathrm{A}$

10. $u_C(t)=u_C(\infty)+[u_C(0+)-u_C(\infty)]=8-10\mathrm{V}$　　　$t\geqslant0$

11. $i_C(t)=i_C(0+)=-3\mathrm{A}$　$t\geqslant0$

$i_L(t)=i_L(\infty)(1-\mathrm{e}^{-\frac{t}{\tau}})=3(1-\mathrm{e}^{-2t})\mathrm{A}$　$t\geqslant0$

$i(t)=i_L(t)-i_C(t)=3(1-\mathrm{e}^{-2t})+3\mathrm{e}^{-t}\mathrm{A}$　$t\geqslant0$

12. $u_C(0_+)=u_C(0_-)=0$；$u_C(t)=\dfrac{U_S}{R}\times R\ (1-\mathrm{e}^{-\frac{t}{RC}})=U_S(1-\mathrm{e}^{-\frac{t}{RC}})$　$t\geqslant0$

$i(t)=C\dfrac{\mathrm{d}u_C}{\mathrm{d}t}=\dfrac{U_S}{R}\mathrm{e}^{-\frac{t}{RC}}$　$t\geqslant0$

$W_R=\displaystyle\int_0^\infty\dfrac{U_S^2}{R}\mathrm{e}^{-\frac{2t}{RC}}\mathrm{d}t=\dfrac{U_S^2}{R}\left(-\dfrac{RC}{2}\right)\left.\mathrm{e}^{-\frac{2t}{RC}}\right|_0^\infty=\dfrac{1}{2}CU_S^2$ 能量与 $R$ 的大小无关

又因　$W_C=\dfrac{1}{2}CU_S$，可见 $W_C=W_R$

13. $i_L(t)=3(1-\mathrm{e}^{-\frac{t}{2}})\mathrm{A}$　　　$t\geqslant0$

14. (1) $i(t)=i(\infty)+[i(0)-i(\infty)]\mathrm{e}^{-\frac{t}{\tau}}=10-15\mathrm{e}^{-\frac{t}{2}}\mathrm{A}$

(2) $i(t)=i(\infty)+[i(0)-i(\infty)]\mathrm{e}^{-\frac{t}{\tau}}=-10+15\mathrm{e}^{-\frac{t}{3}}\mathrm{A}$

15. $i(t)=i_L(t)=0.699\mathrm{e}^{-\frac{6}{5}(t-1)}\mathrm{A},\ t>1\mathrm{s}$

16. $i_L=i_L(0_+)\mathrm{e}^{-\frac{t}{\tau}}\varepsilon(t)=4\mathrm{e}^{-240t}\varepsilon(t)\mathrm{A}$

$u_L(t)=L\dfrac{\mathrm{d}i_L}{\mathrm{d}t}=100\times10^{-3}\times[4\delta(t)+4\mathrm{e}^{-240t}\times(-240)\varepsilon(t)]=0.4\delta(t)-96\mathrm{e}^{-240t}\varepsilon(t)\mathrm{V},$

$t>0_-$

## 第 8 章　二 阶 电 路

一、填空题

1. 两；2. 过阻尼；3. 临界阻尼；4. 相同；5.5

二、选择题

1. D　2. C

三、计算题

1. $i_{L_1}(0_+)=i_{L_2}(0_+)=1\mathrm{A}$

$i_{L_1}(t)=\{i_{L_1}(\infty)+[i_{L_1}(0)-i_{L_1}(\infty)]\mathrm{e}^{-\frac{t}{\tau}}\}=\dfrac{1}{3}+[1-\dfrac{1}{3}]\mathrm{e}^{-2.4t}=\dfrac{1}{3}(1+2\mathrm{e}^{-2.4t})\mathrm{A},$

$t\geqslant0_+$

$$i_{L_2}(t)=\{i_{L_2}(\infty)+[i_{L_2}(0)-i_{L_2}(\infty)]e^{-\frac{t}{\tau}}\}=\frac{1}{3}+[1-\frac{1}{3}]e^{-2.4t}=\frac{1}{3}(1+2e^{-2.4t})\,\mathrm{A},$$

$t\geqslant 0^{+}$

2. $i_{L}(0_{+})=i_{L}(0_{-})=0.75\mathrm{A}$, $u_{C}(0_{+})=u_{C}(0_{-})=3\mathrm{V}$, $i_{R}(0_{+})=\dfrac{3}{12}=0.25\mathrm{A}$, $i_{C}(0_{+})$

$=-1\mathrm{A}$

3. $u_{C}(t)=e^{-\frac{1}{2}t}(\cos\dfrac{\sqrt{3}}{2}t+\sqrt{3}\sin\dfrac{\sqrt{3}}{2}t)\mathrm{V}\quad t\geqslant 0$

或 $u_{C}(t)=2e^{-\frac{1}{2}t}\cos\left(\dfrac{\sqrt{3}}{2}t-\dfrac{\pi}{3}\right)\mathrm{V}\quad t\geqslant 0$

$i_{L}(t)=2e^{-\frac{1}{2}t}\cos\left(\dfrac{\sqrt{3}}{2}t+\dfrac{\pi}{3}\right)\mathrm{A}\quad t\geqslant 0$

4. $u_{C}(t)=\cos 2t+\dfrac{1}{8}\sin 2t=1.01\cos(2t-7°)\mathrm{V}\qquad t\geqslant 0$

$i_{L}(t)=C\dfrac{\mathrm{d}u_{C}}{\mathrm{d}t}=-8\sin 2t+\cos 2t=8.06\cos(2t+83°)\mathrm{A}\quad t\geqslant 0$

5. $u_{C}(t)=4e^{-t}-3e^{-2t}\mathrm{V}$; $i_{L}(t)=-2e^{-t}+3e^{-2t}\mathrm{A}$

6. (1) $R=4.5\Omega$ 时

$$i_{L}(t)=15e^{-t}-5e^{-3t}\mathrm{A}\quad t\geqslant 0$$

$$u_{C}(t)=u_{L}(t)=L\dfrac{\mathrm{d}i_{L}(t)}{\mathrm{d}t}=6\times\dfrac{\mathrm{d}}{\mathrm{d}t}(15e^{-t}-5e^{-3t})$$

$$=90e^{-t}-90e^{-3t}\mathrm{V}\quad t\geqslant 0$$

(2) $R=5.196\Omega$ 时

$i_{L}(t)=10(1+\sqrt{3}t)e^{-\sqrt{3}t}$

$u_{C}(t)=u_{L}(t)=L\dfrac{\mathrm{d}i_{L}(t)}{\mathrm{d}t}$

$=6[\dfrac{\mathrm{d}}{\mathrm{d}t}(10+\sqrt{3}10t)e^{-\sqrt{3}t}]$

$=6[-\sqrt{3}e^{-\sqrt{3}t}(10+\sqrt{3}\cdot 10t)e^{-\sqrt{3}t}+\sqrt{3}\cdot 10e^{-\sqrt{3}t}$

$=180te^{-\sqrt{3}t}\mathrm{V}\quad t\geqslant 0$

(3) $R=6.369\Omega$ 时

$$i_{L}(t)=e^{-\sqrt{2}t}(10\cos t+\sqrt{2}\cdot 10\sin t)\mathrm{A}\quad t\geqslant 0$$

或

$i_{L}(t)=e^{-\sqrt{2}t}\cdot\sqrt{(\sqrt{2}\times 10)^{2}+10^{2}}\left[\dfrac{10}{\sqrt{(\sqrt{2}\times 10)^{2}+10^{2}}}\cos t+\dfrac{\sqrt{2}\times 10}{\sqrt{(\sqrt{2}\times 10)^{2}+10^{2}}}\sin t\right]$

$=\sqrt{3}\times 10e^{-\sqrt{2}t}[\sin\theta\cos t+\cos\theta\sin t]$

$=\sqrt{3}\times 10e^{-\sqrt{2}t}\sin(t+\theta)$

$$\theta=\mathrm{arctg}\dfrac{10}{\sqrt{2}\times 10}=35.27°$$

$$u_C(t) = u_L(t) = L \frac{di_L(t)}{dt}$$

$$= 6 \frac{d}{dt}[e^{-\sqrt{2}t}(10\cos t + \sqrt{2} \cdot 10\sin t)]$$

$$= 6[-\sqrt{2}e^{-\sqrt{2}t}(10\cos t + \sqrt{2} \cdot 10\sin t) + e^{-\sqrt{2}t}(-10\sin t + \sqrt{2} \cdot 10\cos t)]$$

$$= 6(-20\sin t e^{-\sqrt{2}t} - 10\sin t e^{-\sqrt{2}t})$$

$$= -180e^{-\sqrt{2}t}\sin t \, \text{V} \quad t \geq 0$$

7. (1) $u_C = (10.77e^{-268t} - 0.773e^{-3732t})\text{V}$

$i = 2.89(e^{-268t} - e^{-3732t})\text{mA}$

$u_R = Ri = 11.56(e^{-268t} - e^{-3732t})\text{V}$

$u_L = L\frac{di}{dt} = (10.77e^{-3732t} - 0.773e^{-268t})\text{V}$

(2) $i_{max} = i\big|_{t=t_m} = 2.89(e^{-268t} - e^{-3732t})_{t=t_m} = 2.19\text{mA}$

## 第9章　含有耦合电感的电路

### 一、填空题

1. 感应电动势、磁耦合

2. 施感电流

3. 反向串联、顺向串联

4. 右手

5. 同频率

6. 改变电流、改变阻抗、改变相位

7. 铁损、铜损

8. 匝数

9. 没有漏磁、两绕组没有电阻

10. 0

### 二、选择题

1. B；2. A；3. B；4. A；5. C；6. A；7. A；8. A；9. B；10. A

### 三、计算题

1. 53 mH

2. $\cos(t - 36.9°)$A

3. (1)10.85$\angle$-77.47°A(打开)，43.85$\angle$-37.88°A(闭合)；

(2)4385$\angle$-37.88°V·A

4. 52.86 mH

5. (1)136.4$\angle$-119.7°V，311.1$\angle$22.38°V；(2)33.33$\mu$F

6. $U_{oc} = 30\text{V}\angle 0°$

7. $I_{L1} = I_{L2} = 1.104\angle$-83.66°A，$I_c = 0$A

8. 0.3999$\angle$0°A

9. 2.236

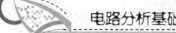

## 第 10 章　三 相 电 路

三、

1. $U_{AB}=1.732U$

$U_{BC}=U_{CA}=U$

2. $U_l=380V$

$U_P=\dfrac{U_l}{\sqrt{3}}=\dfrac{380}{\sqrt{3}}=220V$

$I_l=I_P=\dfrac{U_P}{|Z|}=\dfrac{220}{50}=4.4A$

$P=3U_PI_P\cos\varphi=2323.2W$

3. $\dot{I}_A=22\angle-143°A$，$\dot{I}_B=22\angle-263°A$，$\dot{I}_C=22\angle-23°A$

4. 线电流为 27.5A，负载的相电流为 15.9A

5. $\dot{I}_A=39.3\angle-30°A$

6. $I_L=11A$

$P=5\,808W$

$Q=4\,356var$

$S=7\,260V\cdot A$

7. $\cos\varphi_P=\dfrac{P}{\sqrt{3}U_lI_l}\approx0.69$

$Q=\sqrt{3}U_lI_l\sin(\arccos 0.69)\approx5764var$

8. $R$、$L$、$C$ 之间应当满足 $R=\dfrac{L}{\sqrt{3}C}$ 的关系

当 $R=20\Omega$ 时，$L$ 和 $C$ 应分别为 18.7mH 和 541$\mu$F

9. $P_1=380\times3.464\times\cos(90°-30°)\approx658W$

$P_2=380\times3.464\times\cos(90°+30°)\approx-658W$

10. $I_P=\dfrac{U_P}{|Z|}=10A$

$I_L=\sqrt{3}I_P=17.3A$

$P=3U_PI_P\cos\varphi=11.4W$

## 第 11 章　二端口网络

三、

1. $\boldsymbol{Z}=\begin{bmatrix}4&1\\1&3\end{bmatrix}\Omega$

2. $\begin{cases}Z_1=Z_{11}-Z_{12}=1\ \Omega\\Z_2=Z_{12}=Z_{21}=\dfrac{1}{2}\ \Omega\\Z_3=Z_{22}-Z_{12}=2\ \Omega\end{cases}$

3. $\boldsymbol{H} = \begin{bmatrix} \dfrac{1}{Y_{11}} & -\dfrac{Y_{12}}{Y_{11}} \\[3mm] \dfrac{Y_{21}}{Y_{11}} & \dfrac{\Delta Y}{Y_{11}} \end{bmatrix} = \begin{bmatrix} \dfrac{1}{2}\,\Omega & 1 \\[3mm] 0 & -1\,\mathrm{S} \end{bmatrix}$

4. $Z_i = R$

5. $Z_C = \sqrt{\dfrac{L}{C}}$

## 第 12 章　利用 MATLAB 计算电路

### 一、填空题

1. help　lookfor　2. 电路传递函数　　3. 幅频特性，相频特性

### 二、多项选择题

1. ABC　　　　2. ABC　　　3. ABCD　　　4. ABC　　　5. ABCD

### 三、编程题

1. M 函数如下：

```
function [u,v,w]= aaa(x,y,z)
u= x+ y+ z
v= x.^2+ y.^2+ z.^2
w= x.^3+ y.^3+ z.^3
```

函数名称为 aaa，有 3 个输入变量，3 个输出变量。

2. 参考程序如下：

```
clc
clear
close all
num= [0 0 2 8 12 8 2];den= [1 5 10 10 5 1 0];
sys= tf(num,den)
bode(sys)
figure
```

运行程序得到系统的频率响应如图 12.20 所示。

3. 参考程序如下：

```
clc;clear;close all
% 开环传递函数描述
num= [20];
den= [1 8 36 40 0];
% 求闭环传递函数
[numc,denc]= cloop(num,den);
% 绘制闭环系统的阶跃响应曲线
t= 0:0.1:10;
y= step(numc,denc,t);
[y1,x,t1]= step(numc,denc);
% 对于传递函数调用,状态变量 x 返回为空矩阵
```

```
plot(t,y,'r:',t1,y1)
title('the step responce')
xlabel('time-sec')
% 求稳态值
disp('系统稳态值 dc 为')
dc= dcgain(numc,denc)
```

程序运行后得到系统的阶跃响应如图 12.21 所示，系统稳态值为

```
dc=
1
```

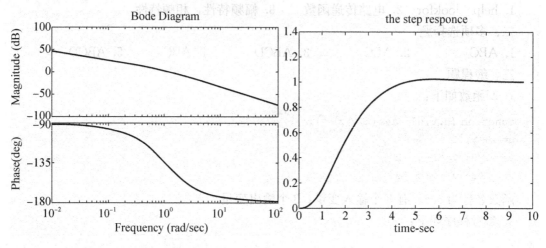

图 12.20　系统的频率响应　　　图 12.21　系统的阶跃响应

4. 解：采用节点电压法如图 12.19 所示，分别设 1、2、3 节点的电压为 $U_1$、$U_2$、$U_3$。则分别对 3 个节点列节点方程。

```
节点 1：U₁= 8；
节点 2：U₂= 2I₁；
节点 3：- 0.25U₁- 0.5U₂+ 0.75U₃= 5；
增补方程：I₁= 0.25* (U₁- U₃)；
待求解量：Iₓ= I₁+ 0.25* (U₁- U₂).
```

整理以上方程组写成 $AX=B$ 的矩阵形式，$X$ 代表未知向量，即 $X=[U_1, U_2, U_3, I_1]$。
用 MATLAB 语言编程实现上述计算，程序如下：

```
A= [1 0 0 0；0 1 0 - 2；- 0.25 - 0.5 0.75 0；1 0 - 1 - 4]；% 建立矩阵
B= [8；0；5；0]；% 建立矩阵
X= A\B；% 计算向量  .
Ix= X(4)+ 2\(X(1)- X(2))；% 计算所求电流
得到结果   = 4.
```

5. 编写脚本文件 ex12.5.m 文件，代码如下：

```
per= input('输入成绩:')
switch floor(per/10)% 将 grade 向负无穷方向取整,不能为 fix
case 9
        grade= 'A'% 100> grade> = 90
    case 8
grade= 'B'
    case 7
        grade= 'C'
    case 6
        grade= 'D'
    case num2cell(0:5)% 数值向量必须转换为元胞数组才能作为判决条件
        grade= 'E'
    otherwise
        if per= = 100
            grade= 'A' % grade= 100
        else grade= 'error'% grade< 0 或 grade> 100
        end
end
```

运行程序,在命令窗口输入成绩即可。

# 参 考 文 献

[1] 李瀚荪. 电路分析基础(下册)[M]. 北京：高等教育出版社，1993.

[2] 邱关源. 电路[M]. 4版. 北京：高等教育出版社，1999.

[3] 邱关源. 电路[M]. 5版. 北京：高等教育出版社，2006.

[4] 秦曾煌. 电工学(上册)[M]. 北京：高等教育出版社，1999.

[5] 唐介. 电工学(少学时)[M]. 北京：高等教育出版社，1999.

[6] 周守昌. 电路原理(上册)[M]. 北京：高等教育出版社，1999.

[7] 李发海，王岩主. 电机与拖动基础[M]. 2版. 北京：清华大学出版社，1994.

[8] 朱建堃. 电工学. 电工技术[M]. 5版. 西安：西北工业大学出版社，2001.

[9] 卢元元，王晖. 电路理论基础[M]. 西安：西安电子科技大学出版社，2004.

[10] 张永瑞，杨林耀，张雅兰. 电路分析基础[M]. 2版. 西安：西安电子科技大学出版社，1998.

[11] 王丽娟，王友军. 电路理论基础[M]. 北京：机械工业出版社，2011.

[12] 林瑞光. 电机与拖动基础[M]. 杭州：浙江大学出版社，2004.

[13] 于素芹，李宁. 电路分析考研指导[M]. 北京：北京邮电大学出版社，2002.

[14] 钟凯. 电路辅导及习题全解[M]. 北京：科学技术文献出版社，2007.

[15] 许实章. 电机学[M]. 北京：机械工业出版社，1981.

[16] 顾绳谷. 电机及拖动基础[M]. 北京：机械工业出版社，1980.

[17] 杨渝钦. 控制电机[M]. 北京：机械工业出版社，1990.

[18] 叶挺秀. 电工电子学[M]. 北京：高等教育出版社，1999.

[19] 江甦. 电工与工业电子学[M]. 西安：西安电子科技大学出版社，2004.

[20] 贺洪江，王振涛. 电路基础[M]. 北京：高等教育出版社，2004.

[21] 吴大正，王松林，王玉华. 电路基础[M]. 2版. 西安：西安电子科技大学出版社，1999.

[22] 蒋文选. 电工技术实验与测量[M]. 贵阳：贵州教育出版社，1998.

[23] 杨咸华. 常用电工测量技术[M]. 北京：机械工业出版社，2001.

# 北京大学出版社本科电气信息系列实用规划教材

| 序号 | 书名 | 书号 | 编著者 | 定价 | 出版年份 | 教辅及获奖情况 |
|---|---|---|---|---|---|---|
| | | 物联网工程 | | | | |
| 1 | 物联网概论 | 7-301-23473-0 | 王 平 | 38 | 2014 | 电子课件/答案,有"多媒体移动交互式教材" |
| 2 | 物联网概论 | 7-301-21439-8 | 王金甫 | 42 | 2012 | 电子课件/答案 |
| 3 | 现代通信网络 | 7-301-24557-6 | 胡珺珺 | 38 | 2014 | 电子课件/答案 |
| 4 | 物联网安全 | 7-301-24153-0 | 王金甫 | 43 | 2014 | 电子课件/答案 |
| 5 | 通信网络基础 | 7-301-23983-4 | 王昊 | 32 | 2014 | |
| 6 | 无线通信原理 | 7-301-23705-2 | 许晓丽 | 42 | 2014 | 电子课件/答案 |
| 7 | 家居物联网技术开发与实践 | 7-301-22385-7 | 付 蔚 | 39 | 2013 | 电子课件/答案 |
| 8 | 物联网技术案例教程 | 7-301-22436-6 | 崔逊学 | 40 | 2013 | 电子课件 |
| 9 | 传感器技术及应用电路项目化教程 | 7-301-22110-5 | 钱裕禄 | 30 | 2013 | 电子课件/视频素材,宁波市教学成果奖 |
| 10 | 网络工程与管理 | 7-301-20763-5 | 谢 慧 | 39 | 2012 | 电子课件/答案 |
| 11 | 电磁场与电磁波(第2版) | 7-301-20508-2 | 邬春明 | 32 | 2012 | 电子课件/答案 |
| 12 | 现代交换技术(第2版) | 7-301-18889-7 | 姚 军 | 36 | 2013 | 电子课件/习题答案 |
| 13 | 传感器基础(第2版) | 7-301-19174-3 | 赵玉刚 | 32 | 2013 | 视频 |
| 14 | 物联网基础与应用 | 7-301-16598-0 | 李蔚田 | 44 | 2012 | 电子课件 |
| 15 | 通信技术实用教程 | 7-301-25386-1 | 谢 慧 | 36 | 2015 | 电子课件/习题答案 |
| 16 | 物联网工程应用与实践 | 7-301-19853-7 | 于继明 | 39 | 2015 | |
| | | 单片机与嵌入式 | | | | |
| 1 | 嵌入式 ARM 系统原理与实例开发(第2版) | 7-301-16870-7 | 杨宗德 | 32 | 2011 | 电子课件/素材 |
| 2 | ARM 嵌入式系统基础与开发教程 | 7-301-17318-3 | 丁文龙 李志军 | 36 | 2010 | 电子课件/习题答案 |
| 3 | 嵌入式系统设计及应用 | 7-301-19451-5 | 邢吉生 | 44 | 2011 | 电子课件/实验程序素材 |
| 4 | 嵌入式系统开发基础-----基于八位单片机的 C 语言程序设计 | 7-301-17468-5 | 侯殿有 | 49 | 2012 | 电子课件/答案/素材 |
| 5 | 嵌入式系统基础实践教程 | 7-301-22447-2 | 韩 磊 | 35 | 2013 | 电子课件 |
| 6 | 单片机原理与接口技术 | 7-301-19175-0 | 李 升 | 46 | 2011 | 电子课件/习题答案 |
| 7 | 单片机系统设计与实例开发(MSP430) | 7-301-21672-9 | 顾 涛 | 44 | 2013 | 电子课件/答案 |
| 8 | 单片机原理与应用技术 | 7-301-10760-7 | 魏立峰 王宝兴 | 25 | 2009 | 电子课件 |
| 9 | 单片机原理及应用教程(第2版) | 7-301-22437-3 | 范立南 | 43 | 2013 | 电子课件/习题答案,辽宁"十二五"教材 |
| 10 | 单片机原理与应用及 C51 程序设计 | 7-301-13676-8 | 唐 颖 | 30 | 2011 | 电子课件 |
| 11 | 单片机原理与应用及其实验指导书 | 7-301-21058-1 | 邵发森 | 44 | 2012 | 电子课件/答案/素材 |
| 12 | MCS-51 单片机原理及应用 | 7-301-22882-1 | 黄翠翠 | 34 | 2013 | 电子课件/程序代码 |
| | | 物理、能源、微电子 | | | | |
| 1 | 物理光学理论与应用(第2版) | 7-301-26024-1 | 宋贵才 | 46 | 2015 | 电子课件/习题答案,"十二五"普通高等教育本科国家级规划教材 |
| 2 | 现代光学 | 7-301-23639-0 | 宋贵才 | 36 | 2014 | 电子课件/答案 |
| 3 | 平板显示技术基础 | 7-301-22111-2 | 王丽娟 | 52 | 2013 | 电子课件/答案 |
| 4 | 集成电路版图设计 | 7-301-21235-6 | 陆学斌 | 32 | 2012 | 电子课件/习题答案 |
| 5 | 新能源与分布式发电技术 | 7-301-17677-1 | 朱永强 | 32 | 2010 | 电子课件/习题答案,北京市精品教材,北京市"十二五"教材 |
| 6 | 太阳能电池原理与应用 | 7-301-18672-5 | 靳瑞敏 | 25 | 2011 | 电子课件 |

| 序号 | 书名 | 书号 | 编著者 | 定价 | 出版年份 | 教辅及获奖情况 |
|---|---|---|---|---|---|---|
| 7 | 新能源照明技术 | 7-301-23123-4 | 李姿景 | 33 | 2013 | 电子课件/答案 |
| | | | 基 础 课 | | | |
| 1 | 电工与电子技术(上册)(第2版) | 7-301-19183-5 | 吴舒辞 | 30 | 2011 | 电子课件/习题答案,湖南省"十二五"教材 |
| 2 | 电工与电子技术(下册)(第2版) | 7-301-19229-0 | 徐卓农　李士军 | 32 | 2011 | 电子课件/习题答案,湖南省"十二五"教材 |
| 3 | 电路分析 | 7-301-12179-5 | 王艳红　蒋学华 | 38 | 2010 | 电子课件,山东省第二届优秀教材奖 |
| 4 | 模拟电子技术实验教程 | 7-301-13121-3 | 谭海曙 | 24 | 2010 | 电子课件 |
| 5 | 运筹学(第2版) | 7-301-18860-6 | 吴亚丽　张俊敏 | 28 | 2011 | 电子课件/习题答案 |
| 6 | 电路与模拟电子技术 | 7-301-04595-4 | 张绪光　刘在娥 | 35 | 2009 | 电子课件/习题答案 |
| 7 | 微机原理及接口技术 | 7-301-16931-5 | 肖洪兵 | 32 | 2010 | 电子课件/习题答案 |
| 8 | 数字电子技术 | 7-301-16932-2 | 刘金华 | 30 | 2010 | 电子课件/习题答案 |
| 9 | 微机原理及接口技术实验指导书 | 7-301-17614-6 | 李干林　李升 | 22 | 2010 | 课件(实验报告) |
| 10 | 模拟电子技术 | 7-301-17700-6 | 张绪光　刘在娥 | 36 | 2010 | 电子课件/习题答案 |
| 11 | 电工技术 | 7-301-18493-6 | 张莉　张绪光 | 26 | 2011 | 电子课件/习题答案,山东省"十二五"教材 |
| 12 | 电路分析基础 | 7-301-20505-1 | 吴舒辞 | 38 | 2012 | 电子课件/习题答案 |
| 13 | 模拟电子线路 | 7-301-20725-3 | 宋树祥 | 38 | 2012 | 电子课件/习题答案 |
| 14 | 数字电子技术 | 7-301-21304-9 | 秦长海　张天鹏 | 49 | 2013 | 电子课件/答案,河南省"十二五"教材 |
| 15 | 模拟电子与数字逻辑 | 7-301-21450-3 | 邬春明 | 39 | 2012 | 电子课件 |
| 16 | 电路与模拟电子技术实验指导书 | 7-301-20351-4 | 唐颖 | 26 | 2012 | 部分课件 |
| 17 | 电子电路基础实验与课程设计 | 7-301-22474-8 | 武林 | 36 | 2013 | 部分课件 |
| 18 | 电文化——电气信息学科概论 | 7-301-22484-7 | 高心 | 30 | 2013 | |
| 19 | 实用数字电子技术 | 7-301-22598-1 | 钱裕禄 | 30 | 2013 | 电子课件/答案/其他素材 |
| 20 | 模拟电子技术学习指导及习题精选 | 7-301-23124-1 | 姚娅川 | 30 | 2013 | 电子课件 |
| 21 | 电工电子基础实验及综合设计指导 | 7-301-23221-7 | 盛桂珍 | 32 | 2013 | |
| 22 | 电子技术实验教程 | 7-301-23736-6 | 司朝良 | 33 | 2014 | |
| 23 | 电工技术 | 7-301-24181-3 | 赵莹 | 46 | 2014 | 电子课件/习题答案 |
| 24 | 电子技术实验教程 | 7-301-24449-4 | 马秋明 | 26 | 2014 | |
| 25 | 微控制器原理及应用 | 7-301-24812-6 | 丁筱玲 | 42 | 2014 | |
| 26 | 模拟电子技术基础学习指导与习题分析 | 7-301-25507-0 | 李大军　唐颖 | 32 | 2015 | 电子课件/习题答案 |
| 27 | 电工学实验教程(第2版) | 7-301-25343-4 | 王士军　张绪光 | 27 | 2015 | |
| 28 | 微机原理及接口技术 | 7-301-26063-0 | 李干林 | 42 | 2015 | 电子课件/习题答案 |
| 29 | 简明电路分析 | 7-301-26062-3 | 姜涛 | 48 | 2015 | 电子课件/习题答案 |
| | | | 电子、通信 | | | |
| 1 | DSP技术及应用 | 7-301-10759-1 | 吴冬梅　张玉杰 | 26 | 2011 | 电子课件,中国大学出版社图书奖首届优秀教材奖一等奖 |
| 2 | 电子工艺实习 | 7-301-10699-0 | 周春阳 | 19 | 2010 | 电子课件 |
| 3 | 电子工艺学教程 | 7-301-10744-7 | 张立毅　王华奎 | 32 | 2010 | 电子课件,中国大学出版社图书奖首届优秀教材奖一等奖 |
| 4 | 信号与系统 | 7-301-10761-4 | 华容　隋晓红 | 33 | 2011 | 电子课件 |
| 5 | 信息与通信工程专业英语(第2版) | 7-301-19318-1 | 韩定定　李明明 | 32 | 2012 | 电子课件/参考译文,中国电子教育学会2012年全国电子信息类优秀教材 |
| 6 | 高频电子线路(第2版) | 7-301-16520-1 | 宋树祥　周冬梅 | 35 | 2009 | 电子课件/习题答案 |

| 序号 | 书名 | 书号 | 编著者 | 定价 | 出版年份 | 教辅及获奖情况 |
|---|---|---|---|---|---|---|
| 7 | MATLAB 基础及其应用教程 | 7-301-11442-1 | 周开利　邓春晖 | 24 | 2011 | 电子课件 |
| 8 | 计算机网络 | 7-301-11508-4 | 郭银景　孙红雨 | 31 | 2009 | 电子课件 |
| 9 | 通信原理 | 7-301-12178-8 | 隋晓红　钟晓玲 | 32 | 2007 | 电子课件 |
| 10 | 数字图像处理 | 7-301-12176-4 | 曹茂永 | 23 | 2007 | 电子课件，"十二五"普通高等教育本科国家级规划教材 |
| 11 | 移动通信 | 7-301-11502-2 | 郭俊强　李　成 | 22 | 2010 | 电子课件 |
| 12 | 生物医学数据分析及其 MATLAB 实现 | 7-301-14472-5 | 尚志刚　张建华 | 25 | 2009 | 电子课件/习题答案/素材 |
| 13 | 信号处理 MATLAB 实验教程 | 7-301-15168-6 | 李　杰　张　猛 | 20 | 2009 | 实验素材 |
| 14 | 通信网的信令系统 | 7-301-15786-2 | 张云麟 | 24 | 2009 | 电子课件 |
| 15 | 数字信号处理 | 7-301-16076-3 | 王震宇　张培珍 | 32 | 2010 | 电子课件/答案/素材 |
| 16 | 光纤通信 | 7-301-12379-9 | 卢志茂　冯进玫 | 28 | 2010 | 电子课件/习题答案 |
| 17 | 离散信息论基础 | 7-301-17382-4 | 范九伦　谢　勰 | 25 | 2010 | 电子课件/习题答案 |
| 18 | 光纤通信 | 7-301-17683-2 | 李丽君　徐文云 | 26 | 2010 | 电子课件/习题答案 |
| 19 | 数字信号处理 | 7-301-17986-4 | 王玉德 | 32 | 2010 | 电子课件/答案/素材 |
| 20 | 电子线路 CAD | 7-301-18285-7 | 周荣富　曾　技 | 41 | 2011 | 电子课件 |
| 21 | MATLAB 基础及应用 | 7-301-16739-7 | 李国朝 | 39 | 2011 | 电子课件/答案/素材 |
| 22 | 信息论与编码 | 7-301-18352-6 | 隋晓红　王艳营 | 24 | 2011 | 电子课件/习题答案 |
| 23 | 现代电子系统设计教程 | 7-301-18496-7 | 宋晓梅 | 36 | 2011 | 电子课件/习题答案 |
| 24 | 移动通信 | 7-301-19320-4 | 刘维超　时　颖 | 39 | 2011 | 电子课件/习题答案 |
| 25 | 电子信息类专业 MATLAB 实验教程 | 7-301-19452-2 | 李明明 | 42 | 2011 | 电子课件/习题答案 |
| 26 | 信号与系统 | 7-301-20340-8 | 李云红 | 29 | 2012 | 电子课件 |
| 27 | 数字图像处理 | 7-301-20339-2 | 李云红 | 36 | 2012 | 电子课件 |
| 28 | 编码调制技术 | 7-301-20506-8 | 黄　平 | 26 | 2012 | 电子课件 |
| 29 | Mathcad 在信号与系统中的应用 | 7-301-20918-9 | 郭仁春 | 30 | 2012 | |
| 30 | MATLAB 基础与应用教程 | 7-301-21247-9 | 王月明 | 32 | 2013 | 电子课件/答案 |
| 31 | 电子信息与通信工程专业英语 | 7-301-21688-0 | 孙桂芝 | 36 | 2012 | 电子课件 |
| 32 | 微波技术基础及其应用 | 7-301-21849-5 | 李泽民 | 49 | 2013 | 电子课件/习题答案/补充材料等 |
| 33 | 图像处理算法及应用 | 7-301-21607-1 | 李文书 | 48 | 2012 | 电子课件 |
| 34 | 网络系统分析与设计 | 7-301-20644-7 | 严承华 | 39 | 2012 | 电子课件 |
| 35 | DSP 技术及应用 | 7-301-22109-9 | 董　胜 | 39 | 2013 | 电子课件/答案 |
| 36 | 通信原理实验与课程设计 | 7-301-22528-8 | 邬春明 | 34 | 2015 | 电子课件 |
| 37 | 信号与系统 | 7-301-22582-0 | 许丽佳 | 38 | 2013 | 电子课件/答案 |
| 38 | 信号与线性系统 | 7-301-22776-3 | 朱明早 | 33 | 2013 | 电子课件/答案 |
| 39 | 信号分析与处理 | 7-301-22919-4 | 李会容 | 39 | 2013 | 电子课件/答案 |
| 40 | MATLAB 基础及实验教程 | 7-301-23022-0 | 杨成慧 | 36 | 2013 | 电子课件/答案 |
| 41 | DSP 技术与应用基础(第 2 版) | 7-301-24777-8 | 俞一彪 | 45 | 2015 | |
| 42 | EDA 技术及数字系统的应用 | 7-301-23877-6 | 包　明 | 55 | 2015 | |
| 43 | 算法设计、分析与应用教程 | 7-301-24352-7 | 李文书 | 49 | 2014 | |
| 44 | Android 开发工程师案例教程 | 7-301-24469-2 | 倪红军 | 48 | 2014 | |
| 45 | ERP 原理及应用 | 7-301-23735-9 | 朱宝慧 | 43 | 2014 | 电子课件/答案 |
| 46 | 综合电子系统设计与实践 | 7-301-25509-4 | 武　林　陈　希 | 32(估) | 2015 | |
| 47 | 高频电子技术 | 7-301-25508-7 | 赵玉刚 | 29 | 2015 | 电子课件 |
| 48 | 信息与通信专业英语 | 7-301-25506-3 | 刘小佳 | 29 | 2015 | 电子课件 |
| 49 | 信号与系统 | 7-301-25984-9 | 张建奇 | 45 | 2015 | 电子课件 |
| 50 | 数字图像处理及应用 | 7-301-26112-5 | 张培珍 | 36 | 2015 | 电子课件/习题答案 |
| 51 | 激光技术与光纤通信实验 | 7-301-26609-0 | 周建华　兰　岚 | 28 | 2015 | |

| 序号 | 书名 | 书号 | 编著者 | 定价 | 出版年份 | 教辅及获奖情况 |
|---|---|---|---|---|---|---|
| | | | 自动化、电气 | | | |
| 1 | 自动控制原理 | 7-301-22386-4 | 佟 威 | 30 | 2013 | 电子课件/答案 |
| 2 | 自动控制原理 | 7-301-22936-1 | 邢春芳 | 39 | 2013 | |
| 3 | 自动控制原理 | 7-301-22448-9 | 谭功全 | 44 | 2013 | |
| 4 | 自动控制原理 | 7-301-22112-9 | 许丽佳 | 30 | 2015 | |
| 5 | 自动控制原理 | 7-301-16933-9 | 丁 红 李学军 | 32 | 2010 | 电子课件/答案/素材 |
| 6 | 现代控制理论基础 | 7-301-10512-2 | 侯媛彬等 | 20 | 2010 | 电子课件/素材，国家级"十一五"规划教材 |
| 7 | 计算机控制系统(第2版) | 7-301-23271-2 | 徐文尚 | 48 | 2013 | 电子课件/答案 |
| 8 | 电力系统继电保护(第2版) | 7-301-21366-7 | 马永翔 | 42 | 2013 | 电子课件/习题答案 |
| 9 | 电气控制技术(第2版) | 7-301-24933-8 | 韩顺杰 吕树清 | 28 | 2014 | 电子课件 |
| 10 | 自动化专业英语(第2版) | 7-301-25091-4 | 李国厚 王春阳 | 46 | 2014 | 电子课件/参考译文 |
| 11 | 电力电子技术及应用 | 7-301-13577-8 | 张润和 | 38 | 2008 | 电子课件 |
| 12 | 高电压技术 | 7-301-14461-9 | 马永翔 | 28 | 2009 | 电子课件/习题答案 |
| 13 | 电力系统分析 | 7-301-14460-2 | 曹 娜 | 35 | 2009 | |
| 14 | 综合布线系统基础教程 | 7-301-14994-2 | 吴达金 | 24 | 2009 | 电子课件 |
| 15 | PLC原理及应用 | 7-301-17797-6 | 缪志农 郭新年 | 26 | 2010 | 电子课件 |
| 16 | 集散控制系统 | 7-301-18131-7 | 周荣富 陶文英 | 36 | 2011 | 电子课件/习题答案 |
| 17 | 控制电机与特种电机及其控制系统 | 7-301-18260-4 | 孙冠群 于少娟 | 42 | 2011 | 电子课件/习题答案 |
| 18 | 电气信息类专业英语 | 7-301-19447-8 | 缪志农 | 40 | 2011 | 电子课件/习题答案 |
| 19 | 综合布线系统管理教程 | 7-301-16598-0 | 吴达金 | 39 | 2012 | 电子课件 |
| 20 | 供配电技术 | 7-301-16367-2 | 王玉华 | 49 | 2012 | 电子课件/习题答案 |
| 21 | PLC技术与应用(西门子版) | 7-301-22529-5 | 丁金婷 | 32 | 2013 | 电子课件 |
| 22 | 电机、拖动与控制 | 7-301-22872-2 | 万芳瑛 | 34 | 2013 | 电子课件/答案 |
| 23 | 电气信息工程专业英语 | 7-301-22920-0 | 余兴波 | 26 | 2013 | 电子课件/译文 |
| 24 | 集散控制系统(第2版) | 7-301-23081-7 | 刘翠玲 | 36 | 2013 | 电子课件，2014年中国电子教育学会"全国电子信息类优秀教材"一等奖 |
| 25 | 工控组态软件及应用 | 7-301-23754-0 | 何坚强 | 49 | 2014 | 电子课件/答案 |
| 26 | 发电厂变电所电气部分(第2版) | 7-301-23674-1 | 马永翔 | 48 | 2014 | 电子课件/答案 |
| 27 | 自动控制原理实验教程 | 7-301-25471-4 | 丁 红 贾玉瑛 | 29 | 2015 | |
| 28 | 自动控制原理（第2版） | 7-301-25510-0 | 袁德成 | 35 | 2015 | 电子课件，辽宁省"十二五"教材 |
| 29 | 电机与电力电子技术 | 7-301-25736-4 | 孙冠群 | 45 | 2015 | 电子课件/答案 |

如您需要更多教学资源如电子课件、电子样章、习题答案等，请登录北京大学出版社第六事业部官网 www.pup6.cn 搜索下载。
如您需要浏览更多专业教材，扫扫下面的二维码，关注北京大学出版社第六事业部官方微信（微信号：pup6book），随时查询专业教材、浏览教材目录、内容简介等信息，并可在线申请纸质样书用于教学。

感谢您使用我们的教材，欢迎您随时与我们联系，我们将及时做好全方位的服务。联系方式：010-62750667，szheng_pup6@163.com，pup_6@163.com，lihu80@163.com，欢迎来电来信。客户服务 QQ 号：1292552107，欢迎随时咨询。